Mobilität, Verkehr und Raumnutzung in alpinen Regionen

Stephan Tischler

Mobilität, Verkehr und Raumnutzung in alpinen Regionen

Ein interdisziplinärer Ansatz zur Konzeption zukunftsfähiger Planungsstrategien

Mit einem Geleitwort von
Univ.-Prof. Dipl.-Ing. Dr. Markus Mailer

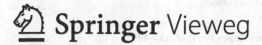 Springer Vieweg

Stephan Tischler
Innsbruck, Österreich

Dissertation an der Universität Innsbruck, 2015

ISBN 978-3-658-12809-8   ISBN 978-3-658-12810-4   (eBook)
DOI 10.1007/978-3-658-12810-4

Die Deutsche Nationalbibliothek verzeichnet diese Publikation in der Deutschen National-
bibliografie; detaillierte bibliografische Daten sind im Internet über http://dnb.d-nb.de abrufbar.

Springer Vieweg
© Springer Fachmedien Wiesbaden 2016

Gedruckt auf säurefreiem und chlorfrei gebleichtem Papier

Springer Vieweg ist Teil von Springer Nature
Die eingetragene Gesellschaft ist Springer Fachmedien Wiesbaden GmbH

GELEITWORT

Die Arbeit von Stephan Tischler hat im Wesentlichen drei Ausgangspunkte. Zum einen ist dies der Ansatz Mobilität, Verkehr und die Wechselwirkung mit der Raumnutzung konsequent auf die Grundlage der menschlichen Bedürfnisse zurückzuführen, deren Befriedigung durch Aktivitäten an verschiedenen Orten die Grundlage für das Mobilitätsverhalten und in Verbindung mit den Verkehrssystemen letztlich auch für die Entwicklung der Raumnutzung darstellt.

Zum zweiten die Frage, welche Faktoren in diesem Zusammenhang die Besonderheiten des Alpinen Raums ausmachen. Dabei sind neben den topographischen Bedingungen, welche Raumnutzung und Verkehrssysteme prägen, auch die Aspekte der Überlagerung von regionalen Verkehren mit alpenquerenden Transitverkehren aber vor allem auch mit starken touristischen Verkehren hervorzuheben.

Der dritte Punkt betrifft die Bewertung der Zukunftsfähigkeit von Planungsstrategien. Hierzu erscheint es notwendig die Verwendung der Kriterien der Nachhaltigkeit zu überprüfen, die im Verkehrsbereich sehr häufig auf Probleme im ökologischen Bereich reduziert erscheinen. Aufbauend auf dieser Kritik erweitert Stephan Tischler den Ansatz der Nachhaltigkeit um die Aspekte der Vulnerabilität und Resilienz, die im Alpinen Raum wegen der Struktur der Verkehrswege und vorhandener Naturgefahren, die deren Verfügbarkeit beeinflussen, auch von besonderer Bedeutung sind.

In seiner Arbeit verbindet Herr Tischler diese drei Ausgangspunkte mit einem breit angelegten und interdisziplinären Herangehen. Durch den Aufbau eines Gedankenmodells, das anhand historischer und gegenwärtiger Entwicklungen quasi "kalibriert" und überprüft wird, schafft er eine schlüssige Grundlage zur Bewertung zukunftsfähiger Planungsstrategien. So führt die Arbeit verschiedene Disziplinen, die für das Verständnis der dynamischen Zusammenhänge und Entwicklungen im Themenfeld Verkehr und Raumnutzung wesentlich sind, in einem geschlossenen Ansatz zusammen. Die konsequente Rückführung auf die Ebene der menschlichen Bedürfnisse, die den Hintergrund für die Entwicklung bildet, unterscheidet diesen wesentlich von anderen Arbeiten. Der entwickelte qualitative Ansatz bildet damit eine gute Basis für eine Weiterentwicklung entsprechender Modelle zur Erarbeitung und Bewertung von Planungsstrategien sowie für weiterführende Betrachtungen der im Alpinen Raum wesentlichen Überlagerung unterschiedlicher Verkehre und zum Stellenwert der Erreichbarkeit, die stärker im Zusammenhang mit den die Mobilität bestimmenden Bedürfnissen gesehen werden muss.

Es freut mich, dass es Stephan Tischler mit dieser Arbeit gelungen ist, aufbauend auf dem planerischen Grundverständnis am Arbeitsbereich Intelligente Verkehrssysteme der Universität Innsbruck durch die Entwicklung des Modells und des Bewertungsansatzes Ergebnisse zu erzielen, die bemerkenswert sind und einen Grundstein für weiterführende Forschung legen.

Univ.-Prof. Dipl.-Ing. Dr. Markus Mailer

INHALTSVERZEICHNIS

ABBILDUNGSVERZEICHNIS

TABELLENVERZEICHNIS

ABKÜRZUNGSVERZEICHNIS

ARE	Bundesamt für Raumentwicklung, Schweiz
ASFINAG	Autobahnen- und Schnellstrassenfinanzierungsaktiengesellschaft, Österreich
BIP	Bruttoinlandsprodukt
BEV	Bundesamt für Eich- und Vermessungswesen, Österreich
BMVIT	Bundesministerium für Verkehr, Innovation und Technologie, Österreich
CIPRA	Internationale Kommission zum Schutz der Alpen (französisch: *Commission Internationale pour la Protection des Alpes*)
ESPON	European Spatial Planning Observation Network
GIS	Geographisches Informationssystem
IPCC	Intergovernmental Panel on Climate Change
IVB	Innsbrucker Verkehrsbetriebe
KFZ	Kraftfahrzeug
LKW	Lastkraftwagen
MIV	motorisierter Individualverkehr
MID	Mobilität in Deutschland
NUTS	Systematik der Gebietseinheiten für die Statistik (franz.: *Nomenclature des unités territoriales statistiques*)
PKW	Personenkraftwagen
TIRIS	Tiroler Rauminformationssystem
ÖBB	Österreichische Bundesbahnen
ÖROK	Österreichische Raumordnungskonferenz
ÖV	Öffentlicher Verkehr
VOGIS	Vorarlberger Rauminformationssystem
UBA	Umweltbundesamt, Österreich

Sofern nicht anders angeführt, wurden Darstellungen, Auswertungen und Bildmaterial durch den Autor erstellt.

1 GRUNDLAGEN UND STAND DER FORSCHUNG

„Berge – eine unverständliche Leidenschaft" lautete der Titel einer Ende 2007 erstmals gezeigten Ausstellung des österreichischen Alpenvereins in Innsbruck, die sich unter anderem mit der Entstehung des Alpinismus durch die veränderte Wahrnehmung des Gebirges ab dem späteren 18. Jahrhundert beschäftigte. Beim Begehen der Ausstellung wird jedoch bewusst, dass eine inhaltliche Auseinandersetzung mit den Gründen und Folgen dieser veränderten Wahrnehmung des Gebirges als Landschafts- vor allem aber als Lebensraum weit über den Alpinismus hinausführen muss.

Gebirge wie die Alpen wurden und werden von Menschen als einzigartige Landschaftsform mit entsprechenden Bildern, Vorstellungen und Empfindungen wahrgenommen, die in erster Linie auf subjektiven Erfahrungen bzw. Informationen beruhen. Derartige Assoziationen – wenngleich individuell und veränderlich - liefern auch die Grundlage für das bewusste und auch unbewusste Verständnis um räumliche Zusammenhänge und Prozesse und nicht zuletzt das dadurch hervorgerufene bzw. beeinflusste Handeln des Menschen.

Die heute in der breiten Öffentlichkeit mit dem Alpenraum assoziierte Sichtweise lässt sich unter anderem anschaulichen an den Ergebnissen der Internetsuchmaschine Google darstellen. Die Eingabe der Begriffe „Alpen" und „Verkehr" zeigt bereits in den ersten Ergebnissen eine eindeutige inhaltliche Ausrichtung (Abbildung 1.1): Verkehr im Alpenraum wird in erster Linie mit dem Thema Transit- und Güterverkehr sowie Urlaubsverkehr assoziiert. Bilder von großen, landschaftsdominierenden Verkehrsinfrastrukturbauten, überfüllten Parkplätzen und Autobahnen sowie Statistiken mit stetig steigenden Verkehrsaufkommen dominieren die Suchergebnisse.

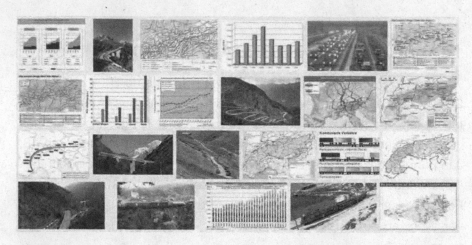

Abbildung 1.1: Bildausschnitt aus der Ergebnissen der Suchmaschine "Google" zu den Suchbegriffen " Alpen + Verkehr"; abgerufen am 24.7.2014

Während der Begriff „Verkehr" in Bezug auf den Alpenraum somit vor allem mit dessen negativen Ausprägungen assoziiert wird, sind die Begriffe „Alpen" und „Mobilität" mit weitaus positiveren Bildern verknüpft (Abbildung 1.2). Google verbindet die Begriffe automatisch mit Schlagwörtern wie „E-Mobilität", „Sanfter Tourismus", „Sanfte Mobilität" und liefert bereits in den ersten Ergebnissen überwiegend Bilder einer idyllischen und vermeintlich heilen Urlaubsregion.

Abbildung 1.2: Bildausschnitt aus der Ergebnissen der Suchmaschine "Google" zu den Suchbegriffen " Alpen + Mobilität"; abgerufen am 24.7.2014

Auch bei Eingabe der Begriffe „Alpen" und „Nachhaltigkeit" überwiegt die positive Assoziation der Alpen als *traumhaft schöne* Urlaubsdestination (Abbildung 1.3).

Abbildung 1.3: Bildausschnitt aus der Ergebnissen der Suchmaschine "Google" zu den Suchbegriffen "Alpen + Nachhaltigkeit"; abgerufen am 24.7.2014

Alle drei Beispiele verdeutlichen durch die fehlende Thematisierung der durch die im Alpenraum lebende Bevölkerung ausgeübten Alltagsmobilität die sehr einseitige Sichtweise auf die Aspekte von Mobilität, Verkehr und Raumnutzung in Gebirgsregionen wie jene der Alpen.

1.1   Problemstellung

Mobilität bzw. Verkehr als deren realisierte Umsetzung stehen in einer engen Beziehung zum jeweiligen Bezugsraum. Die Struktur und Nutzung des Raumes ist bestimmend für die quantitative aber auch qualitative Ausprägung des Verkehrs. Dieser wiederum beeinflusst durch seine Wirkungen die Art und Weise der Raumentwicklung.

Aufgrund seiner speziellen topografischen wie klimatischen Gegebenheiten verfügt der Gebirgsraum über besondere Rahmenbedingungen. Diese beeinflussen einerseits die Ausübung von Mobilität der Bewohner im Gebirge als auch die Aktivitäten jener Menschen, die in den zum Gebirgsraum umliegenden Regionen wohnhaft sind. Die verkehrlichen wie räumlichen Charakteristiken von alpinen Regionen können grob wie folgt skizziert werden:

Dauersiedlungsraum

Der für eine dauerhafte Besiedelung zur Verfügung stehende Flächenanteil ist in Gebirgsräumen aufgrund von Hangneigung, Höhenlage, Gefahrenzonen etc. deutlich eingeschränkt. Beispielsweise sind im Bundesland Tirol lediglich rund 12% der gesamten Landesfläche dauerhaft besiedelbar, in einzelnen Gemeinden liegen die Werte teils noch deutlich darunter.

Erreichbarkeit

Das Thema Erreichbarkeit ist in Bezug auf Gebirgsräume und die darin eingebetteten Siedlungsräume offensichtlich von besonderer Relevanz. Insbesondere durch den Klimawandel ist mit einer Zunahme des Bedrohungspotentials für Infrastrukturen wie Verkehrswegebauten zu rechnen, sodass zeitlich eingeschränkte Erreichbarkeiten trotz hoher Investitionen in Schutzbauten auch weiterhin zu thematisieren sind. Der Begriff Erreichbarkeit ist jedoch vom darin enthaltenen Aspekt der Zugänglichkeit zu unterscheiden.

Konzentration

Die gegenwärtigen räumlichen Entwicklungstrends im Alpenraum verstärken die Gegensätze insbesondere zwischen peripher und zentral gelegenen Regionen sowohl außer- wie auch inneralpin. Allerdings sind die Auswirkungen der dadurch entstehenden regionalen Disparitäten auf die Raum-, aber auch Verkehrsentwicklung in alpinen Regionen aufgrund fehlender Alternativen und zunehmender Abhängigkeiten deutlich größer als in vergleichbaren außeralpinen Räumen. In den Gunstlagen ist durch die steigende Konzentration an Nutzungen und Bevölkerungsdichte mit einer Zunahme an Nutzungskonflikten zu rechnen.

Tourismus

Gebirgsregionen - insbesondere im Nahbereich von umliegenden Großstädten - sind aufgrund der herausragenden landschaftlichen Charakteristiken, aber auch des Angebots potentieller Freizeit- und Erholungsaktivitäten zumeist immer auch Tourismusdestinationen. Auf das Bundesland Tirol entfallen beispielsweise rund 35% aller jährlichen Nächtigungen in Österreich (Statistik Austria 2014c). Sowohl die Anforderungen des Tourismus als auch dessen Auswirkungen auf den Verkehr bzw. die regionale Entwicklung sind für den alpinen Raum prägend.

Verkehrsnetze

Die inneralpinen Verkehrsnetze bieten für den motorisierten Verkehr vielfach keine Möglichkeit für eine alternative Routenwahl.

Überlagerung

Aufgrund der aus den topografischen Rahmenbedingungen resultierenden, quantitativ und auch qualitativ nur beschränkt zur Verfügung stehenden Siedlungsräumen ist zwangsläufig eine Überlagerung von Nutzungen
und Verkehrsarten verbunden. Je nach räumlicher Funktion sind damit
spezifische räumliche wie auch verkehrliche Charakteristiken verbunden,
die eine auf die jeweiligen regionalen bzw. lokalen Gegebenheiten eigenständige Betrachtung erfordern.

Durch die Verkehrspolitik der letzten Jahrzehnte wurden und werden jähr-
lich beträchtliche Investitionen in den Neu- und zuletzt vor allem Ausbau
bestehender Verkehrsinfrastrukturen getätigt mit dem primären Ziel, die
Erreichbarkeiten von Regionen zu verbessern um inneralpin entsprechende wirtschaftliche Entwicklungen zu schaffen.

Doch die Realität zeigt, dass – obwohl die Zugänglichkeit im Sinne der
Distanzüberwindung im Alpenraum in den letzten Jahrzehnten erheblich
verbessert wurden - die Anzahl der für die lokale Bevölkerung erreichbaren Gelegenheiten mittel- bis langfristig eine gegenteilige Entwicklungs-
richtung verfolgt. Die Begriffe Zugänglichkeit und Erreichbarkeit sind
daher insbesondere im Gebirge von besonderer Bedeutung und bedürfen
einer näherer Betrachtung: eine Verbesserung der Zugänglichkeit zu einer
Region ist möglicherweise mittel- und langfristig nicht zwingend mit einer
Verbesserung der Erreichbarkeit verbunden. Anhand der demografischen
Statistiken wird sichtbar, dass gegenwärtig trotz des massiven Straßen-
baues in den letzten Jahrzehnten peripher gelegene inneralpine Regionen
– dazu zählen selbst alpine Tourismuszentren - dennoch stagnierende Bevölkerungszahlen aufweisen.

Nicht zuletzt aufgrund des speziellen topografischen Umfeldes wird einer
nachhaltigen Verkehrs- und Raumplanungsstrategie in Gebirgsregionen
zukünftig eine besondere Bedeutung zugeschrieben, die beispielsweise
auch in internationalen Übereinkommen wie der Alpenkonvention als

Schlüsselfragen der alpinen Raumentwicklung hervorgehoben werden.[1]
Neben diesen speziellen Anforderungen im alpinen Bereich ist dieser auch
von generellen Trends der Raum- und Verkehrsentwicklung betroffen:

- Suburbanisierung der Zentralräume, beispielsweise Innsbruck bzw. Umlandgemeinden
- Konzentration des Einzelhandels bzw. weiterer infrastruktureller Einrichtungen (z.B. Bildungs- und Gesundheitsbereich etc.) auf wenige Standorte.
- Steigende Immobilien- aber auch Mobilitätskosten
- Durch die hohe Verkehrsdichte entlang der Hauptrouten

In der Vergangenheit beschäftigten sich Studien im alpinen Raum vorwiegend mit dem Einfluss neuer Verkehrswege auf die Raumnutzung anhand geänderter Erreichbarkeiten. Zahlreiche Theorien und Modelle versuchen, anhand physikalischer Grundprinzipien die durch den Menschen und seine Entscheidungen geprägten Raumstrukturen und ausgeübten Prozesse zu erklären und künftige Entwicklungen zu prognostizieren. Einflüsse aus der Nutzung des Raumes auf diese neuen Verkehrswege und die Mobilität der Menschen waren ebenso Gegenstand wissenschaftlicher Arbeiten, wenngleich bereits deutlich seltener. Eine mögliche Ursache hierfür könnte in den vielfältigen Schnittstellen zwischen verschiedensten Fachdisziplinen liegen, sodass bislang meist eine Fokussierung auf einzelne Teilaspekte (z.B. Transitverkehr, Suburbanisierung etc.) erfolgte.

---

[1] Siehe auch: Alpenkonvention (Alpenkonvention, 2008)

1.2   Zielsetzung

Die vorliegende Arbeit greift die in der wissenschaftlichen Forschung bislang meist nur auf Teilaspekte beschränkte Thematisierung der wechselseitigen Wirkungen zwischen Mobilität, Verkehr und Raumnutzung in
Gebirgsräumen auf.

Ziel ist die

- Formulierung eines theoretischen Erklärungsmodells (in weiterer
  Folge als „Gedankenmodell" bezeichnet) zur
- Ex-Post Analyse räumlicher und verkehrlicher Wirkungen von sich
  verändernden Einstellungen und Fortbewegungsarten menschlicher Individuen im Gebirgsraum als Grundlage für eine
- Ex-Ante Abschätzung künftiger Wirkungen sich verändernder alpiner Raumstrukturen und –funktionen im Hinblick auf
- erforderliche Handlungsfelder zur Erreichung zukunftsfähiger Ent-
  wicklungsziele.

Dies setzt voraus, die bislang vorliegenden Theorien und Modelle hinsichtlich ihrer Aussagekraft zu analysieren und die speziellen Charakteristiken
alpiner Räume zu identifizieren.

Die Überprüfung bzw. Verifizierung des Gedankenmodells erfolgt auf Basis der historischen Raum- und Verkehrsentwicklung im Alpenraum. Nach
erfolgter Definition von zukunftsfähiger Entwicklung und nachhaltiger Mobilität soll durch Anwendung des Gedankenmodells die bestehende
Raum- und Verkehrsentwicklung im Alpenraum den Zielen gegenüberge-
stellt und mögliche Handlungsfelder identifiziert werden.

1.3   Leitfragen und Hypothesen

Die der Arbeit zu Grunde liegenden Leitfragen lassen sich in Anlehnung
an die Problemstellung und Zielsetzung wie folgt formulieren:

Der erste Schwerpunkt (1) ist den Methoden und Modelle zu den wechselseitigen Zusammenhängen zwischen der Mobilität menschlicher Individuen, Verkehr und der Nutzung des Raumes gewidmet:

- Welche Theorien und Methoden werden gegenwärtig zur Erklärung und Abbildung wechselseitiger Zusammenhänge zwischen der Mobilität menschlicher Individuen, Verkehr und der Nutzung des Raumes herangezogen?
- Wie könnte ein möglichst umfassendes, multidisziplinäres Gedankenmodell formuliert sein, mit dem unabhängig von fachspezifischen Fokussierungen die Zusammenhänge zwischen Verkehr und Raumstruktur darstellbar sind?

Der zweite Schwerpunkt (2) bezieht sich auf den alpinen Raum im Besonderen und die Anwendung des Gedankenmodells zur Darstellung der räumlichen und verkehrlichen Entwicklung im Gebirge:

- Wie lässt sich Raum und Verkehr im Gebirge charakterisieren, welche Unterschiede bestehen zu außeralpinen Räumen?
- Wie kann eine zukunftsfähige Raum- und Verkehrsentwicklung im Alpenraum unter Anwendung des Gedankenmodells aussehen?

Im Rahmen der Beantwortung der Leitfragen werden folgende Hypothesen verifiziert:

- Sowohl persönliche Entscheidung von Individuen im Rahmen der Befriedigung von Bedürfnissen als auch die Entwicklung von Raumstruktur und –funktionen sind äußerst komplexe Beziehungssysteme mit einer Vielzahl an oftmals sehr individuell und unterschiedlich gewichteten Rahmenbedingungen. Eine rechnerische quantitative und qualitative Abbildung ist daher nur näherungsweise, keinesfalls aber vollständig möglich.
- Die wechselseitigen Zusammenhänge zwischen der Mobilität menschlicher Individuen, Verkehr und der Nutzung des Raumes können durch ein auf den grundlegenden menschlichen Bedürfnissen basierendes Gedankenmodell unter Miteinbeziehung der

räumlichen Verteilung von Daseinsgrundfunktionen und Aktivitäten sowie deren räumlichen Wirkungen in Beziehung gesetzt werden und schematisch dargestellt werden.

- Die Art der Fortbewegung im Gebirge definiert den Grad des räumlichen Widerstandes. Je höher die Geschwindigkeit, desto größer die Barrierewirkung des Geländes.

- Eine Verbesserung der Zugänglichkeit für ein Verkehrssystem ist in verschiedenen Betrachtungszeiträumen nicht automatisch gleichbedeutend mit einer Verbesserung der Erreichbarkeit.

- Zukunftsfähigkeit im Alpenraum muss unter dem Gesichtspunkt der Raum- und Verkehrsentwicklung einerseits Aspekte nachhaltiger Entwicklung (ökonomisch, ökologisch, sozial), zusätzlich aber auch der Resilienz und Vulnerabilität von Regionen umfassen. Ausgangspunkt bilden dabei immer die sich aus der bedürfnisgerechte Mobilität ergebenden Anforderungen.

1.4   Arbeitsschritte

Die Bearbeitung der Themenstellung erfolgte untergliedert in mehrere, nachfolgend detaillierter erläuterte Arbeitsschritte und findet sich auch in der Struktur des Berichtes wieder.

Schritt 1: Identifizierung, Systematisierung und Analyse

Der erste Arbeitsschritt startet mit einer Bestandsaufnahme und –analyse von Grundlagendaten, wissenschaftlichen Arbeiten und Projekten, weiterführender Literatur etc. zu den Themenbereichen Raumnutzung, Mobilität und Verkehr im Allgemeinen sowie speziell im Alpenraum. Die dadurch ermittelten Fakten werden durch Experteninterviews mit lokalen wie regionalen Interessensvertretern, Gemeindevertretern, Anbietern von Verkehrs- und Mobilitätsdienstleistungen, Landesdienststellen etc. präzisiert, erweitert und vertieft. Zentrales Thema dabei ist die systematische Erfassung und Abbildung der gegenwärtigen räumlichen wie verkehrlichen Entwicklungstrends im alpinen Raum.

Folgende Fragstellungen sollen schwerpunktmäßig erörtert werden:

- Wie lässt sich - in Abhängigkeit der Raumstruktur - Verkehr im alpinen Raum charakterisieren?
- In welchen Beziehungen stehen Mobilitätsbedürfnisse und individuelle Entscheidungen zur Standortwahl?
- Welche Einflussgrößen bzw. Faktoren sind – im Vergleich beispielsweise zu städtischen Ballungsräumen – im alpinen Bereich maßgebend?
- Welche (zeitlichen) Muster sind in der geschichtlichen Entwicklung zu erkennen?
- Welche generellen methodischen Ansätze zur Abbildung der gegenseitigen räumlichen wie verkehrlichen Wirkungen gibt es und wie gut sind sie geeignet?

Die dabei erhaltenen Informationen sind wesentliche Grundlage für den folgenden Arbeitsschritt – der Entwicklung eines Gedankenmodells zur Abbildung der Wechselwirkungen zwischen Verkehr und Raumnutzung.

Schritt 2: Entwicklung eines Gedankenmodells

Schritt 2 umfasst mit der Entwicklung eines Gedankenmodells das Kernstück der Arbeit. Das Modell soll die Wechselwirkungen zwischen Mobilität, Verkehr und Aspekten des Raumes basierend auf den menschlichen Bedürfnissen darstellen und dadurch die Entwicklung und Bewertung von Planungsstrategien ermöglichen. Ebenso sollen daraus die insbesondere für den Alpenraum prägenden Aspekte identifiziert werden, sodass darauf aufbauend die Konzeption entsprechender Planungsstrategien erfolgen kann.

Schritt 3: Überprüfung der Aussagekraft des Gedankenmodells

Das in Schritt 2 formulierte Gedankenmodell wird anhand der historischen und gegenwärtigen Raum- und Verkehrsentwicklung im Alpenraum hinsichtlich der Aussagekraft verifiziert. Die dabei gewonnenen Erkenntnisse

sollen unter anderem dazu beitragen, die gegenwärtigen Entwicklungstrends auch im Hinblick auf eine zukunftsfähige Entwicklung einzuordnen.

Schritt 4: Kalibrierung des Gedankenmodells

Die Ergebnisse der Überprüfung (Schritt 3) werden in einem iterativen Prozess zur Weiterentwicklung des Gedankenmodells herangezogen (Schritt
2).

*Schritt 5: Anwendung des Gedankenmodells zur Definition einer zukunfts-
fähigen Raum- und Verkehrsentwicklung im Alpenraum*

Das in Schritt 2 formulierte Gedankenmodell bildet nach Verifizierung der
Aussagekraft in Schritt 3 und der dadurch in Schritt 4 erfolgten Kalibrierung die Grundlage für die Formulierung der Ziele einer zukunftsfähigen
Raum- und Verkehrsentwicklung im Alpenraum. Kernstück bildet dabei
die Definition des Begriffes „Zukunftsfähigkeit" und daraus abgeleiteter
Ziele, Kriterien und Indikatoren. Ergebnis sind daraus abgeleitete Planungsstrategien, die mittels entsprechender Maßnahmen zur Überleitung
der gegenwärtigen in eine zukunftsfähige Entwicklung dienen.

Abschließend werden beispielhaft bestehende rechtliche wie politische Instrumente mit Bezug zur alpinen Raumplanung und Verkehrspolitik zu den
formulierten Handlungsstrategien in Beziehung gesetzt.

1.5   Arbeitsmethoden & -mittel

Die Erarbeitung der Zielsetzungen bzw. der Beantwortung der Kernfragen
und Hypothesen der gegenständlichen Arbeit erfolgt unter Einsatz folgender qualitativer und quantitativer Arbeitsmethoden:

Gespräche

Die im Rahmen der Arbeit geführten Gespräche wurden meist als Experteninterviews mit offen formulierten Fragen an fachlich mit den relevanten

Materien betraute Experten aus der Landes-, Stadt- und Gemeindeverwaltung, privaten Planungsbüros, Institutionen und Organisationen durchgeführt. Die Gespräche dienten in erster Linie darum, die verschiedenen Sichtweisen und Problematiken zu erörtern und zu diskutieren.

Zusätzlich erfolgten Gespräche mit Bewohnern in unterschiedlichen Gebirgsräumen der Welt (Perú[2], Alpen, Karakorum). Unter anderem wurden im Sommer 2014 mit Bewohnern der Ortschaften Passu und Shimshal des Karakorum (Pakistan) Gespräche geführt..

Literaturrecherche

Die Literaturrecherche erfolgt zunächst systematisch in Bibliothekskatalogen, Datenbanken und relevanten Zeitschriften nach bestimmten Stichwörtern, orientiert sich in weiterer Folge jedoch vielmehr an den in der Basisliteratur enthaltenen Literaturhinweisen und Zitaten. Im Literaturverzeichnis sind nur Quellen angeführt, welche direkt in der Arbeit erwähnt werden.

GIS-gestützte Analyse und Aufbereitung

Die Analyse und Aufbereitung von statistischem Datenmaterial mit Raumbezug erfolgt in einem geographischen Informationssystem mit dem Softwarepaket ArcGIS und ermöglicht unter anderem die Visualisierung räumlicher Wirkungen. Vielfach wurde auf Datenmaterial zurückgegriffen, dass unter der *Creative Commons Namensnennung 3.0 Österreich Lizenz (CC BY 3.0 AT)* im Rahmen der *Open Government Data* Initiative frei verfügbar ist.

---

[2] Die Gespräche wurden bereits im Sommer 2002 im Rahmen einer Projektarbeit in einem mehrmonatigen Feldaufenthalt durchgeführt. Siehe *TISCHLER, S. et. al.: Informe final del Proyecto Río Loco 2002, Technische Universität Wien – Institut für Finanzwissenschaft und Infrastrukturpolitik, Wien, 2002*

Modellentwicklung

Modelle sind ein durch Menschen erstelltes, vereinfachtes Abbild der Wirklichkeit. Die Modellierung kann auf unterschiedliche Weise erfolgen - durch Zeichnen, durch Formen, aber auch durch Formulieren. Die Formulierung von Modellen kann auf verschiedene Arten vorgenommen werden, als Idee, Konzept, Theorie, physische Modelle oder Computerprogramme (Zöllig und Axhausen 2011, S. 5).

Gegenstand der Arbeit ist nicht die Programmierung eines speziell auf die Bedürfnisse des alpinen Raumes ausgelegten LUTI-Modells ("land-use transport interaction"), wenngleich mit der Erarbeitung der Zielsetzungen und der Formulierung eines neuen theoretischen Erklärungsmodells durch diese Arbeit die erforderlichen methodischen Voraussetzungen dafür geschaffen werden.

Das im Zuge der Arbeit entwickelte Gedankenmodell versucht die komplexen Vorgänge im Wechselspiel zwischen Mobilität, Verkehr und Raumstruktur auf vereinfachte Weise abzubilden, sodass dieses als Grundlage für die weiteren – spezifisch auf den alpinen Raum fokussierten – Analysen und Bearbeitungen herangezogen werden kann.

Arbeitsmittel

Die Aufbereitung der Inhalte erfordert grundsätzlich nicht den Einsatz spezieller Software, wenngleich statistische Daten unter Einsatz von GIS-Software (ArcGIS 10.2) sowie unterstützend gegebenenfalls weiterer, spezieller Softwarepakete (z.B. SPSS) ausgewertet werden.

1.6   Aufbau der Arbeit

Der Aufbau der vorliegenden Dissertation ist – neben der Einhaltung grundsätzlicher, formaler Aspekte einer wissenschaftlichen Arbeit – an eine schrittweise Aufbereitung des Themas gekoppelt und stellt sich in Anlehnung an die Arbeitsschritte wie folgt dar:

Teil A – Thematische Einführung: in diesem Kapitel erfolgt neben einer thematischen Einführung in die Problemstellung und Zielsetzung der Arbeit sowie einer Darlegung der für die weiteren Untersuchungen zu Beginn erforderlichen Begriffsdefinitionen eine Beschreibung der zentralen Grundlagen. Eingegangen wird dabei insbesondere auf die vorgenommene Strukturierung und Typisierung von Raumnutzung und Verkehr in Alpinen Regionen. Wesentlicher Bestandteil des ersten Untersuchungsteiles ist auch die Beschreibung und kritische Auseinandersetzung von bislang gebräuchlichen Modellen zur Abbildung und Prognose räumlicher wie verkehrliche Entwicklungen.

Teil B – Mobilität und Raumstrukturen im Gebirge: anhand der im Teil A definierten Annahmen werden die bisherigen raum- und verkehrswirksamen Prozesse im inneralpinen Bereich analysiert, um die wesentlichen Einflussfaktoren auch in Zusammenhang mit den sich ändernden äußeren Rahmenbedingungen in Beziehung setzen zu können. Ziel ist es, die wesentlichen Kernelemente des Wechselspiels zwischen Raum- und Verkehrsentwicklung für den alpinen Raum zu identifizieren bzw. charakterisieren, um darauf aufbauend Modellansätze zur Prognose zukünftiger Entwicklungstendenzen aufzuzeigen.

Teil C – Räumliche und verkehrliche Entwicklung des Alpenraumes: Ausgangspunkt des Kapitels ist das im Teil B entwickelte Gedankenmodell zur wechselseitigen Interaktionen zwischen Mobilität, Verkehr und Raumnutzung. Anhand der historischen Entwicklung und gegenwärtiger Entwicklungstrends wird das Modell kalibriert.

Teil D – zukunftsfähige Entwicklung des Alpenraumes: das letzte Kapitel ist der Frage nach den künftigen Handlungsstrategien im Hinblick auf eine zukunftsfähige Entwicklung im Alpenraum gewidmet. Ausgangspunkt bildet das in Teil B formulierte Gedankenmodell, sowie die Frage nach den sich daraus unter der Prämisse der „Zukunftsfähigkeit" ergebenden Handlungsmöglichkeiten.

2   TEIL A - THEMATISCHE EINFÜHRUNG

2.1   Begriffe

Es ist nicht Ziel der gegenständlichen Arbeit, eine semantische Abhandlung über zentrale Begriffe aus der Verkehrs- und Raumplanung durchzuführen. Dennoch ist es nicht zuletzt für das weitere Verständnis der Problem- und Aufgabenstellung erforderlich, im Rahmen einer wissenschaftlichen Analyse auch auf unterschiedliche Sichtweise und Deutungsansätze von Begrifflichkeiten hinzuweisen um dadurch eine kritische Auseinandersetzung mit dem Thema zu fordern und auch ein gemeinsames begriffliches Umfeld zu Beginn der Arbeit zu schaffen.

Nachfolgend wird daher auf die drei für die Aufgabenstellung der Arbeit besonders relevanten Begriffe Mobilität, Verkehr und Raum näher eingegangen. Diese bewusst an den Beginn der Arbeit platzierte begriffliche Auseinandersetzung soll dazu dienen, die sowohl hinsichtlich ihrer Bedeutung als auch ihrem allgemeinen Sprachgebrauch durchaus mehrdeutigen Begriffe klar von unterschiedlichen Interpretationen abzugrenzen.

2.1.1   Mobilität

Zukünftig wird es nicht mehr darauf ankommen, dass wir überall hinfahren können, sondern, ob es sich lohnt, dort anzukommen.[3]

Beinahe täglich hört oder liest man in den verschiedensten Zusammenhängen Begriffe wie *Mobilität, mobilen Anwendungen, mobil sein, mobilisieren* etc. Trotz des alltäglichen Gebrauches und jahrzehntelanger Diskussionen von Mobilitätsfragen besteht in der breiten Öffentlichkeit bei

---

[3] Hermann Löns (1866-1914), deutscher Schriftsteller

genauerer Analyse vielfach Uneinigkeit über die Bedeutung des Begriffes. Bei ad-hoc Befragungen erfolgt vielfach die Assoziation mit „flexibel" oder „bewegen", wobei je nach Fachdisziplin unterschiedliche Bedeutungen bestehen.

Interessant erscheint in diesem Zusammenhang auch die zeitliche Entwicklung des Mobilitätsbegriffes. In Medien und nicht zuletzt der Politik erfolgt heute oftmals die nahezu synonyme Verwendung der Begriffe Mobilität und Verkehr. Doch ein Blick in die Entwicklung des Mobilitätsbegriffes im deutschen Sprachgebrauch der letzten Jahrzehnte zeigt, dass noch Ende der sechziger Jahre im Duden-Lexikon Mobilität als Bezeichnung für die Häufigkeit des Wohnstandortwechsels angeführt wurde. In den folgenden Jahrzehnten der siebziger, achtziger und neunziger Jahre wurde in den Lexika meist zwischen der sozialen (z.B. Wechsel der Gruppenzugehörigkeit) und der räumlichen Mobilität (in erster Linie Wohnsitzverlegungen) unterschieden, bevor um die Jahrtausendwende erstmals auch das möglichkeitserweiternde Moment des Mobilitätsbegriffes in Definitionen aufgegriffen wurde (Schopf 2001, S. 4). Eine solche *potentielle* Veränderung von Orten findet sich auch in dem vom Fachgebiet Integrierte Verkehrsplanung der Technischen Universität Berlin herausgegebenen Begriffskanon der Mobilitätsforschung:

Mobilität bezeichnet antizipierte potenzielle Ortsveränderungen (Beweglichkeit) von Personen. Sie resultieren aus räumlichen, physischen, sozialen und virtuellen Rahmenbedingungen und deren subjektiver Wahrnehmung. (Ahrend et al. 2013, S. 2)

„Mobilität" leitet sich vom lateinischen „mobilitas" ab und bezeichnet im Allgemeinen die Beweglichkeit als Eigenschaft:

„Mobilität wird im umfassenden Sinne als Beweglichkeit verstanden. Hierzu gehört neben der räumlichen Mobilität traditionell auch die soziale Mobilität (...)." (Nuhn und Heße 2006, S. 19)

Dieser Zugang umfasst auch Begriffe wie „Mobilisierung" (beispielsweise von militärischen Truppen) und schafft einen aktiven Mobilitätsbegriff. Mobilität kann allerdings auch in einem passiveren Kontext verstanden wenn das „Bewegungspotential" bezeichnet werden soll:

„Außerdem wird Mobilität auch als die Möglichkeit bzw. die Bereitschaft zur Bewegung sowie als geistige Beweglichkeit verstanden." (Nuhn und Heße 2006, S. 19)

Auch wenn erste Assoziationen den Begriff eher mit physischer und damit räumlicher Bewegung verbinden, erfolgt auch eine Verwendung im Sinne geistiger Werthaltungen. In der nachfolgenden Abbildung wird daher der Begriff „Mobilität" einerseits als Fähigkeit zum Wechsel des Standortes (Ortsungebundenheit) und andererseits als Wechsel von Positionen, Haltungen und Stellungen abgebildet[4]:

---

[4] *Mobilität ist die Veränderung der Position in einem System. (Weichhart 2009, S. 6)*

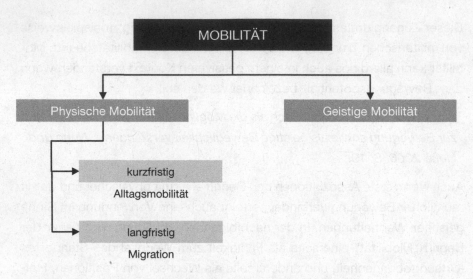

Abbildung 2.1: schematische Darstellung des Mobilitätsbegriffes

In der Raum- und Verkehrsplanung ist insbesondere der Begriff der „räumlichen Mobilität" von besonderem Interesse, daher wird im weiteren Verlauf der Arbeit unter dem Begriff „Mobilität" in erster Linie darauf Bezug genommen.

Wie im Zuge dieser Arbeit noch detaillierter beschrieben, ist Mobilität Voraussetzung für die Erschließung von vielfältigen Möglichkeiten zur Entfaltung des persönlichen Lebensstiles, aber auch der Befriedigung essentieller, physiologischer Bedürfnisse. Wissenschaftliche aber auch gesellschaftspolitische Auseinandersetzungen mit Aspekten rund um Mobilität bedürfen daher auch einer bewussten Rücksichtnahme auf die ökonomische, ökologische und nicht zuletzt auch soziale Dimension von Mobilität.

Der Begriff „Mobilität" wird daher im weiteren Verlauf dieser Arbeit primär als physische Mobilität verwendet und umfasst die Möglichkeit, Bereitschaft und letztlich die räumliche Bewegung von Personen und Gütern.

2.1.2   Verkehr

Beschreibt der Begriff „Mobilität" die Möglichkeit, Bereitschaft und Beweglichkeit von Personen, Gegenständen oder Daten, so zeigt sich im Begriff „Verkehr" die realisierte Mobilität (Mailer 2013, S. 8):

> *Der Begriff Verkehr beschreibt die Ortsveränderung von Objekten (z. B.*
> *Güter, Personen, Nachrichten) in einem definierten System. (Ammoser*
> *und Hoppe 2006, S. 21)*

Im Vergleich zum Begriff Mobilität behandelt der Begriff Verkehr weniger
die individuellen Motive und Hintergründe (die Frage nach dem „Warum")
von Ortsveränderungen oder Bewegungen, sondern die Bewegung an
sich. Beide Begriffe stehen jedoch in unmittelbarem Zusammenhang, da
Verkehr letztlich aus räumlicher Mobilität resultiert:

> *Verkehr wird allgemein als realisierte Ortsveränderung von Personen,*
> *Gütern und Nachrichten definiert. Er umfasst die physische Bewegung*
> *von Einheiten entlang von Kanten in einem Netzwerk oder einer Route*
> *auf einer Verkehrsinfrastruktur, im einfachsten Fall zwischen zwei Stand-*
> *orten A und B. (Nuhn und Heße 2006, S. 18)*

Cerwenka nimmt Bezug auf die räumliche Anordnung von Nutzungen und
definiert hierbei Verkehr als Überbrückung des Raumes zwischen unterschiedlichen Standorten:

> *"Verkehr ist die Überbrückung von disloziert angeordneten und funktio-*
> *nell variierenden Raumnutzungen." (Cerwenka 2000, S. 53)*

Dieser Umstand verleitet den Publizisten Gerd Held zur Aussage, dass
Verkehr den Raum in erster Linie negativ beeinflusst:

> *„Für den Raum enthält der Verkehr auf einem Weg eigentlich nur eine*
> *negative Bestimmung: Er ist Raumüberwindung oder Überwindung des*
> *Raumwiderstands." (Held 2005, S. 99)*

Ähnliche Aussagen finden sich in den letzten Jahrzehnten und Jahrhunderten immer wieder, wenngleich in Realität das Vorhandensein von Verkehr durchaus weit positiver besetzt war als es in der Literatur zum Ausdruck kam. Größere Bekanntheit erlangte unter anderem die folgende Feststellung Heinrich Heines anlässlich seiner ersten Eisenbahnfahrt in Frankreich im Rahmen der Pariser Weltausstellung:

„Durch die Eisenbahnen wird der Raum getötet, und es bleibt uns nur noch die Zeit übrig. Hätten wir nur Geld genug, um auch letztere anständig zu töten! In viereinhalb Stunden reist man jetzt nach Orléans, in ebenso viel Stunden nach Rouen. Was wird das erst geben, wenn die Linien nach Belgien und Deutschland ausgeführt und mit den dortigen Bahnen verbunden sein werden! Mir ist als kämen die Berge und Wälder aller Länder auf Paris angerückt. Ich rieche schon den Duft der deutschen Linden; vor meiner Türe brandet die Nordsee".

Es sind gerade Sichtweisen wie diese, die im Rahmen der gegenständlichen Arbeit noch eingehender thematisiert werden sollen, da sie nicht ohne Konsequenzen für das Verständnis des Zusammenhanges zwischen Mobilität, Verkehr und Raumstruktur bleiben. Der Begriff „Verkehr" wird dabei wie eingangs beschrieben als realisierte, räumliche Mobilität aufgefasst.

2.1.3   Raum

Am Beginn der gegenständlichen Arbeit steht die auf den ersten Blick etwas banal erscheinende Frage nach der Definition des Raumbegriffes. Im Zuge der weiteren Erläuterungen wird jedoch klarer, warum die Erörterung der begrifflichen Raumdarstellungen auch im Hinblick auf das Verständnis der Zusammenhänge zwischen Verkehr und Raum von besonderem Interesse sind.

Läpple befasst sich in seinem „Essay über den Raum" intensiv mit dem Raumbegriff und dessen verschiedenen Auslegungen und Definitionen.

Die historischen Formen der Produktion und Aneignung des gemein-schaftlichen "Lebensraumes" sind verknüpft mit einem langwierigen Prozess der begrifflichen Entwicklung von Raumvorstellungen; ausge-hend von dem konkreten Handlungsraum bis hin zu einem abstrakten - oder vielleicht besser - synthetischen Anschauungsraum. (Läpple 1991, S. 202)

Diese Erkenntnis erscheint für die Erläuterung der gegenseitigen Bezie-hungen zwischen Mobilität und Raumstruktur im alpinen Bereich insofern interessant, da sie sich - wie beispielsweise in der Dissertation von Winck-ler – auch in folgender Aussage wiederfindet:

Kultur und Sprache der alpinen Bevölkerung erstreckten sich in den meisten Fällen über eine Gebirgskette hinaus in das dahinter liegende Tal, was zeigt, dass die Anrainer selber das Gebirge nicht als etwas Trennendes wahrnahmen. (Winckler 2010, S. 74)

Wie bereits in den eingangs dargelegten Thesen vermutet, erfolgte die frühere Raumabgrenzung nicht nach abstrakten, herrschaftlichen Ge-sichtspunkten, sondern bezog sich auf die einzelnen, persönlichen wie auch gesellschaftlichen Handlungsräume. Gebirgspässe bildeten hierbei weniger eine Barriere, sondern etwas Verbindendes. Erst mit der zuneh-menden Benützung von Fortbewegungsmitteln wie Pferdegespanne bzw. in weiterer Folge motorisierter Fahrzeuge wurden die Alpenpässe zu einer natürlichen Barriere, die nur mittels aufwändiger Infrastrukturbauten wie Passstraßen bzw. Tunneln überwunden werden konnten bzw. können.

Hermann führt in seiner Dissertation in Anlehnung an Kant einen durchaus interessanten Ansatz zur Definition bzw. Konzeption des Raumbegriffes an:

Raum ist ein Konzept, das Objekte miteinander in Beziehung stellen lässt, ohne jedoch selbst ein Objekt zu sein. Räumliche Kategorien wie Nähe, Distanz und relative Lage können dabei auf beliebige Dinge materieller und immaterieller Natur angewendet werden. Raum ist in diesem Sinn ein formales Ordnungsraster. (Hermann 2006, S. 183–184)

Für den Menschen ist Raum daher kein Wahrnehmungsinhalt, sondern Voraussetzung für die Wahrnehmung von Sinneseindrücken bzw. dient zu deren Einordnung. Beispielsweise werden politische Positionen mit räumlichen Metaphern wie „links" bzw. „rechts" angegeben, soziale Stellungen mit „oben" bzw. „unten".

Ganze Bücher beschäftigen sich mit den unterschiedlichen Definitionen von „Raum", sodass zusammenfassend lediglich darauf hingewiesen werden kann, dass im weiteren Verlauf der Arbeit in erster Linie vom idealistischen Raumkonzept („Handlungsraum" nach Benno Werlen) ausgegangen wird.

2.1.3.1   Alpiner Raum

Im Rahmen der gegenständlichen Arbeit wird der Begriff „alpin" als Überbegriff für „gebirgig" im Allgemeinen verwendet. Auch wenn der Bezugsraum dieser Arbeit vorwiegend auf den Gebirgsraum der Alpen in Europa und darin insbesondere auf das österreichische Bundesland Tirol beschränkt ist, so lassen sich vielen der aufgezeigten Entwicklungen auch auf andere Gebirgsräume der Erde übertragen. Dies erscheint insofern interessant, als gewisse Entwicklungen zwar zeitverzögert, jedoch inhaltlich fast deckungsgleich auch in anderen Gebirgen stattfinden und dadurch die Chance eröffnen, durch gezieltes Ergreifen von Maßnahmen bereits unerwünschte Entwicklungsfolgen von vornherein zu unterbinden bzw. deren negative Wirkungen abzumindern.

Bei genauerer Betrachtung der Definition des Begriffes „Region" fällt auf, dass eine exakte begriffliche Beschreibung aufwändiger erscheint als zunächst angenommen. Auch die Abgrenzung von Regionen ist vielfach unscharf und einem ständigen Wandel unterzogen. In der Frühzeit bzw. dem Mittelalter wurden aus militärstrategischen Überlegungen meist breite Flüsse als Grenzen bevorzugt. Da Wasser allerdings auch ein wichtiger Standortortfaktor für Siedlungen war und ist, erfolgte die Abgrenzung eines Territoriums nicht selten auch entlang der Einzugsgebietsgrenzen (Wasserscheiden). Wie im Verlauf dieser Arbeit noch näher dargelegt, beruhten territoriale bzw. kulturelle Abgrenzungen insbesondere in Gebirgsregionen oftmals jedoch auf gänzlich anderen Gesichtspunkten als vielfach angenommen.

Im Rahmen der gegenständlichen Arbeit wird der Begriff „Alpine Region" vereinfachend durch den in der Alpenkonvention ausgewiesenen Raum abgegrenzt. Bewusst wurde dabei exemplarisch vor allem auf Beispiele aus dem Bundesland Tirol bzw. der Provinz Südtirol zurückgegriffen, da hierfür einerseits die entsprechenden Daten zur Verfügung standen und andererseits die Entwicklung in den übrigen Regionen des Alpenraumes durch beide Regionen gut repräsentiert wird.

Festgehalten werden muss jedoch, dass vereinzelt auch Querverweise auf andere Gebirgsregionen angeführt werden, da die Themenstellung nicht nur auf den in europäischen Gebirgszug der Alpen bzw. das Bundesland Tirol im Besonderen beschränkt ist, sondern ebenso einer globalen Betrachtung zugeführt werden kann und vielfach auch muss.

2.1.3.2 Raumstruktur

Die Struktur eines Raumes wird durch natürliche und anthropogene Faktoren gebildet (Abbildung 2.2).

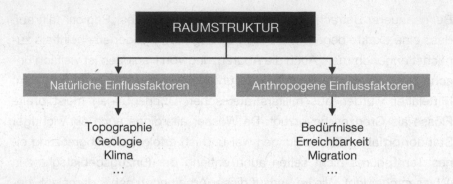

Abbildung 2.2: Raumstruktur und deren Einflussfaktoren

Der oftmals im Zusammenhang mit dem Begriff „Raumstruktur" verwendete Begriff „Siedlungsstruktur" bezieht sich dabei auf durch anthropogene Faktoren beeinflussten Teil des Raumes und beschreibt das quantitative und qualitative Verteilungsmuster von Wohnungen, Arbeitsstätten und Infrastruktur, aber auch Verkehrserschließung und -bedienung sowie Erholungs- und Freizeitmöglichkeiten.

Aufgrund der wechselseitigen Beeinflussungen, aber auch sich ständig ändernder Rahmenbedingungen ist Raumstruktur keinesfalls statisch, sondern unterliegt einer je nach Faktor zeitlich unterschiedlichen Dynamik: während administrative (z.B. Bodenordnung) oder Infrastrukturen (z.B. Straßen) Faktoren in relativ kurzer Zeit angepasst werden können, erstrecken sich Veränderungsprozesse beispielsweise in der räumlichen Verteilung von Wohnungen und Arbeitsstätten über deutlich längere Zeiträume.

2.1.3.3   Raumordnung

Auch wenn es auf den ersten Blick verwundern mag, so ist es selbst für ausgebildete RaumplanerInnen nicht immer einfach, ihre Disziplin in knappen Definitionen zu charakterisieren. Erst mit dem Vorliegen des Verfassungsgerichtshoferkenntnisses vom 23. Juni 1954 erfolgte die bis heutige in Österreich gültige Definition und Kompetenzzuordnung zwischen Bund und Ländern in raumordnerischen Fragestellungen:

„Die planmäßige und vorausschauende Gesamtgestaltung eines bestimmten Gebietes in Bezug auf seine Verbauung, insbesondere für Wohn- und Industriezwecke einerseits und für die Erhaltung von im wesentlichen unbebauten Flächen andererseits (‚Landesplanung' – ‚Raumordnung') ist nach Art 15 Abs 1 B-VG i.d.F. von 1929 in Gesetzgebung und Vollziehung insoweit Landessache, als nicht etwa einzelne dieser planenden Maßnahmen, wie im Besonderen solche auf den Gebieten des Eisenbahnwesens, des Bergwesens, des Forstwesens und des Wasserrechts, nach Art 10 – 15 B-VG i.d.F. von 1929 der Gesetzgebung oder auch der Vollziehung des Bundes vorbehalten sind." (Verfassungsgerichtshof, vom 23.06.1954)

Mit dieser Entscheidung wurde nicht nur die bis heute in Österreich in der Verwaltungspraxis angewandte Definition der „Raumordnung" festgelegt, sondern auch die grundsätzliche Zuständigkeit der Länder. In Folge wurden mit Ausnahme Wiens in allen Bundesländern Raumordnungs- bzw. Raumplanungsgesetze erlassen. Die Begriffe „Raumordnung" bzw. „Raumplanung" erfuhren dabei wiederholt Präzisierungen, auf eine einheitliche Verwendung konnte man sich allerdings zwischen den Ländern bis heute nicht einigen. Im „Handbuch Raumordnung Salzburg" werden die Begriffe wie folgt definiert:

„Der Begriff "Raumordnung" bezeichnet die planmäßige Gestaltung eines Gebietes zur Gewährleistung der bestmöglichen Nutzung und Sicherung des Lebensraumes. Raumordnung ist ein komplexer Begriff, der alle Maßnahmen umfasst, die der vorsorgenden Planung einer zweckentsprechenden räumlichen Verteilung von Anlagen und Einrichtungen dienen; sie zielt auf eine im Sinn der öffentlichen Interessen liegende Ordnung des Raumes ab." (Mair 2010, S. 1)

„Raumordnung" ist in diesem Sinne ein umfassender, eher statischer Begriff, währenddessen mit „Raumplanung" der Vorgang zur Erzielung der angestrebten „Raumordnung" beschrieben wird:

*„Unter "Raumplanung" versteht man die Gesamtheit aller zur Erarbei-
tung, Aufstellung und Durchsetzung einer erstrebten strukturräumlichen
Ordnung eingesetzten planerischen Mittel. Sie ist also als Tätigkeit in
einem technisch-vorbereitenden Sinn aufzufassen." (Mair 2010, S. 1)*

2.1.4 Erreichbarkeit

*„Accessibility is a slippery notion... one of those common terms that
everyone uses until faced with the problem of defining and measuring
it" (Peter Gould, 1969)*

Obwohl der Begriff „Erreichbarkeit" in der Öffentlichkeit als auch in der
Fachwelt seit langem omnipräsent ist, konnte sich bis heute keine allgemein gültige Definition und methodische Vorgehensweise zur Messung
von Erreichbarkeit herausbilden. In der Praxis wird Erreichbarkeit meist
auf jene Indikatoren reduziert, die mit einfachen Mitteln operationalisierbar
bzw. mess- und darstellbar gemacht werden können: Geschwindigkeit,
Reisezeit und Entfernung. Doch der Begriff ist äußerst komplex, sodass
u.a. Geurs zu folgender Feststellung gelangt:

*Accessibility is often a misunderstood, poorly defined and poorly mea-
sured construct. Indeed, finding an operational and theoretically sound
concept of accessibility is quite difficult and complex (Geurs und van
Wee 2004, S. 127).*

Recherchen in diversen Literaturquellen zeigen, dass es für die Definition
und Operationalisierung von Erreichbarkeit nach wie vor verschiedenste
Zugänge gibt (Geurs und van Wee 2004, S. 128):

- Potential von Gelegenheiten für Interaktionen
- Aufwand mit dem Aktivitäten der Raumnutzung von einem Stand-
  ort mit einem Transportsystem erreicht werden können
- Entscheidungsfreiheit von Individuen zur Teilnahme an Aktivitäten
- Nutzen eines Transportsystems / Raumnutzung

Tschopp et. al. stellen in ihrer Studie fest, dass Transportsysteme primär gebaut wurden, um die Aktionsradien von Menschen wie auch der Industrie zu erweitern und definieren Erreichbarkeit als ein Produkt von Transportinfrastruktur und Raumnutzung (Tschopp et al. 2011, S. 27). Cerwenka sieht die Gewährleistung und Verbesserung von Erreichbarkeiten als eigentliche Aufgabe der Verkehrsplanung und betont, dass eine Verhinderung von Erreichbarkeit jedenfalls nicht das Ziel verkehrsplanerischen Handels sein darf. (Cerwenka 2000, S. 112).

Da dem Erreichbarkeitsaspekte gerade im alpinen Raum eine besondere Bedeutung zugemessen wird ist es erforderlich, eingangs eine detaillierte Betrachtung der Definitionen und Auslegungen durchzuführen um darauf aufbauend eine Festlegung zur weiteren Verwendung des Begriffes vornehmen zu können.

2.1.4.1 Erreichbarkeit als Zugänglichkeit zu Gelegenheiten

Geurs betrachtet Erreichbarkeit als Indikator für den Einfluss von Raum- und Verkehrsentwicklung bzw. -strategien auf die Gesellschaft. Erreichbarkeit ist daher hinsichtlich ihrer Rolle in der Gesellschaft zu betrachten: an welche Aktivitäten können Individuen oder Gruppen an verschiedenen Standorten teilnehmen. Zu unterscheiden ist zwischen den Begriffen Zugänglichkeit ("access") und Erreichbarkeit ("accessibility"), da die Zugänglichkeit immer aus Sicht der Person zu betrachten ist, Erreichbarkeit jedoch von einem Standort aus. Rund um den Erreichbarkeitsbegriff können dabei vier unterschiedliche Aspekte identifiziert werden (Geurs und van Wee 2004, S. 128):

a) Raumstruktur: Qualität, Quantität und Verteilung von Gelegenheiten im Raum
b) Verkehrssystem: Verkehrsinfrastruktur, Kosten, Reisezeit etc.
c) Zeitliche Komponente: verfügbares Verkehrsangebot, verfügbares Reisezeitbudget

d) Individuelle Komponente: Einstellungen, Bedürfnisse, individuelle Möglichkeiten (Rahmenbedingungen)

Die Raumstruktur determiniert demnach nicht nur die Verkehrsnachfrage,
sondern gibt auch zeitliche Schranken vor bzw. beeinflusst die individuellen Mobilitätsaspekte (Bedürfnisse, Fähigkeiten etc.).

2.1.4.2 Erreichbarkeit als ökonomisches Rationalkalkül

In der Graphentheorie ist die Frage nach der Erreichbarkeit eines Knotens
t von einem Knoten s nur von der Existenz einer Kante zwischen den beiden Knoten abhängig. Ist eine solche vorhanden, so ist Knoten t von s aus
erreichbar.[5]

Auch die Raum- und Verkehrsplanung bediente sich in den letzten Jahr-
zeiten häufig dieser Definition, wenngleich die Kante als Verkehrsweg mit
weiteren Eigenschaften wie Länge und Geschwindigkeit behaftet ist. Im
Gegensatz zur Übermittlung von Datenpaketen ist für menschliche Individuen selten der Weg das Ziel, sondern die durch Raumüberwindung erreichbaren Gelegenheiten und die dadurch ermöglichten Aktivitäten bzw.
Handlungsspielräume. Eine Verbesserung der Erreichbarkeit ist unter diesen Gesichtspunkten dann gegeben, wenn a.) dieselben Ziele mit weniger
Zeiteinsatz und oder b.) mehrere attraktive Ziele bei gleicher Reisezeit
durch Ausweitung des Einzugsbereiches zur Auswahl stehen. Formalisiert
lässt sich Erreichbarkeit daraus ableitend wie folgt darstellen:

$$A_i = \sum_{j=1}^{n} D_j * e^{-ß*c_{ij}}$$

i, j   Standorte
A   Erreichbarkeit
D   Gelegenheiten
ß   Raumwiderstandsparameter
c_{ij} Distanz zwischen den Standorten i und j

---

[5] In der Graphentheorie wird dies auch als „STCON" für engl. s-t-Connectivity, GAP für engl.
Graph Accessibility Problem oder REACH für engl. Reachability bezeichnet

Die Erreichbarkeit A am Standort i wird gebildet durch das Produkt der Summe der Erreichbarkeiten Gelegenheiten D und dem Raumwiderstand als Funktion der Distanz ij und entsprechender Raumwiderstandsparameter ß. Diese im Wesentlichen auf die Faktoren Nutzen (gemessen an der Anzahl, aber nicht der Qualität der erreichbaren Ziele) und Kosten (Aufwand aufgrund Distanzüberwindung) reduzierte Betrachtung von Erreichbarkeit ist insbesondere aufgrund folgender Punkte kritisch zu hinterfragen:

- Die Verbesserung von Erreichbarkeit als *ökonomisches Rationalkalkül* (Cerwenka 2000) aufzufassen entspricht den traditionellen Theorien zur räumlichen Entwicklung und basiert auf dem neoliberalen Verständnis wirtschaftlicher Wachstumspolitik.
- In der traditionellen Verkehrsplanung und Regionalwissenschaft durchgeführte Erreichbarkeitsanalysen bauen vielfach auf Indikatoren wie Länge hochrangiger Verkehrswege bzw. Reisezeiten auf, vernachlässigen jedoch die Netztopologie.
- Die Schlussfolgerung nach dieser Definition von Erreichbarkeit wäre die Erhöhung der Geschwindigkeit durch Verringerung des Raumwiderstandsparameters. Dadurch erweitert sich der Aktionsradius und die Anzahl an erreichbaren Gelegenheiten nimmt zu. Allerdings unter der Annahme, dass die Veränderung der Erreichbarkeit zu keinen raumstrukturellen Veränderungen führt.

2.1.4.3 Erreichbarkeit als eine Funktion von Widerstand und Gelegenheiten

Erreichbarkeit im Sinne von „erreichbare Gelegenheiten" ist als Funktion von Aufwand zur Überwindung von Widerstand und der Qualität und Quantität von Gelegenheiten anzusehen.

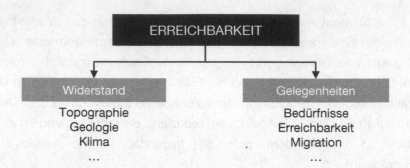

Abbildung 2.3: Erreichbarkeit und deren Einflussfaktoren

Theoretisch betrachtet lässt sich mit den heute zur Verfügung stehenden technischen Mitteln jede Daseinsgrundfunktion für so gut wie jede physisch und geistig mobile Person auf der Erdoberfläche erreichen. Ausschlaggebend ist jedoch der dazu erforderliche Aufwand im Verhältnis zur Qualität der Gelegenheit bzw. Auswahlmöglichkeit potentieller Alternativen.

In seiner Dissertation *„Die Bedeutung des Faktors Erreichbarkeit für den Alpenraum"* kommt Voll zu folgender Schlussfolgerung:

Eine gesteigerte Erreichbarkeit geht immer auch mit einer räumlichen Konzentration von Funktionen einher, da diese in das nächst größere Zentrum verlagert werden. Diese Konzentration führt speziell im Alpenraum kleinräumig zu Disparitäten. Die Verkehrsachsen und breiten Talflächen verstädtern zunehmend, während sich die restlichen Gebiete funktional entleeren. Eine Konzentration und Anbindung der ländlichen Gebiete über eine bessere Erreichbarkeit kann somit dem Gedanken der nachhaltigen Regionalentwicklung widersprechen (Voll 2012, S. 267).

Diese Aussage basiert bei der ersten Betrachtung zunächst auf einer rein auf Geschwindigkeit ausgerichteten Definition von Erreichbarkeit. Betrachtet man die Schlussfolgerung vor dem Hintergrund der zuvor dargelegten Sichtweise von Erreichbarkeit als Funktion von Widerstand und Gelegenheit, so muss eine gesteigerte Erreichbarkeit nicht zwangsläufig zu einer räumlichen Konzentration von Funktionen im alpinen Raum führen. Im Gegenteil, eine zunehmend disperse Verteilung von infrastrukturellen Einrichtungen kann die Erreichbarkeit ebenfalls erhöhen und zu einer abnehmenden Konzentration auf Zentren führen.

Raumwiderstand[6]

Der Widerstand im Raum wird durch mehrere physische, aber auch nicht-physische Faktoren (z.B. subjektive Präferenzen[7], gesellschaftliche oder familiäre Einflüsse etc.) erzeugt und erfordert zur Überwindung entsprechende finanzielle, energetische und geistige Aufwände. Aufgrund der Topographie sind in Gebirgsregionen insbesondere die physischen Faktoren von besonderem Interesse, wenngleich auch in diesen Räumen nicht-physische Faktoren einen nicht unerheblichen Einfluss besitzen.

Der Einfluss der Entfernung (Distanz) zwischen dem Ausgangs- und dem Zielort ist nach wie vor in der Erreichbarkeitsbetrachtung der zentrale Einflussfaktor. Gerade in Gebirgsregionen kommt der Distanz jedoch je nach Fortbewegungsart aufgrund der topographischen Gegebenheiten eine abgeminderte Bedeutung zu. Während beim zu Fuß gehen Umwege als unangenehmen empfunden werden und damit der reinen Luftlinienentfernung eine sehr hohe Bedeutung zukommt sinkt diese insbesondere bei motorisierten Verkehrsmitteln und zunehmender Distanz deutlich ab.

Die Beschaffenheit des Transportweges findet auch in den klassischen Modellen der Regionalwissenschaft Eingang in die Erreichbarkeitsdefini-

---

[6] Im gegenständlichen Fall erfolgt die Betrachtung des Raumwiderstandes aus der Sicht des Subjektes bzw. Objektes.

[7] Beispielsweise können Angsträume wie Unterführungen oder unübersichtliche Kreuzungen bzw. Wegabschnitte das subjektive Sicherheitsgefühl beeinträchtigen und damit auch die Routenwahl beeinflussen.

tion. Je besser ausgebaut eine Verbindung, desto geringer der Reibungs-
widerstand ß und umso positiver der Einfluss auf die Erreichbarkeit (siehe
auch 2.1.4.2).

Erreichbarkeit wird auch durch das Vorhandensein von Grenzen und Barrieren maßgeblich beeinflusst. Einerseits können Formalitäten beim
Grenzübertritt den Reibungswert deutlich nach oben setzen, andererseits
sind infrastrukturelle Einrichtungen diesseits der Grenze möglicherweise
nicht oder nur eingeschränkt für die Befriedigung des Bedürfnisses bzw.
Ausübung der Aktivität geeignet (Ärzte, Schulen, Kindergärten etc.).

Gelegenheiten und Potentiale

Um eine Gelegenheit erreichen bzw. standörtliches Potenzial nutzen zu
können, müssen diese auch vorhanden sein. Diese Feststellung klingt banal, ist aber gerade für die Problematik der Grundversorgung im ländlichen Raum essentiell. Steigender Einsparungsdruck im privaten wie
öffentlichen Dienstleistungssektor zwingt zur Steigerung der Effizienz, sodass infrastrukturelle Einrichtungen wie Schulen, Postämter, Polizeipos-
ten etc. an immer zentraler gelegenen Standorten konzentriert und in
peripheren Lagen geschlossen werden. Ironischerweise liegt die Ursäch-
lichkeit dafür im Ausbau der Verkehrswege bzw. verbesserter Verbindungen im öffentlichen Personenverkehr.

Der Grund hierfür liegt in den zwei Sichtweisen: für den Bewohner führt
ein verminderter Raumwiderstand bei gleichzeitig unveränderter Anzahl
und Verteilung der Gelegenheiten meist zu einer erhöhten Erreichbarkeit,
da mehrere Standorte bei gleichem Aufwand erreichbar sind. Für Unternehmen bedeutet dies jedoch, dass eine Ausweitung der Einzugsbereiche
zwar theoretisch das Kundenpotential erhöhen kann, dieses jedoch auch
auf alternative, bevorzugt Standorte mit mehreren komplementären Gelegenheiten (z.B. Einkaufszentren) verteilt wird.

Der Ausbau von inneralpinen Verkehrswegen diente in erster Linie zur
Senkung des Reibungsbeiwertes. Eine gut ausgebaute Straße mit einer

Pferdekutsche zu befahren senkt diesen jedoch nur marginal, sodass Investitionen in die Verkehrswegeinfrastruktur meist als Folge oder im Zusammenspiel mit Änderungen in den Transportmitteln verbunden waren.
Um Aussagen über die Erreichbarkeitsveränderungen treffen zu können
bedarf es jedoch auch einer Auseinandersetzung mit der Fragestellung
„Für wen"? Pferdegespanne waren nur für eine Minderheit der Bevölkerung leistbar, ebenso die ersten Kraftfahrzeuge zu Beginn des 20. Jahrhunderts.

2.1.4.4   Erreichbarkeit und Raumnutzung

Erreichbarkeit besitzt einen unmittelbaren Einfluss auf die Struktur des
anthropogen genutzten Raumes, da Faktoren wie Reisezeit und Distanz
direkt bzw. indirekt über Standorte von Siedlungen, Betrieben bzw. Infrastruktureinrichtungen entscheiden. Deutlich wird dies unter anderem bei
Betrachtung der Raumstrukturen von der Frühgeschichte bis zur Mitte des
19. Jahrhunderts (Kapitel 4.1), welche in erster Linie auf den durch das zu
Fuß gehen definierten Distanzen aufgebaut waren.

Eine radikale Änderung setzte erst mit dem Bau der ersten Eisenbahnstre-
cke, vor allem aber der allgemeinen Verbreitung des Kraftfahrzeuges und
den sich dadurch ergebenden weitaus größeren Aktivitätsradien ein. So
ist es nicht verwunderlich, dass insbesondere in den Nachkriegsjahren
zwischen 1950 und 1980 die Fahrzeugmobilität im Vordergrund des Inte-
resses von Verkehrsplanern stand. Auch heute noch wird Erreichbarkeit in
Gebirgen fast ausschließlich vom Blickpunkt der Nutzer motorisierter Fortbewegungsmittel aus getroffen, wenngleich zunehmend das Bewusstsein
für eine umfassendere Betrachtung des Begriffes in den Vordergrund
rückt.

Der Zusammenhang zwischen Geschwindigkeit, Entfernung und Reisezeit
ist bereits seit mehr als 125 Jahren bekannt und wurde beispielsweise
1889 von Eduard Lill beschrieben:

Wenn nämlich blos Zeit- und Kostenaufwand in Frage kommen, wird es für den Reiselustigen gleichgiltig sein, ob er bis zu einem auf k Kilometer entfernten Punkte n Mal reist, oder ob er nur eine Reise auf n k Kilometer unternimmt, da in beiden Fällen die Reiselust m mit dem Werthe n k befriedigt ist. Die Anzahl der Reisen wird daher in demselben Verhältnisse abnehmen, als die Entfernung zunimmt (Lill 1891, S. 3).

Die Konstanz des Zeitbudgets für Mobilität ist seit den Beschreibungen von Lill vielfach diskutiert worden, wenngleich eine Verallgemeinerung dieser These einer wissenschaftlichen Überprüfung nicht standhält. Vielmehr sind konstante Zeitbudgets für Mobilität zunehmend von individuellen Faktoren abhängig (Mokhtarian und Chen 2004, S. 669). Unbestritten bleibt jedoch der – indirekt ebenfalls bereits von Lill attestierte - Einfluss höherer Geschwindigkeiten auf die Raumstruktur. Zuletzt merkt Knoflacher in seinem Buch „Zurück zur Mobilität" hierzu Folgendes an:

„Wird die Geschwindigkeit im System erhöht, so verringert das nicht den Zeitaufwand, sondern es verlängern sich die Wege im System, und damit verändert sich die Lage der Strukturen (Knoflacher 2013, S. 82)"

Steigende Umweltbelastungen durch fortschreitenden Flächenverbrauch und Emissionen, aber auch die negativen sozialen Auswirkungen durch Abhängigkeiten von motorisierten Verkehrsmitteln führen in Nachhaltigkeitsdiskussionen zu einer verstärkten Forderungen nach einer fokussierten Betrachtung auf die Mobilität von Personen.

Ausgangspunkt von Verkehr sind – wie im weiteren Verlauf der Arbeit noch detaillierter dargestellt - die Befriedigung von menschlichen Bedürfnissen in unterschiedlichen räumlichen Verteilungen wie Wohnen, Arbeiten, in Gemeinschaft leben, versorgen etc. Erreichbarkeit wird daher in diesem Zusammenhang als Beantwortung der Frage „was kann ich wo und wie erreichen" gesehen. Eine rein auf den Verkehrsweg bzw. die Faktoren Reisezeit und –distanz beschränkte Definition von Erreichbarkeit kann unter dieser Prämisse jedenfalls nicht mehr länger aufrechterhalten werden. Auch BLEISCH kam in seiner Arbeit zu einer ähnlichen Schlussfolgerung:

Das Konzept der Erreichbarkeit muss der Transport- und Verkehrsdimension deshalb zusätzlich die räumliche Nutzungsverteilung beifügen. Erst die zusätzliche Berücksichtigung der Landnutzung, die Verteilung von Gelegenheiten und Aktivitäten im Raum, ergibt ein echtes Erreichbarkeitsmaß. Die Frage, was erreicht wird, ist ebenso Teil von Erreichbarkeit wie die Frage, wie etwas erreicht wird (Bleisch 2005, S. 55).

2.2 Theorien und Modelle

Es gab und gibt in der Literatur verschiedenste Ansätze, die Wechselwirkungen zwischen den Nutzungen im Raum und dem dabei entstehenden Verkehr zu strukturieren, erklären und abzubilden. Eine ausführliche Beschreibung und vergleichende Bewertung dieser Ansätze ist nicht Gegenstand der vorliegenden Arbeit, jedoch werden exemplarisch einzelne Theorien vorgestellt und als Ausgangspunkt der Überlegungen zur Entwicklung des in dieser Arbeit verwendeten methodischen Erklärungsansatzes angeführt.

Die Wechselwirkungen zwischen Raumentwicklung und Verkehr sind Gegenstand eines breiten Spektrums an theoretischen Erklärungsmodellen und –ansätzen. Den Hintergrund dieser Theorien bilden jedoch fast immer raumwirtschaftliche Überlegungen, in denen die Erreichbarkeit als Kostenfaktor eine zentrale Kenngröße darstellt. Mobilität wird in all diesen Modellen als Grundvoraussetzung für wirtschaftliches Wachstum und Raumentwicklung angesehen.

Für die weiteren Untersuchungen und Überlegungen im Rahmen der gegenständlichen Arbeit ist es daher eingangs erforderlich, sich mit den theoretischen Erklärungsmodellen und –ansätzen näher zu beschäftigen. Es soll dabei nicht im Detail auf jede einzelne Theorie eingegangen, sondern schwerpunktmäßig die Relevanz im Hinblick auf die Aufgabenstellung einer kritischen Betrachtung unterzogen werden.

Es gibt ein breites Spektrum an Theorien und Erklärungsansätzen zur raumwirtschaftlichen Entwicklung, wobei Mobilität immer eine einflussreiche Rolle einnimmt bzw. als Grundvoraussetzung für Entwicklung angenommen wird (Scherer et al. 2011, S. 8). Einleitend wurde daher der Versuch unternommen, das breite Theoriespektrum in wie folgt zu strukturieren:

- Standortwahl: meist betriebswirtschaftliche Betrachtung von Erklärungsansätzen zur Standortwahl eines Einzelbetriebes, Wohnstandortes etc.
- Standortstruktur[8]: im Gegensatz zur individuellen, betriebswirtschaftlichen Sichtweise der Standortwahl werden mit den Theorien zur Standortstruktur die raumwirtschaftlichen 'bzw. volkswirtschaftlichen Prozesse analysiert, aus denen eine optimale Verteilung der Standorte im Raum resultieren könnte. Grundlage hierfür bilden typische Standort- und Produktionsfaktoren (z.B. infrastrukturelle Ausstattung etc.).
- Interaktionen: Regionen werden als offenes System und Produktionsfaktoren (z.B. Arbeitskräfte, Kapital, Wissen etc.) als mobil betrachtet, sodass die Ursachen bzw. die sich daraus ergebenden Wirkungen auf die räumliche Entwicklung erklärt werden sollen.
- Dynamik und Prozesse: räumliche Wachstums- und Entwicklungstheorien beinhalten alle zuvor genannten Erklärungsansätze,

---

[8] Die Subsummierung der Theorien unter der Bezeichnung „Raumstruktur" ist in einzelnen Publikationen zwar zu finden, streng genommen jedoch unpräzise da die Modelle und Ansätze nicht ausreichen, um eine Raumstruktur mit all ihrer Vielfalt und Facetten erklären zu können.

berücksichtigen dabei aber neben den „harten" Produktionsfaktoren auch noch dynamische bzw. prozessorientierte Faktoren
(z.B. sozioökonomische Entwicklung einer Region etc.).

Die nachfolgende Abbildung 2.4 zeigt eine schematische Darstellung zur
Strukturierung der theoretischen Modellansätze aus Sicht der Regionalwissenschaft.

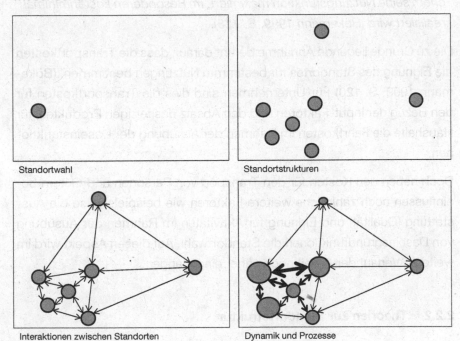

**Abbildung 2.4: Strukturierung von Theorien zur Beschreibung von räumlichen Prozes-
sen aus Sicht der Regionalwissenschaft**

Die Entwicklung von Räumen einschließlich jenen in alpinen Regionen ist
nicht mit einem spezifischen Theorieansatz zu erklären, sondern als das
Produkt aller vier Modellansätze anzusehen. So spielen einzelbetriebliche
Standortentscheidungen ebenso eine Rolle (z.B. Ansiedlung eines Unter-
nehmens) wie räumliche Dynamiken und Prozesse (z.B. wandelnde Ansprüche an Freizeitaktivitäten).

2.2.1   Theorien zur Standortwahl

In den klassischen Theorien der Regionalwissenschaft wird von einem rational handelnden Nutzer ausgegangen, sodass für die Standortwahl folgende Bedingung gilt:

Der optimale Standort für einen Nutzer ist in der Regel jener, auf welchem seine Nutzungsfunktion maximiert, im Besonderen kostenminimal realisiert wird (Bökemann 1999, S. 118).

Die zu Grunde liegende Annahme beruht darauf, dass die Transportkosten die Eignung des Standortes für bestimmte Nutzungen bestimmen. (Bökemann 1999, S. 120) Für Unternehmen sind dies die Transportkosten für den Bezug der Input-Faktoren und den Absatz des fertigen Produktes, für Haushalte die Fahrtkosten im Rahmen der Ausübung der Daseinsfunktionen.

Doch neben den Kosten für den Transport von Personen und Gütern beeinflussen noch zahlreiche weitere Faktoren wie beispielsweise die Ausstattung (Qualität) und Eignung für Aktivitäten im Rahmen der Ausübung von Daseinsgrundfunktionen die Standortwahl. Auf diesen Aspekt wird im weiteren Verlauf der Arbeit noch näher eingegangen.

2.2.2   Theorien zur Standortstruktur

2.2.2.1   Theorie der zentralen Orte

Vor allem die Wirtschaftsgeographie bzw. spätere Raumplanung in Deutschland beschäftigte sich im 19. und 20. Jahrhundert intensiver mit Theorien zur Standortstruktur. Die auf diesem Gebiet durchgeführten Forschungen sind dabei neben einigen anderen vor allem mit den Namen Christaller, Lösch und Thünen verbunden.

Christaller war Geograph und als solcher Begründer der Theorie der zentralen Orte. Ausgehend von einem idealtypischen, homogenen Raum bildet sich darin eine nach Ausstattungsmerkmalen der Orte charakterisierte Struktur. Ein Ort mit mehreren Verwaltungs- und Dienstleistungseinrichtungen besitzt eine Bedeutung, die über das ihn umgebende Umland hinausreicht, er wird daher einer höheren Hierarchiestufe zugeordnet als ein Ort mit weniger oder keinen derartigen Einrichtungen. Die Zentralität definierte Christaller dadurch, dass er die gesamte Ausstattung eines Ortes mit jener verglich, die lediglich für die Bewohner des Ortes erforderlich waren.

Zentrale Orte sind auch heute noch ein in der Raumordnung und der Geographie weit verbreitetes Instrument zur Raumanalyse und –planung. Im Alpenraum mit seiner inhomogenen Siedlungs- und Wirtschaftsstruktur und den sich durch neue Technologien ändernden Rahmenbedingungen ergeben sich jedoch regional spezifische Markt- und Standortbedingungen. Ein Beispiel ist die – bedingt durch den Tourismus – saisonal stark schwankende Ausstattung von Orten mit Gelegenheiten und den sich dadurch theoretisch mehrmals im Jahr ergebenden Wechsel zwischen Hierarchieebenen.

2.2.2.2   Potentialmodell

Mithilfe des Potentialmodells kann unter anderem die Attraktivität eines Standortes unter Berücksichtigung weiterer umliegender Standorte und deren Entfernungen zueinander abgebildet werden (beispielsweise um Standorte von Supermärkten zu optimieren). Dem Modell liegen dabei folgende Annahmen zu Grunde:

- Das Potential eines Standortes wird aus der Attraktivität der umliegenden Standorte und der Attraktivität des betrachteten Standortes gebildet
- Je größer die Entfernung eines umliegenden Standortes, desto geringer seine Attraktivität

Der Potentialwert für einen bestimmten Standort i errechnet sich daher aus der Summe der Attraktivitäten aller Standorte j (wobei i = j zulässig ist), die zugleich mit der Entfernung zwischen i und j zu gewichten sind:

$$P_i = \sum_{j=1}^{n} A_j * e^{-ß*t_{ij}}$$

A_j .... Angebot oder Attraktivität des j-ten Standortes
$f(d_{ij})$ ..... Distanzfunktion
a .... Attraktivitätsparameter

Eine nicht unwesentliche Rolle bei der Modellkalibrierung kommt dabei dem sog. Distanzwiderstand ß zu, der zur Festsetzung des Distanzwiderstand im Modell Eingang findet und je nach Berechnung an die Fragestellung angepasst werden muss. Um beispielsweise das Kundenpotential im Einzelhandel mit Hilfe des Potentialmodells abschätzen zu können ist der ß-Wert von der Art des Betriebes abhängig. Für einen Supermarkt wird dieser aufgrund der geringen Bereitschaft zur Distanzüberwindung deutlich höher anzusetzen sein als für einen Einkaufsstandort eines internationalen Möbelunternehmens.

Das Potentialmodell findet vor allem in der Regional- und den Wirtschaftswissenschaften breite Anwendung. Durch Hinzufügen weiterer Parameter eignet es sich grundsätzlich gut, um aus betriebswirtschaftlicher Sicht Standorte zu optimieren und dadurch vorhandene Potentiale optimal auszunutzen.

2.2.3   Theorien und Modelle zu Interaktionen

Theorien und Modelle zu Interaktionen beschäftigen sich mit den räumlichen Austauschbeziehungen zwischen Standorten. Sie setzen allerdings eine räumliche Trennung von Funktionen und Standortnutzungen und das Vorhandensein von verkehrlicher Infrastruktur voraus.

2.2.3.1 Gravitationsmodell

Isaac Newton formulierte 1667 das Gravitationsgesetz zur Beschreibung der Anziehungskraft T zwischen zwei Körpern i und j in Abhängigkeit von deren Massen m_1 und m_2 bzw. Entfernung d:

$$F = G * \frac{m_1 * m_3}{d_{ij}^2}$$

F	Anziehungskraft zwischen den Körpern m_1 und m_2
G	Gravitationskonstante
m_i	Masse Körper 1
m_j	Mappe Körper 2
r^2	Distanz zwischen den Körpern i und j

Das in der Regionalwissenschaft auch heute noch gebräuchliche Modell geht in seiner Grundkonzeption von folgenden, von Isaac Newton formulierten Annahmen aus und formuliert diese lediglich auf räumliche Strukturen um:

- Je größer die Entfernung zwischen zwei Standorten i und j, desto geringer die Anzahl der Interaktionen zwischen Standorten
- Je größer die Attraktivität („Masse") eines Standortes, desto höher die Zahl der Interaktionen

Unterschieden wird dabei zwischen dem Quellstandort Q_i und dem Zielstandort D_j.

$$T_{ij} = K * \frac{O_i * D_j}{d_{ij}^2}$$

T_{ij}	Anziehungskraft zwischen den Körpern i und j
K	Gravitationskonstante
O_i	Masse Körper i
D_j	Mappe Körper j
d_{ij}	Distanz zwischen den Körpern i und j

Mit dem Aufkommen der ersten Einkaufszentren in den 60er Jahren rückte – ausgehend von den Vereinigten Staaten von Amerika – das Gravitati-

onsmodell in der Regionalwissenschaft wieder verstärkt in das Rampen-
licht des Forschungsinteresses. Bis heute findet das Modell nicht zuletzt
aufgrund seiner relativ einfachen Anwendbarkeit in Kombination mit Geographischen Informationssystemen breite Anwendung in der Wirtschaftsgeographie und Regionalökonomie. Trotz seiner einfachen Konzeption
zeigen empirische Daten bis heute vielfach große Übereinstimmungen mit
den Ergebnissen der nach dem Gravitationsmodell vorgenommenen Si-
mulationsberechnungen. Allerdings nur in einer ersten Annäherung.

Bei genauerer Betrachtung zeigt sich jedoch, dass die Korrelation von
Standorten auf deutlich komplexeren Zusammenhängen basiert und nicht
rein durch die Masse (Größe) und Entfernung von Standorten zueinander
erklärt werden kann. Die Anwendung des Gravitationsmodells ist damit
insbesondere bei der Darstellung komplexerer raumwirksamer Vorgänge
mit folgenden Problemen konfrontiert (Bökemann 1999, S. 42–43):

- Die Komplementarität der Massenäquivalente kann beispielsweise
  durch die Einwohnerzahl der Standorte nicht korrekt abgebildet
  werden
- Die reine Luftlinienentfernung bildet nicht die räumliche Widerstände (z.B. Verbindungsqualität) ab
- Die Annahme, dass bei mehreren konkurrierenden Quellen und
  Zielen die einzelstandörtlichen Ziel- und Quellverkehre gleich sein
  müssen, kann nicht erfüllt werden

Durch die Einführung zusätzlicher Parameter (bspw. zu Fahrtenzweck, Art
der Standortnutzung, Infrastruktureigenschaften, Sozialstruktur der
Standortnutzer etc.), einer mathematischen Widerstandsfunktion[9] sowie
Normierungsgrößen wurde versucht, die oben beschriebenen Problem-

---

[9] Mit der Widerstandsfunktion wird versucht, den räumlichen Widerstand („Aufwand") beispielsweise von Straßen unterschiedlicher Kategorien und Qualitäten mathematisch abzubilden. Meist wird dabei die Distanz d_{ij} zwischen zwei Standorten in eine
Exponentialfunktion integriert: $w_{ij} = e^{-d_{ij}}$

punkte zumindest teilweise zu lösen. Das Modell wurde dadurch komplexer und verlangt jeweils auf den zu untersuchenden Raum spezifische Anpassung und aufwändige Sensitivitätsuntersuchung durch Variation einzelner Parameter.

Obwohl die Ergebnisse dadurch nicht zwingend präziser wurden stellt das Gravitationsmodell einen nach wie vor in seiner Grundkonzeption wichtigen Ansatz zur groben Abschätzung räumlicher Beziehungen dar.

2.2.3.2   Huff-Modell

Das sog. „Huff-Modell" wird in der Regionalwissenschaft als einfach beschränktes Interaktionsmodell bezeichnet und basiert im Wesentlichen auf dem allgemeinen Gravitationsmodell. Folgende Annahmen liegen zu Grunde:

- Die Interaktionen zwischen den Standorten i und j nehmen mit zunehmender Entfernung (d_{ij}) ab.
- Die Interaktionen zwischen den Standorten i und j nehmen mit wachsenden Standortmassen (z.B. Anzahl an Geschäftsflächen, Wohnbevölkerung) von Quellort i bzw. Zielort j zu

$$T_{ij} = G * O_i * D_j * f(d_{ij})$$

T_{ij} Anziehungskraft zwischen den Körpern i und j
G Gravitationskonstante
O_i Masse Körper i
D_j Mappe Körper j
d_{ij} Distanz zwischen den Körpern i und j

Das Modell liefert aufgrund des einfachen Aufbaues bereits mit wenigen Inputdaten erste Ergebnisse beispielsweise zu potentiellen Einzugsbereichen und wird dadurch häufig im Bereich der Standortprognosen beispielsweise im Einzelhandel eingesetzt.

2.2.4 Modelle zur Abbildung von räumlicher Dynamik und Prozessen

2.2.4.1 Flächennutzungsmodelle

Flächennutzungsmodelle sind eine vereinfachte Abbildung der räumlichen Wirklichkeit zur Analyse von durch Planungen bzw. Politiken ausgelösten räumlichen Wirkungen. Sie versuchen, das urbane System des Raumes (Verkehrsnetze und -ströme, Beschäftigung, Bevölkerung, Arbeits- und Wohnorte, Landnutzung) abzubilden (Zöllig und Axhausen 2011, S. 6). Die Infrastrukturentwicklung sowie regulative Maßnahmen werden jedoch immer als Annahme vorgegeben und hinsichtlich ihrer Wirkungen überprüft.

Die ersten Modelle wurden von Lowry Mitte der 60er Jahre auf Grundlage des Gravitationsmodells in den USA entwickelt. In den 70er Jahren erfolgte eine Erweiterung um ökonomische Aspekte, während in den 80er und 90er Jahren zunehmend die Aktivitäten basierte Modellierung Eingang in die Modelle findet.

Je nach modelliertem Teilprozess besitzen die Modelle einen unterschiedlichen Umfang und nicht zuletzt oft auch voneinander abweichende Bezeichnungen:

- Land Use Change Modelle (LUC): diese werden allgemein auch als land-use-transport-interaction models (LUTI) bezeichnet und versuchen die Art der Landnutzung abzubilden. Weitere Unterkategorien hierfür sind Landnutzungs-Transport Modelle (LT) sowie Landnutzungs-Transport-Umwelt Modelle (LTE).
- Land Cover Change Modell (LCC): im Gegensatz zu den LUC-Modellen wird mit den LCC-Modellen der Schwerpunkt auf die Bodenbedeckung gesetzt. Urban Growth Modelle modellieren beispielsweise die Änderungen von unbebautem in bebautes Bauland.

Gegenwärtig gibt es über 25 in Verwendung befindliche, operationale LUTI-Modelle, wovon die überwiegende Mehrzahl an universitären Einrichtungen entwickelt werden (Zöllig und Axhausen 2011, S. 26–27). Weiter verbreitet sind u.a. die Modelle DELTA, MEPLAN, PECAS und TRANUS, Urbansim, aber auch das Modell IRPUD (Universität Dortmund).

Die Entwicklung ist nicht zuletzt dank fortschreitender Rechenleistung, aber auch zur Verfügung stehender Datengrundlagen nicht abgeschlossen, der Trend geht in Richtung Mikrosimulation und Aktivitäten-basierte Modelle. Mit dem Modell MATSim ist bereits ein vollständig Aktivitäten-basiertes Verkehrsmodell verfügbar, auf Seiten der Raumnutzung ist die Implementierung von Aktivitäten bislang erst teilweise erfolgt. Es ist davon auszugehen, dass der Aktivitäten-basierte Ansatz die Zusammenführung von Verkehrs- und Flächennutzungsmodellen mittel- bis langfristig beschleunigen und auch erleichtern wird (Zöllig und Axhausen 2011, S. 41–42).

Globale Herausforderungen wie fortschreitender Klimawandel, Bevölkerungswachstum und dadurch bedingter Ressourcenverbrauch führen vermehrt zu Diskussionen rund um die Grenzen des Wachstums.[10] Vor diesem Hintergrund ist davon auszugehen, dass die Bedeutung von Modellen zur langfristigen Prognose der Entwicklung von Mobilität, Verkehr und Raumstrukturen weltweit künftig weiter zunehmen wird, um einerseits die möglichen Folgen und andererseits Handlungsstrategien für Politik, Wirtschaft, Gesellschaft, aber auch jeden Einzelnen aufzuzeigen.

Flächennutzungsmodelle können somit einen wertvollen Beitrag zur Folgenabschätzung leisten, bleiben aber aufgrund ihrer rein mathematischen Auslegung immer auf jene Wirkungen beschränkt, die sich rechnerisch durch Formeln abbilden lassen. Die zunehmende Komplexität der Modelle

---

[10] Siehe hierzu auch: Meadows et al. 2004, S. 1–16

zur verbesserten Abbildung der Realität führt dabei zu einer immer schwerer nachvollziehbaren, aber auch an spezielle Aufgabenstellung nur bedingt anpassbaren Berechnungsstruktur.

2.2.4.2   Modellbeispiele

Es kann an dieser Stelle nicht auf alle gegenwärtig in Verwendung bzw. Entwicklung befindlichen Simulationsmodelle an der Schnittstelle Mobilität, Verkehr und Raumstruktur eingegangen werden. Exemplarisch sollen jedoch zwei Ansätze vorgestellt werden, die auch Grundlage für die Entwicklung des Gedankenmodells sein werden.

Wirkungsmodell „Tripod"

Im Vorwort des Syntheseberichtes des Schweizer Bundesamtes für Raumentwicklung wird festgehalten, dass räumliche Entwicklungsprozesse nicht allein durch Mobilität und Verkehr erklärbar sind. Um dennoch die Wirkungen künftiger Verkehrsinfrastrukturvorhaben auf den Raum besser abschätzen zu können, wurde in Zusammenarbeit mit mehreren betroffenen Bundesämtern und Kantonen das Projekt „Räumliche Wirkungen von Verkehrsinfrastrukturen" durchgeführt.

Im Projekt wurde ein Wirkungsmodell entwickelt, dass das Zusammenspiel der drei Faktoren Verkehr, Potentiale und Akteure (daraus folgte die Bezeichnung „Tripod") beim Zustandekommen von Raumwirkungen abzubilden versucht. Unter "Potentialen" werden dabei die allgemeine Wirtschaftslage und der spezifische Kontext des Verkehrsprojektes verstanden. Als "Akteure" werden jene Personen und Institutionen bezeichnet, deren Verhalten und Entscheidungen die Nutzung des Raumes prägen wie Grundeigentümer, Behörden, politische Entscheidungsträger, Interessensvertretungen, Nutzer der Verkehrsinfrastruktur (Bundesamt für Raumentwicklung (ARE) 2007, S. 1).

Das Modell liefert auf den ersten Blick einen vergleichsweise einfachen Ansatz zur Beurteilung räumlicher Effekte von Infrastrukturvorhaben. Die

Übersichtlichkeit leidet jedoch sehr schnell beim Versuch, sämtliche Effekte von Verkehrsinfrastrukturen über Wirkungsketten auf den Raum abzubilden. Gemäß der Beschreibung werden dabei Wirkungen im "Untergrund" gestrichelt dargestellt und führen ihrerseits wiederum zu Wirkungen an der "Oberfläche" (durchgezogene Linien). Die Autoren geben jedoch selbst zu bedenken, dass *"... in den konkreten Fällen kaum je alle Zusammenhänge relevant sein werden."* (Laimberger und Marti 2007, S. 15)

Sensitivitätsmodell von Frederic Vester

Frederick Vester versuchte mit seinem Sensitivitätsmodell die Grenzen zwischen den mathematisch berechenbaren Einflussgrößen zu überwinden und durch eine systematische Erfassung von Einflussfaktoren sowie die Miteinbeziehung von wechselseitigen Wirkungen Fragestellungen in komplexen Systemen wie beispielsweise den räumlichen Wirkungen neuer Verkehrsinfrastrukturvorhaben abzubilden.

Auch wenn der Ansatz von Frederic Vester zur Umsetzung eines stärker vernetzten Denkens in der planerischen Praxis den Zielsetzungen dieser Arbeit sehr entgegenkommt offenbart die programmtechnische Umsetzung im Simulationsmodell in der Praxis eine nach außen nur schwer darstellbare bzw. nachzuvollziehende Komplexität.

2.3   Anwendungsgrenzen

In den vorangegangenen Kapiteln wurden mehrere Theorien und Modelle aus der Regional- und Verkehrswissenschaft beschrieben und aufgezeigt, dass die wechselseitigen räumlichen wie verkehrlichen Zusammenhänge und Wirkungen meist in Anlehnung an physikalische Grundgesetze abgebildet werden. Doch Modelle bilden naturgemäß lediglich ein simplifiziertes, idealisiertes und stark strukturiertes Bild der Realität ab. So merkte unter anderem Huff an, dass eine Miteinbeziehung aller möglichen für eine

Entscheidungsfindung notweniger Faktoren in ein Modell praktisch un-
möglich sei:

*„It is impossible for such constructs to include all the possible factors
that may have a bearing on a particular problem. Therefore, decision
makers should be aware that there are variables other than those spec-
ified in the model that affects the sales of a retail firm (Huff und Blue
1966, S. 3).*

Auch wenn die Modellierung von räumlichen Interaktionen mittels des
Newton'schen Gravitationsansatzes eine erste Abschätzung mit plausib-
len Größenordnungen liefern kann, so zeigt sich in der Praxis oftmals eine
deutlich von der Prognose abweichende tatsächliche Entwicklung. Das
Verhalten von menschlichen Individuen im Raum und deren Wirkungen
auf die Raumstruktur allein mit dem Gesetz der Schwerkraft zu prognostizieren erscheint ob der Vielfalt an bekannten und vermutlich ebenso vielen noch nicht näher erforschten Zusammenhänge und Einflussfaktoren
ist - je nach Anwendung bzw. Verwendung der Ergebnisse - kritisch zu
hinterfragen.

Frederic Vester führt in seinem Buch "Die Kunst vernetzt zu denken" unter
Bezugnahme auf Dietrich Dörner sechs Fehler im Umgang mit komplexen
Systemen an, zu denen er immer wieder auch Parallelen in gängigen
räumlichen und verkehrlichen Simulationsmodellen erkennt. So führt er
unter anderem eine oftmals nicht vernetzte Situationsanalyse, falsche
Zielbeschreibung, irreversible Schwerpunktsetzung oder nicht beachtete
Nebenwirkungen als *Kardinalfehler im Umgang mit komplexen Systemen*
an (Vester 2000, S. 36–37).

Zusammenfassend können somit folgende Schlussfolgerungen formuliert werden:

1. Erreichbarkeit und Zugänglichkeit

Der Faktor Erreichbarkeit ist in allen Theorien und Ansätzen eine durchgehende Konstante. Im Rahmen der gegenwärtigen Entwicklungen in Gebirgsräumen scheint die Bedeutung dieses Faktors jedoch zumindest für gewisse räumliche Prozesse einer kritischen Neubeurteilung zu unterziehen sein:

„Tendenziell überbewertet erscheint jedoch die Bedeutung des Faktors „Erreichbarkeit" bei den Standortwahltheorien, da diese nur eine von mehreren Entscheidungsfaktoren ist und nur im Zusammenspiel mit anderen Faktoren wirkliche Relevanz hat." (Scherer et al. 2011, S. 15)

Der Begriff Erreichbarkeit und die damit verbundenen räumlichen Prozesse sind deutlich komplexer als dies die Regional- und Verkehrswissenschaft über viele Jahrzehnte durch Übernahme und Anpassung physikalischer Gesetze hindurch berücksichtigt hatte. Vielfach wird unter dem Begriff „Erreichbarkeit" auf die „Zugänglichkeit" zu Standorten Bezug genommen. Doch implizieren Veränderungen in der Zugänglichkeit beispielsweise durch den Ausbau verkehrlicher Infrastruktur auch Anpassungen in der Verteilung von Gelegenheiten und damit letztlich der Raumstruktur.

2. homo oeconomicus vs. homo biologicus ?

Der in der klassischen Standorttheorie zu Grunde gelegte „homo oeconomicus" als ausschließlich rational handelndes Individuum entspricht in der Realität vorrangig dem „homo biologicus"[11]. Diese Sichtweise wird allein

---

[11] Auch in der Verkehrsmodellierung steht in den gängigen Verkehrsmodellen immer noch eine ökonomische Betrachtungsweise im Vordergrund. Zöllig und Axhausen 2011, S. 7

schon durch die Tatsache gestützt, dass ein rational handelndes Individuum stets über die ihm zur Verfügung stehenden Alternativen und deren Vor- und Nachteile Bescheid wissen müsste, was jedoch nur selten der Realität entspricht.

Nicht die Maximierung des monetär bewertbaren Nutzens steht im Vordergrund menschlichen Handelns, sondern die Bedürfnisbefriedigung. Umgekehrt besitzen die auf rationalem Handeln beruhenden klassischen Standorttheorien im Bereich ökonomischer Überlegungen (beispielsweise im Zuge von Standortentscheidungen) ihre Berechtigung. Eine alleinige Verwendung derselben für den Bereich der persönlichen Mobilitätsansprüche erscheint jedoch aus den dargelegten Gründen nicht vertretbar.

3. Betrachtungszeitpunkt

Die Wirkungen von neuen verkehrlichen Infrastrukturen im Zusammenspiel mit den vorhin angeführten Einflussgrößen auf den Raum sowie die dadurch induzierten strukturellen und funktionalen Veränderungen erfolgen in unterschiedlichen zeitlichen Maßstäben (Abbildung 2.5). Problematisch sind hierbei die mit zunehmender Zeitdauer steigenden Unsicherheiten, sodass Prognosezeiträume zeitlich auf ca. 15 Jahre beschränkt werden müssen um mit den gängigen Modellen noch halbwegs aussagekräftige Ergebniswerte abbilden zu können.

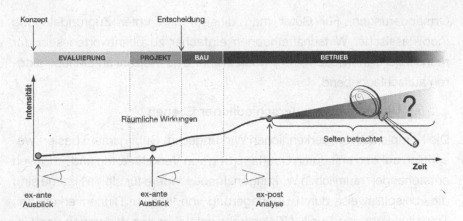

Abbildung 2.5: schematische Darstellung des zeitlichen Ablaufs räumlicher Wirkungen von Verkehrsinfrastrukturen und der heute verwendeten Betrachtungszeiträume und -punkte

Der klassische Projektablauf sieht vor, zu Beginn beispielsweise eines Straßenprojektes mit Vorliegen einer Projektidee eine erste Abschätzung zu den verkehrlichen wie räumlichen Wirkungen durchzuführen. Dabei werden in der Regel keine unterschiedlichen Betriebsdauern der Maßnahmen berücksichtigt. Im Zuge der detaillierteren Planungsarbeiten werden detailliertere Prognosen erstellt, die jedoch meist einen Zeitraum von in etwa 5 Jahren nach Inbetriebnahme des Vorhabens abbilden.

Gänzlich ausgeklammert bleiben die mittel- und langfristigen Wirkungen des Vorhabens. Raumstrukturelle Veränderungen finden jedoch vorzugsweise in diesem Zeitraum statt, da Veränderungsprozesse wie Migration (Wohnstandortwechsel) oder geänderte Standortpolitiken öffentlicher Verwaltungen wie privater Betriebe erst mittel- bis langfristig durchgeführt und damit raumwirksam werden.

4. Multidisziplinarität

Die Wechselwirkungen zwischen der Raum- und Verkehrsentwicklung sind zu komplex, um durch eine Fachdisziplin gesamthaft erfasst und abgebildet zu werden. Außen vor bleibt bei allen klassischen Theoriemodellen die Fragestellung nach dem „Warum" und „Womit", dem Anlass für

Ortsänderungen. Für Güter mag diese Frage unter Zugrundelegung (neo)klassischer Wirtschaftstheorien einfacher zu beantworten sein, für menschliche Individuen sind jedoch immer eine Vielzahl an Einflussfaktoren ausschlaggebend.

5. Überlagerung unterschiedlicher Ebenen

Die Komplexität von verkehrlichen Wirkungen im Gebirgsraum basiert wesentlich auf den erst durch Überlagerung von Verkehrsarten und –motiven entstehenden räumlichen Wirkungen. Insbesondere für alpine Räume sind die beispielsweise durch Überlagerung von lokalem Binnenverkehr mit Transitverkehr und Quell- / Zielverkehr entstehenden Wirkungen von Relevanz.

6. Betrachtungsraum

Aus der Überlagerung von Verkehrsarten und –motiven ergibt sich die Notwendigkeit zur Betrachtung unterschiedlicher Bezugsräume. Auch wenn sich alpine Regionen topografisch meist relativ klar vom Flachland abgrenzen lassen, die verkehrlichen und räumlichen Wirkungen enden nicht an den geografischen Grenzen. Ein gutes Beispiel hierfür ist der Freizeit- und Urlaubsverkehr, der von den großen, außerhalb des Gebirges liegenden Metropolen auch maßgeblich die inneralpinen Raumstrukturen und –funktionen beeinflusst.

Im Rahmen der gegenständlichen Arbeit sollen diese Punkte dazu dienen, ein auf den menschlichen Bedürfnissen basierendes, multidisziplinäres Gedankenmodell zu erstellen, um dadurch einerseits eine allgemein gültige Grundlage für die Abbildung der Wechselwirkungen zwischen menschlichen Bedürfnissen, Daseinsgrundfunktionen, Verkehr und Raumstruktur zu schaffen und andererseits auch die für alpine Regionen spezifischen Charakteristiken abzubilden.

3 TEIL B – MOBILITÄT UND RAUMSTRUKTUREN IM GEBIRGE

Die Ausbildung der Raumstruktur erfolgt auch in alpinen Regionen durch natürliche wie anthropogene Prozesse (siehe u.a. Abbildung 2.2). Doch während die natürlichen Einflussfaktoren zur Entstehung und Ausbildung von Gebirgsräumen bereits Gegenstand zahlreicher (natur)wissenschaftlicher Studien waren (und sind), werden im Rahmen dieser Arbeit die durch anthropogene Aktivitäten im Rahmen von Bedürfnissen ausgelösten, raumwirksamen Prozesse näher betrachtet. Dabei wird unter anderem auch auf zwei bereits im Zuge der im vorigen Kapitel dargelegten regionalwissenschaftlichen Standorttheorien beschriebenen Aspekte zu den räumlichen Wirkungen (Stichwort Migration - Standortwechsel) aber auch räumlichen Funktionen (Stichwort Erreichbarkeit) Bezug genommen.

Die Ergebnisse bilden die Grundlage für das im zweiten Teil des Kapitels formulierte Gedankenmodell zur Darstellung der Wirkungszusammenhänge zwischen menschlichen Bedürfnissen, Aktivitäten, Mobilität, Verkehr und raumstrukturellen Wirkungen.

3.1 Spezifika des alpinen Raumes

Die gegenständliche räumliche Schwerpunktsetzung wurde für den alpinen Raum verlangt zunächst eine Klärung der Frage, welche Charakteristiken insbesondere in Bezug auf Mobilität, Verkehr und Raumstrukturen in Gebirgsräumen anzutreffen sind, sodass eine gegenüber außeralpinen Räumen eigenständige Betrachtungsweise erforderlich ist.

Die im Folgenden behandelten Aspekte alpiner Regionen werden primär durch die Topographie hervorgerufen bzw. maßgeblich beeinflusst. Die spezielle Oberflächenform in Gebirgen tritt dabei nicht nur in unzähligen natur- aber auch geisteswissenschaftlichen Disziplinen in Erscheinung, sondern lässt sich auch durch verkehrliche wie raumstrukturelle Merkmale bzw. Charakteristiken darstellen. Im Vergleich zum Flachland ist nicht nur die für menschliche Nutzungen und Aktivitäten zur Verfügung stehende Fläche begrenzt, sondern führt dadurch auch zu einer Anordnung bzw. gar Überlagerung von Nutzungen auf engstem Raum. Dieser Umstand ist für die Herleitung bzw. Erklärung der für den alpinen Raum charakteristischen Mobilitäts- und Verkehrsparameter von essentieller Bedeutung, sodass im weiteren Verlauf der Arbeit noch mehrmals darauf zurückgegriffen wird.

Aus der Sicht des betrachteten Gebirgsraumes setzt sich der alpine Verkehr wie folgt zusammen:

- Binnenverkehr → Quelle und Ziel innerhalb des Gebirges (z.B. Pendlerverkehr in oder zwischen inneralpinen Regionen)
- Quellverkehr → Quelle innerhalb, Ziel außerhalb des Gebirges (z.B. Berufsverkehr)
- Zielverkehr → Quelle außerhalb, Ziel innerhalb des Gebirges (z.B. Freizeitverkehr, Urlaubsverkehr, Berufsverkehr)
- Transitverkehr → Quelle und Ziel außerhalb des Gebirges (z.B. Berufsverkehr)

Vergleicht man Aspekte des Siedlungsraumes und des Verkehrs in Lagen mit unterschiedlichen geomorphologischen Charakteristiken, können bereits erste Unterschiede erkannt werden:

- Durch das sie umgebende Wasser ist eine Insel ein eindeutig abgegrenzter Raum, der nur zu Wasser oder Luft erreicht werden kann. Eine inneralpine Region wiederum ist zwar beispielsweise durch Gebirgskämme, Schluchten, Flüsse etc. abgrenzbar, jedoch immer zu Fuß, häufig auch per Rad, mit dem Auto, dem Zug oder auch über den Luftweg erreichbar. Selbst große Flüsse wie beispielsweise der Inn wurden früher für den Transport herangezogen.

- Im Gegensatz zu Siedlungsräumen im Flachland ist das Verkehrssystem im Gebirge nicht nur horizontal, sondern auch vertikal
  strukturiert. Dies erfordert einerseits spezielle Rahmenbedingungen für die Planung und den Bau (z.B. Richtlinien zur Berücksichtigung von Steigungen, Radien etc.), aber auch den Betrieb und
  die Instandhaltung (z.B. Wildbach- und Lawinenverbauung, Wit-
  terungsbedingungen etc.) verkehrlicher Infrastruktur.
- Transitverkehr ist auf einer Insel mit Ausnahme des Luftraumes
  nicht vorhanden. Im Unterschied zum Flachland stehen für die
  Durchquerung von Gebirgen nur wenige bis keine Alternativrouten
  zur Verfügung. Neben der Überlagerung mit dem Binnenverkehr
  entsteht im Fall einer Blockade eines Verkehrsweges nicht selten
  eine Lücke im Verkehrsnetz mit überregionalen Auswirkungen und
  Umwegverkehr.
- Alternative Routen im Gebirge sind im Gegensatz zu Regionen im
  Flachland bzw. auf Inseln (sofern nicht ebenfalls gebirgig) im Binnenverkehr mit Ausnahme breiter Täler nicht vorhanden.

Diese ersten, noch grob dargestellten Charakteristika alpiner Verkehrssysteme sollen zeigen, dass eine spezifische Auseinandersetzung mit verkehrlichen und raumstrukturellen Charakteristiken alpiner Regionen
erforderlich ist.

3.1.1 Verkehrliche und räumliche Wirkungen

Verkehr im Alpenraum wird vielfach „Transitverkehr" in Verbindung gebracht, doch ist dieser nur auf wenigen Routen vorhanden und bildet lediglich einen geringen Anteil des täglichen Gesamtverkehrsaufkommens
ab. Die Charakteristiken des alpinen Raumes zeigen sich bezogen auf verkehrliche Indikatoren nicht nur im Vorhandensein von Transitverkehr, sondern auch in weiteren spezifischen Ausprägungen wie dem durch Freizeit-

und Urlaubsverkehr bedingten zeitlichen Rhythmen. Das Grundverkehrs-
aufkommen jedoch ergibt sich – ähnlich wie im außeralpinen Raum –
durch den aus der Mobilität der Einwohner resultierenden Verkehr
(Abbildung 3.1).

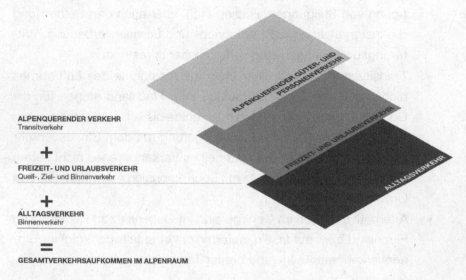

ALPENQUERENDER VERKEHR
Transitverkehr

+

FREIZEIT- UND URLAUBSVERKEHR
Quell-, Ziel- und Binnenverkehr

+

ALLTAGSVERKEHR
Binnenverkehr

=

GESAMTVERKEHRSAUFKOMMEN IM ALPENRAUM

**Abbildung 3.1: schematische Darstellung zur Zusammensetzung des alpinen Ver-
kehrsaufkommens**

Die folgende Analyse von Mobilitätskennwerten soll die Unterschiede der
durch Nutzungsmischung und Siedlungsdichte bedingten raumtypischen
Charakteristiken darstellen. Basis hierfür bildet die im Frühjahr 2011 nach
einer ersten Erhebung im Jahr 2002 im gesamten Bundesland Tirol erneut
durch ein Marktforschungsinstitut mit rund 20.000 Fragebögen durchgeführte Mobilitätserhebung. [12] Anzumerken ist, dass dadurch zwar die Mobilität der im Bundesland Tirol ansässigen Bevölkerung erhoben werden

---

[12] Aufgrund der Erhebungsmethode ist eine kritische Auseinandersetzung mit den Ergebnissen insbesondere folgende Aspekte betreffend erforderlich: 1.) Die Rücklaufquote der Er-
hebungsbögen dürfte insbesondere unter den Personen mit höherem Bildungsabschluss
signifikant höher ausgefallen sein; 2.) die gemeindebezogene Abgrenzung der Raumtypen
bildet nicht die reale raumstrukturelle Situation ab; 3.) insbesondere die gerade für den

konnte, beispielsweise aber keine Aussagen über das Mobilitätsverhalten der gerade in Tirol mengenmäßig großen Gruppe der Urlauber zulässt.

3.1.1.1   Wegezweck

Im Zuge der Erläuterung des Gedankenmodells wurde dargelegt, dass der Wegezweck in erster Linie der Befriedigung von Bedürfnissen durch Ausübung von Aktivitäten im Rahmen von Daseinsgrundfunktionen dient.[13] Die Auswertung der Daten betreffend den Wegzwecken wurde einerseits nach Altersklassen, andererseits auch separat nach Raumtypen vorgenommen.

Die erste Tabelle zeigt die Anteile der Wegzwecke nach sechs Altersklassen unterteilt. Dominieren in den ersten rund zwanzig Lebensjahren die Wege zu Ausbildungszwecken, so werden diese spätestens im erwerbsfähigen Alter durch beruflich bzw. familiär veranlasste Wege (Ver- und Entsorgung) abgelöst. Interessant erscheint jedoch, dass der Anteil der Freizeitwege über alle Altersgruppen hinweg immer zwischen rund 25% bis 40% liegt.

---

touristisch geprägten Alpenraum typischen saisonalen Schwankungen werden durch die Mobilitätserhebung nicht erfasst.

[13] Siehe hierzu auch: „Der Wegezweck verdeutlicht, dass Mobilität nicht als primäres menschliches Ziel sondern als Mittel zur Befriedigung menschlicher Bedürfnisse zu sehen ist. Auch wenn die Absolvierung eines Weges bereits ein Bedürfnis befriedigt (wie z.B. beim Spaziergang), bleibt der Weg das Mittel zum Zweck und der Zweck das Ziel. (Mailer 2001, S. 70)"

Tabelle 1: Wegezweck nach Altersklassen, Personen ab 6 Jahren (Köll und Bader 2011, S. 60)

	6 - 9 Jahre	10 - 14 Jahre	15 - 19 Jahre	20 - 60 Jahre	60 - 74 Jahre	> 75 Jahre	GESAMT
Arbeit	0,0%	0,0%	10,2%	29,2%	2,8%	0,2%	20,0%
Ausbildung	56,7%	54,1%	43,9%	2,1%	0,2%	0,0%	6,8%
Bringen / Holen	0,7%	0,4%	0,9%	9,2%	5,7%	2,8%	7,3%
Geschäftl. Erledigung	0,0%	0,0%	0,4%	7,6%	2,8%	0,5%	5,5%
Private Erledigung	3,1%	2,8%	2,7%	7,6%	16,7%	19,4%	9,4%
Einkauf	8,9%	6,9%	9,8%	18,8%	30,9%	36,6%	20,9%
Freizeit	30,4%	35,6%	32,0%	25,2%	40,5%	40,4%	29,7%
Sonstige	0,3%	0,2%	0,2%	0,3%	0,4%	0,2%	0,3%

Im Rahmen der barrierefreien Mobilität sind insbesondere die Altersklassen bis 20 Jahre bzw. ab 60 Jahre von besonderem Interesse, da in der öffentlichen Meinung und Politik meist immer die Altersklasse der 20 bis 60 jährigen Personen dominiert. Besonders der hohe Anteil der Freizeit- und der Einkaufswege, bei älteren Personen auch private Erledigungen (z.B. Arztbesuche) sollten in der weiteren Betrachtung eine erhöhte Aufmerksamkeit erhalten.

Um mögliche raumspezifische Unterschiede in den Wegezwecken abzubilden, wurde im Zuge der Analyse für die gegenständliche Arbeit auch eine Auswertung der Daten nach Raumtypen durchgeführt.

Tabelle 2: Wegezweck nach Raumtypen, mobile Personen ab dem 6. Lebensjahr (Köll und Bader 2011, S. 60)

	Urbaner Raum	Verdichtung (zentraler Ort)	Verdichtung (nicht zentraler Ort)	Alpine Tourismuszentren	peripherer, ländlicher Raum	Tirol Gesamt
Arbeit	19,30%	18,90%	20,70%	20,80%	20,40%	**20,00%**
Ausbildung/Schule	10,20%	4,40%	5,90%	6,50%	7,70%	**6,80%**
Bringen/Holen	5,40%	6,20%	7,60%	8,00%	9,80%	**7,30%**
geschäftliche Erledigung	5,30%	4,80%	4,80%	6,50%	6,80%	**5,50%**
private Erledigung	9,10%	9,70%	9,40%	9,70%	9,10%	**9,40%**
Einkauf	19,20%	22,80%	21,80%	21,00%	18,90%	**20,90%**
Freizeit	31,40%	32,80%	29,50%	26,80%	26,70%	**29,70%**
Sonstige Wegezwecke	0,20%	0,40%	0,30%	0,60%	0,70%	**0,40%**

Auffallend sind folgende, ursächlich meist mit der je nach Raumtyp unterschiedlichen Raumstruktur in Zusammenhang stehende, Aspekte:

- In allen Raumtypen beträgt der Anteil des Wegezweckes „Arbeit" nur knapp 20%.

- Während in der Landeshauptstadt aufgrund des hohen Anteils an Studierenden knapp über 10% aller Wege Ausbildungszwecken zuzuordnen sind, beträgt dieser Wert in zentralen Orten nur 4,4%.

- Der Anteil von Fahrten im Rahmen von Bring- und Holdiensten ist in ländlichen Räumen aufgrund fehlender Gelegenheiten im Wohnumfeld fast doppelt so hoch wie in Innsbruck bzw. den verdichteten Räumen mit zentralörtlicher Funktion.

- Umgekehrt werden in der Landeshauptstadt mehr Freizeitwege zurückgelegt (Anteil fast ein Drittel aller Wege) als in peripheren, ländlichen Gemeinden.

- Keine oder nur geringe Unterschiede zwischen den Raumtypen bestehen bei den Wegezwecken „private Erledigungen", „geschäftliche Erledigungen" und „Einkauf".

In diesem Zusammenhang lassen die Ergebnisse der nach Raumtypen differenzierten Auswertung von Binnenwegen (Wege werden innerhalb der Wohngemeinde zurückgelegt), Quell- und Zielwegen (die Wohngemeinde ist entweder Ausgangs- oder Endpunkt) bzw. Außenwegen (der Weg wird zur Gänze außerhalb der Wohngemeinde zurückgelegt) den Zusammenhang zwischen Wegezweck und den jeweiligen standörtlichen Gelegenheiten gut erkennen (Abbildung 3.2):

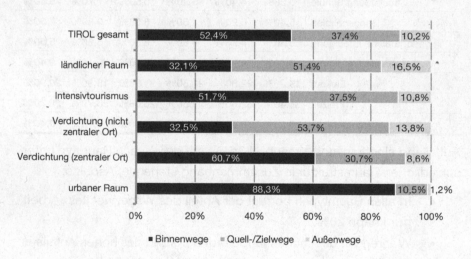

Abbildung 3.2: Wegearten (Köll und Bader 2011, S. 60)

Im urbanen Raum werden fast 90% der Wege innerhalb des Gemeindegebietes durchgeführt. Neben Gemeinden im peripheren, ländlichen Raum weisen jedoch auch die Gemeinden im verdichteten Raum ohne zentralörtliche Funktion einen hohen Weganteil mit Anfangs- oder Endpunkt außerhalb der Wohnsitzgemeinde auf (rund 54%). Eine dichte Bebauung ist somit nicht gleichzusetzen mit einer hohen Dichte an standörtlichen Gelegenheiten, sodass im Zuge der Ausübung von Daseinsgrundfunktionen Wechsel in Orte mit zentralörtlicher Funktion erforderlich sind.

3.1.1.2 Mobilitätsrate[14]

Hinsichtlich der Anzahl der täglich zurückgelegten Wege je mobiler Person[15] (ab 6 Jahren) ist zwischen den Raumtypen zunächst kein wesentlicher Unterschied feststellbar (Abbildung 3.3):

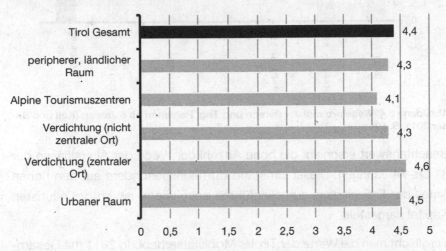

Wege pro mobiler Person und Tag nach Raumtyp

Abbildung 3.3: Wege pro mobiler Person und Tag nach Raumtyp, Personen ab 6 Jahren (Köll und Bader 2011, S. 60)

Eine stärkere Differenzierung zeigt sich bei Betrachtung der Wege pro mobiler Person je nach Altersklasse (Abbildung 3.4):

[14] Auch: Wegehäufigkeit

[15] Mobile Personen sind physisch und geistig in der Lage, Wege selbstständig und ohne die Inanspruchnahme zusätzlicher Hilfe zurückzulegen

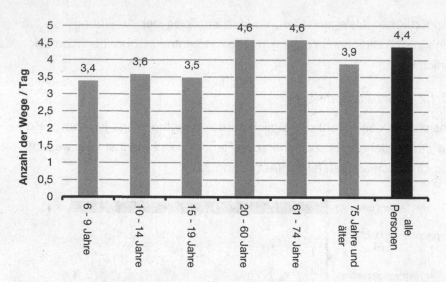

Abbildung 3.4: Wege pro mobiler Person und Tag, Personen ab 6 Jahren (Köll und Bader 2011, S. 60)

Beachtenswert erscheint die hohe Anzahl der Wege der Altersklasse der 61 bis 74 Jährigen. Dieser Umstand dürfte insbesondere auf den hohen Anteil der Freizeitwege zurückzuführen sein, wie in einem der nächsten Kapitel dargestellt.

Vergleicht man die Werte der Tiroler Mobilitätserhebung 2011 mit Gesamtösterreich, so zeigt sich eine im Vergleich zu den übrigen Bundesländern offensichtlich deutlich höhere Wegeanzahl. Der vom Bundesministerium für Verkehr, Innovation und Technologie herausgegebene Bericht "Verkehr in Zahlen" weist in der Ausgabe 2011 für die österreichischen Bundesländer ca. 3,5 bis 3,9 Wege pro mobiler Person aus. (Herry und Sedlacek 2012, S. 94)

Rückschlüsse auf ein deutlich höheres Mobilitätsbedürfnis in alpinen Regionen sind dabei durchaus möglich, bedürfen jedoch einer detailieren Untersuchung. KÖLL führt üin seinem Bericht zur Mobilitätserhebung 2011 an, dass die im Bundesländervergleich hohe Anzahl der Wege pro Person in Tirol auf unterschiedliche Erhebungsmethoden zurückzuführen sei. In Tirol wurden Einkaufs- und Freizeitwegen 2011 wesentlich genauer angegeben als bei vergleichbaren Erhebungen in anderen Bundesländern (genannt werden Vorarlberg und Niederösterreich). Die hohen Werte traten seiner Ansicht nach auch bereits bei früheren Erhebungen in Tirol (Mobilitätserhebung 2002 / 2003) und lokalen Analysen (Osttirol 2007, Vomp 2008) auf, sodass diese aus seiner Sicht daraus keine statistischen Ungenauigkeiten darstellen dürften (Köll und Bader 2011, S. 2). Gerade diese Feststellung wäre jedoch ein Indiz dafür, dass die Mobilitätsrate in alpinen Regionen wie dem Bundesland Tirol höher ist da sich die Methodik der Mobilitätserhebung 2002 / 2003 grundlegend von jener des Jahres 2011 unterscheidet.

Auch im internationalen Vergleich liegen die Mobilitätsraten in Tirol über dem Durchschnitt, wie unter anderem auch Zahlen der Mobilitätserhebung 2008 aus Deutschland belegen: je nach Wochentag beträgt die mittlere Weganzahl pro Tag zwischen 2,4 (Sonntag) und 3,8 (Freitag).[16]

Das ungeschriebene Gesetz der Mobilitätskonstanz (Mailer 2002, S.8), wonach im Durchschnitt eine mobile Person pro Tag – unabhängig von der Wahl des Verkehrsmittels bzw. des Standortes oder des Analysezeitpunktes – um die 4 Wege zurücklegt wäre damit möglicherweise kritisch zu hinterfragen. Ein Blick auf die Zahlen der Schweizer Mobilitätserhebung zeigt jedoch, dass die Mobilitätsrate von Tirol auch im Vergleich mit der Eidgenossenschaft deutlich überdurchschnittliche Werte aufweist:

---

[16] Mobilität in Deutschland 2008 - Mobilitätsquote und mittlere Wegezahl nach Wochentagen 2002 und 2008 (Institut für angewandte Sozialwissenschaft GmbH (infas), Deutsches Zentrum für Luft- und Raumfahrt e.V. (DLR), S. 24)

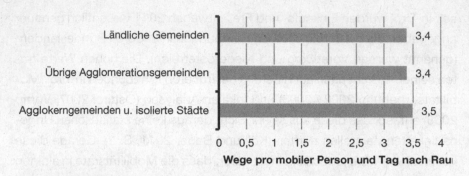

Abbildung 3.5: Wege pro mobiler Person und Tag nach Raumtyp (Bundesamt für Statistik (BFS) 2012, S. 41)

Eine fundierte Überprüfung der Berechnungsarten von Mobilitätsraten verschiedener würde jedoch den Rahmen der gegenständlichen Arbeit übersteigen, sodass an dieser Stelle lediglich der Bedarf nach einer vertieften Untersuchung dieser Thematik an sich aufzeigt werden soll.

3.1.1.3   Wegedauer

In der folgenden Tabelle wird die im Zuge der Mobilitätserhebung abgefragte Wegedauer in 8 Zeitabschnitten je nach Raumtypen dargestellt. Auffallend ist, dass im städtischen Raum rund 36% der Wege eine Zeitdauer zwischen 10 und 20 Minuten umfassen und dieser Wert damit im Vergleich mit den übrigen Raumtypen deutlich über dem Durchschnittswert (ca. 25%) liegt. Ebenso erfordern drei Viertel aller Wege im städtischen Bereich einen Zeitaufwand von bis zu 20min.

Tabelle 3: Dauer der Wege, Anteil an Gesamtanzahl aller Wege je Raumtyp (Köll und Bader 2011, S. 60)

Wegdauer	Urbaner Raum	Verdichtung (zentraler Ort)	Verdichtung (nicht zentraler Ort)	Alpine Tourismuszentren	peripherer, ländlicher Raum
bis zu 5 Min.	19%	29%	24%	29%	25%
6 - 10 Min.	23%	28%	47%	23%	21%
11 - 20 Min.	35%	22%	74%	20%	26%
21 - 30 Min.	15%	10%	86%	13%	13%
31 - 60 Min.	7%	7%	96%	10%	10%
1 - 2 Std.	1%	3%	99%	4%	4%
2 - 3 Std.	0%	0%	100%	1%	0%
> 3 Std.	0%	0%	100%	0%	0%

Wege in peripheren Lagen sind beispielsweise im Vergleich zu urbanen Räumen hinsichtlich der hier dargestellten Wegedauer eher länger als kürzer. Alpine Tourismuszentren weisen eine fast lineare Verteilung von Wegdauern auf.

Interessant erscheint auch das Ergebnis der Multiplikation von durchschnittlicher Wegedauer und Anzahl der Wege je mobiler Person (ab 6 Jahren) und Raumtyp:

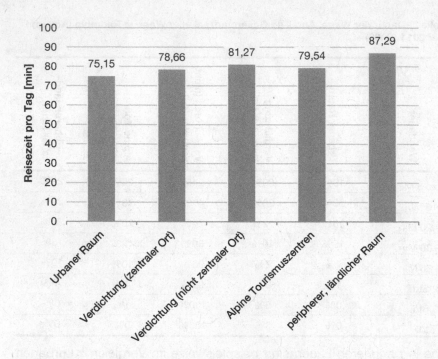

Abbildung 3.6: Reisezeit pro Tag und Raumtyp in Minuten, durchschnittliche Wege-dauer * durchschnittliche Anzahl der Wege pro Tag (Köll und Bader 2011, S. 60)

Die über den Tag aufsummierte Dauer aller Wege (Reisezeit) zeigt, dass Einwohner von Gemeinden im peripheren, ländlichen Raum im Durch-schnitt fast eine Viertelstunde länger pro Tag unterwegs sind als beispiels-weise der Durchschnittsbewohner Innsbrucks. Je dichter die Gelegenheiten in der Raumstruktur vorhanden sind, desto geringer der zeitliche Aufwand für Ortsveränderungen.

3.1.1.4   PKW-Verfügbarkeit

Die PKW-Verfügbarkeit im Bundesland Tirol zeigt in der räumlich differen-zierten Darstellung das bereits aus weiteren Mobilitätsuntersuchungen her bekannte Ergebnis: mit zunehmender Zentrumsnähe bzw. Siedlungs-dichte nimmt der Anteil der PKW-Verfügbarkeiten ab. Die folgende Dar-stellung zeigt die nach Raumtypen abgestuften Verfügbarkeitsanteile:

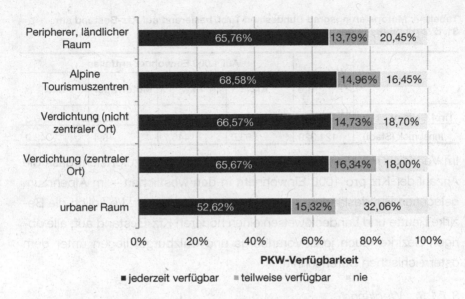

Abbildung 3.7: PKW-Verfügbarkeit nach Raumtypen im Bundesland Tirol (Köll und
Bader 2011, S. 60)

Die Werte bestätigen sich bei Betrachtung der in der folgenden Tabelle
dargestellten Werte der Statistik Austria zum Motorisierungsgrad. Für das
gesamte Bundesland Tirol betrachtet liegt dieser mit Stichtag 31.12.2012
bei 2 Einwohnern je PKW, während in Innsbruck auf einen PKW rund 2,2
Einwohner entfallen. Lediglich die Bundeshauptstadt Wien weist mit einem Wert von 2,5 Einwohnern / PKW einen noch geringeren Motorisierungsgrad auf (Österreich Gesamt: 1,8 Einwohner / PKW).

Tabelle 4: Motorisierungsgrad Bundesland Tirol, basierend auf Kfz-Bestand am 31.12.2012 (Statistik Austria 2014a)

	Wohnbe-völkerung	Auf 1.000 Einwohner entfallen ...			
		Kfz	Pkw	Motorräder	Lkw
Tirol Gesamt	714.449	712,6	512,6	53,1	50,3
Innsbruck (Stadt)	121.329	583,0	446,7	48,4	43,0

Im Vergleich mit allen weiteren Bezirken Österreichs zeigt sich, dass die Anzahl der Kfz pro 1000 Einwohnern in den westlichen – im Alpenraum gelegenen Bundesländern – vergleichsweise gering ist. Lediglich die Bezirke Reutte und Landeck weisen einen höheren Kfz-Bestand auf, alle übrigen Bezirke (auch jene Vorarlbergs und Salzburgs) liegen unter dem österreichischen Durchschnitt.

3.1.1.5   Weglänge

In der nachfolgenden Tabelle sind die unterschiedlichen Weglängen je nach Raumtyp eingetragen:

Tabelle 5: Länge der Wege, Anteil der Gesamtanzahl aller Wege je Raumtyp (Köll und Bader 2011, S. 60)

Weglänge	Urbaner Raum	Verdichtung (zentraler Ort)	Verdichtung (nicht zentraler Ort)	Alpine Tourismuszentren	peripherer, ländlicher Raum
< 1km	20,96%	22,43%	19,11%	17,71%	15,05%
1 – 1,5 km	13,35%	14,52%	8,48%	9,64%	8,60%
1,5 – 2 km	7,85%	8,57%	4,32%	5,28%	3,97%
2 – 5 km	33,44%	20,40%	21,11%	19,45%	18,42%
5 – 10 km	10,24%	8,62%	16,29%	11,67%	17,27%
10 – 50 km	5,09%	13,64%	20,65%	20,99%	23,44%
> 50 km	9,07%	11,83%	10,03%	15,24%	13,25%

Mit mehr als 30% Anteil dominieren im städtischen Raum die Weglängen zwischen 2 und 5km. Dieser Wert korrespondiert nicht zuletzt auch mit der Wahl des Verkehrsmittels, sodass der Aktionsradius entsprechend definiert ist. Weglängen über 5km dominieren im peripheren ländlichen Raum, wobei auch in periurbanen Räumen Weglängen bis zu 50km einen auffällig hohen Anteil aufweisen. Ausschlaggebend dafür sind die im Vergleich zum verdichteten Raum (zentraler Ort) oftmals geringere Ausstattung der periurbanen Regionen mit infrastrukturellen Einrichtungen bzw. Arbeitsplätzen sowie die größeren Entfernungen.

3.1.1.6 Verkehrsmittelwahl

Die je nach Raumtyp unterschiedlichen Raumfunktionen und ausgeübten Daseinsgrundfunktionen, aber auch siedlungsstrukturelle Rahmenbedingungen (Bebauungsdichten etc.) bedingen unterschiedliche Präferenzen in der Wahl der Verkehrsmittel. Der Modal Split wurde ebenso wie die Wegezwecke getrennt nach Altersklassen bzw. Raumtypen ermittelt und ist in der folgenden Tabelle dargestellt.

Table 1: Modal Split nach Raumtyp der Wohngemeinde, mobile Personen ab 6 Jahren (Köll und Bader 2011, S. 60)

	Urbaner Raum	Verdichtung (zentraler Ort)	Verdichtung (nicht zentraler Ort)	Alpine Tourismuszentren	peripherer, ländlicher Raum
PKW als Lenker	26%	46%	54%	61%	49%
PKW als Mitfahrer	5%	7%	8%	8%	7%
Motorrad, Moped	1%	2%	1%	2%	1%
Fahrrad	22%	13%	9%	5%	11%
Zu Fuß	29%	24%	17%	17%	21%
Öffentliches Verkehrsmittel	16%	7%	12%	6%	10%
Ohne Angabe	0%	0%	0%	0%	0%

Auffallend ist hierbei der Gegensatz zwischen urban und rural geprägten Räumen: je ländlicher der Raum, desto größer die Dominanz des PKW-Verkehrs und desto geringer der Anteil aktiver Verkehrsarten wie zu Fuß gehen bzw. Rad fahren. Insbesondere in den peripheren Gemeinden wie beispielsweise Prägraten am Großvenediger im Bezirk Osttirol oder Spiss im Bezirk Landeck werden mangels alternativ zur Verfügung stehender Verkehrsmittel bzw. im Nahbereich (durch aktive Verkehrsarten erreichbar) befindlicher Gelegenheiten noch deutlich mehr als 70% der Wege mit dem PKW zurückgelegt. Bevölkerungsgruppen ohne eigenen PKW sind dabei häufig – insbesondere in den Nebensaisonen – auf Mitfahrgelegenheiten angewiesen bzw. können ihre Mobilitätsbedürfnisse nur erschwert befriedigen.

3.1.1.7   Freizeit- und Urlaubsverkehr

Mit rund 10% Anteil am weltweiten bzw. rund 20% am europäischen Tourismus[17] sind die Alpen eine der größten Tourismusregionen der Welt. (Bätzing 2003, S. 156) Tourismus bzw. ist gleichbedeutend mit Verkehr zu sehen (Abegg 2011, S. 21). Laut einer Studie der internationalen Alpenschutzkommission erfolgen rund 85% der Urlaubsreisen mit dem PKW. (Abegg 2011, S. 21) Ein Umstand, der unter anderem auch bei der Auswertung der Zähldaten anhand der Monate mit hoher touristischer Nutzung (Jänner – März sowie Juli – August) sichtbar wird (Abbildung 3.8).

---

[17] Bezogen auf grenzüberschreitende Ankünfte

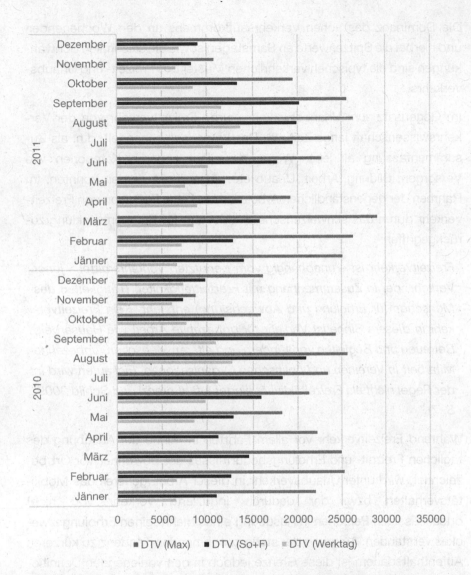

Abbildung 3.8: Verkehrsdaten Zählstelle B179 Fernpassstraße, km 5.2, Zeitraum 01/2010 – 12/2011; Datenquelle: Amt der Tiroler Landesregierung - Sachgebiet Verkehrsplanung (2014)

Die Dominanz des hohen Verkehrsaufkommens an den Wochenenden und hierbei die Spitzenwerte an Samstagen sowie die saisonalen Schwankungen sind die typischen verkehrlichen Muster des Freizeit- und Urlaubsverkehrs.

Im Gegensatz zum Urlauberverkehr wurde Freizeitverkehr von der Verkehrswissenschaft lange Zeit als „Restkategorie" behandelt, d.h. als Zusammenfassung all jener Wege, die nicht anderen Kategorien wie Versorgen, Bildung, Arbeit, Urlaub etc. zugeordnet werden konnten. Im Rahmen der gegenständlichen Arbeit wird auf eine Definition von Freizeitverkehr durch das schweizerische Bundesamt für Raumentwicklung zurückgegriffen:

Freizeitverkehr ist – unabhängig vom benutzten Verkehrsmittel – jener Verkehr, der in Zusammenhang mit Freizeittätigkeiten (Tätigkeiten des Menschen für Erholung und Abwechslung) entsteht. Kein Freizeitverkehr in diesem Sinne ist Verkehr für unbezahlte Arbeit wie Hausarbeit, Betreuen und Begleiten von Kindern und älteren Menschen, unbezahlte Mitarbeit in Vereinen und politischen Organisationen. Einkaufen wird in der Regel nicht als Freizeitaktivität eingestuft. (Lorenzi und Schild 2009, S. 7)

Während Freizeitverkehr vor allem Fahrten im Sinne der Ausübung des täglichen Freizeit- und Erholungsbedürfnisses der Bewohner vor Ort bezeichnet, wird unter Urlaubsverkehr in dieser Arbeit generell das Mobilitätsverhalten bzw. der dadurch induzierte Verkehr von nicht ortsansässigen Personen in Ausübung eines mehrtägigen Erholungszweckes verstanden. Aufgrund der stetig zunehmenden Tendenz zu kürzeren Aufenthaltsdauern ist diese Grenze jedoch in den vorliegenden Definitionen nicht mehr exakt auszumachen, sodass Freizeit- und Urlaubsverkehr nur mehr gesamthaft betrachtet werden sollten. Eine weiterführende Untergliederung des Begriffes unterbleibt in dieser Arbeit, da dies für die weiteren Aussagen irrelevant erscheint.

In der folgenden Abbildung sind die nach Götz (2009) aus Sicht der Einwohner strukturierten bzw. angeführten Werte zu verschiedenen Freizeitwegezwecken dargestellt:

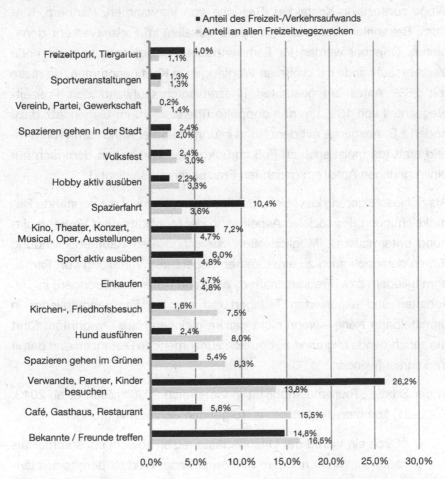

Abbildung 3.9: Freizeitverkehr – Wegezwecke und deren Anteil am Verkehrsaufwand in Deutschland (Götz 2009, S. 257)

Auch wenn die in Deutschland ermittelten Werte vermutlich nicht zur Gänze auf den inneralpinen Raum übertragbar sind ist anzunehmen, dass insbesondere in den urbanen Raumtypen eine ähnliche Größenverteilung der Freizeitwege vorliegt. Zudem ist die Darstellung des Freizeitverhaltens insbesondere für Deutschland als jenes Herkunftsland mit dem höchsten Urlauberanteil in Tirol von besonderem Interesse. Auffallend ist, dass Wege zu sozialen Kontakten (Besuche von Verwandten, Partnern, Kindern, Bekannten und Freunden sowie Lokalen) im Freizeitverkehr dominieren. Offenbar werden für Familienbesuch überdurchschnittlich hohe Verkehrsaufwände mit größeren Weglängen in Kauf genommen, da diese mit 26% Anteil am gesamten Freizeitverkehrsaufwand den Freizeitwegeanteil von 13% um das doppelte übersteigen. Im Gegensatz dazu finden z.B. Ausgänge mit dem Hund in unmittelbarer Nähe zum Wohnumfeld statt (da meist auch zu Fuß zurückgelegt) und haben demnach nur einen geringen Anteil am gesamten Freizeitverkehrsaufwand.

Als Schlussfolgerung lässt sich aus dieser Grafik erneut die verstärkte Berücksichtigung des sozialen Aspektes in der Mobilitäts- und Verkehrsplanung untermauern. Möglichkeiten zur schnelleren Raumüberwindung führen demnach auch zu einer immer disperseren Verteilung von Familienmitgliedern bzw. Freundschaften. Während früher insbesondere in Talschaften und exponierten Tallagen die engsten Familienmitglieder in unmittelbarer Nähe – wenn nicht gar im gleichen Haus – wohnten, führt die zunehmende Migration zu deutlich zunehmenden Distanzen und damit Verkehrsaufwänden.

In der Studie „Tourismusmobilität in Österreich 2030" (Zech et al. 2013, S. 20–21) kommen die Autoren zu folgenden Schlussfolgerungen:

- Circa ein Viertel der Urlaubsgäste reisen sowohl im Sommer als auch im Winter mit dem PKW an. Dieser Wert ist bereits seit längerem relativ stabil und dürfte auch zukünftig durch neue technologische Entwicklungen im Fahrzeugbereich, aber auch dem Verkehrsmanagement (GPS-Routing etc.) keinen größeren Änderungen unterworfen sein.

- Der PKW bleibt der dominante Verkehrsträger für Ziele im näheren Umfeld
- Trotz steigender Preise im Verkehr ist die Preisempfindlichkeit im Urlaubsverkehr nicht so hoch wie in der Alltagsmobilität. Ebenso sind steigende Kraftstoffpreise praktisch ohne Einfluss auf die häufigere Nutzung von öffentlichen Verkehrsmitteln für die An- und Abreise. Variiert wird vielmehr die Aufenthaltsdauer und Urlaubsdestination.

Aus diesen Punkten wird deutlich, dass der PKW als primäres Verkehrsmittel zur An- und Abreise von Urlaubsgästen im Alpenraum auch weiterhin seinen hohen Anteil beibehalten wird. Eine Verschiebung des Modal Split zugunsten des öffentlichen Personenverkehrs ist in erster Linie nur über eine Optimierung von Faktoren wie Flexibilität, Bequemlichkeit, Schnelligkeit etc. möglich.[18]

3.1.1.8 Transitverkehr

Wie bereits eingangs erläutert wird Verkehr im Alpenraum meist mit Transitverkehr assoziiert. Da sich bereits mehrere Studien aus verschiedenen Ländern vor allem mit der Thematik des alpenquerenden Güterverkehrs beschäftigen werden in dieser Arbeit lediglich einzelne, für die Raumnutzung relevante Aspekte aufgezeigt.

Aus dem lateinischen „transitare" für „Queren" umfasst der Begriff Transitverkehr Ortsveränderungen von Personen, Gütern und Daten, deren Anfangs- und Endpunkt außerhalb eines Gebietes liegen. Im herkömmlichen Sprachgebrauch wird als durchquerter Bezugsraum meist ein

---

[18] Dieser Umstand wird unter anderem auch durch die Aussagen des Bürgermeisters der Salzburger Gemeinde Werfenweng unterstrichen. Die Gemeinde gilt als Vorreiter für die Förderung alternativer Mobilitätsarten für die Urlaubsgäste und versuchte in den letzten Jahren durch eine Vielzahl an Maßnahmen den autofreien Urlaub inkl. An- und Abreise mit öffentlichen Verkehrsmitteln voranzutreiben. Dennoch ist der Anteil der Gäste, die auch bei der An- und Abreise auf ihren PKW verzichten, bei rund 25-30% selbst bei Umsetzung weiterer Maßnahmen nicht mehr weiter zu erhöhen.

Staatsgebiet oder – wie im Fall der Alpen – eine mehrere Staaten umfassende geographische Einheit herangezogen, theoretisch könnte es sich jedoch auch um einen Ortsteil, eine Gemeinde oder einen Bezirk handeln.

Da die Bezeichnung Transitverkehr nicht auf bestimmte topografische Gegebenheiten beschränkt ist, wird der den Alpenhauptkamm querende Transitverkehr in der Fachliteratur als "alpenquerender Verkehr" angeführt. (Bundesministerium für Verkehr, Innovation u. Technologie 2011, S. 8) Im Rahmen der gegenständlichen Arbeit erfolgt die Betrachtung mit Schwerpunkt auf das Staatsgebiet von Österreich[19]. Eine weitere Unterscheidung erfolgt zwischen dem Person- und dem Güterverkehr. Nicht nur in der medialen Darstellung ist „Transitverkehr" meist gleichzusetzen mit dem alpenquerenden Güterverkehr, der alpenquerende Personenverkehr wird öffentlich kaum thematisiert und ist auch in wissenschaftlichen Untersuchungen weitaus weniger präsent. Zwar wäre es theoretisch möglich, über die Kennzeichenerfassung der Kameras an den Mautportalen die Nationalitäten bzw. Herkunftsregionen der PKWs zu erfassen, doch wird eine Aufzeichnung bzw. gar Weitergabe der Daten bislang von den Autobahnbetreibern abgelehnt[20]. Eine zumindest grobe Abschätzung zum alpenquerenden Personenverkehr ist anhand der zur Verfügung stehenden Datengrundlagen nicht seriös möglich und würde umfangreiche Recherchen und auch eigene Erhebungen erfordern, die – auch aufgrund der hinsichtlich der Themenstellung wenig relevanten Aussagekraft - im Rahmen der gegenständlichen Arbeit nicht durchgeführt werden.

Im alpenquerender Güterverkehr besitzt der Brennerpass aufgrund seiner niedrigen Passhöhe, aber auch idealen geografischen Lage entlang der

---

[19] *Es gibt keine bedeutende Nord-Süd-Verbindung für den Güterverkehr, die nicht den Alpenhauptkamm überquert. Bundesministerium für Verkehr, Innovation u. Technologie 2011, S. 8*

[20] Eine diesbezügliche Anfrage wurde wie folgt beantwortet: *„Die ASFINAG ist leider nicht im Besitz solcher bzw. weiterführender Daten."* Verkehrsstatistik <Verkehrsstatistik@asfinag.at> 2013

Hauptroute zwischen den wirtschaftlichen Zentren Oberitaliens und Süddeutschlands seit vielen Jahrhunderten eine – vor allem bezogen auf das Verkehrsaufkommen - herausragende Stellung unter den Alpenübergangen (Abbildung 3.10).

57% aller Fahrten über den Brenner führen von Deutschland nach Italien bzw. von Italien nach Deutschland. Diese Relation ist damit mit Abstand die wichtigste für diesen Querschnitt. Bei 17% der Fahrten liegt der Ausgangs- oder Zielort in Österreich (Bundesministerium für Verkehr, Innovation u. Technologie 2011, S. 51).

Die nationale Zugehörigkeit der über den Brennerpass fahrenden Lastkraftwägen sieht wie folgt aus:

Der Anteil österreichischer Fahrzeuge beträgt in Summe 12%. Fahrzeuge mit Zulassung in Deutschland sind in etwa gleich häufig (25%) anzutreffen wie italienische Fahrzeuge (24%). Die restlichen Fahrzeuge stammen überwiegend aus EU27-Ländern, nur 1% sind anderer Herkunft. Bei den Transitfahrten beträgt der Anteil heimischer Lkw 3%, beim Quell-/Zielverkehr 48% und beim Binnenverkehr erwartungsgemäß hohe 96% (Bundesministerium für Verkehr, Innovation u. Technologie 2011, S. 51).

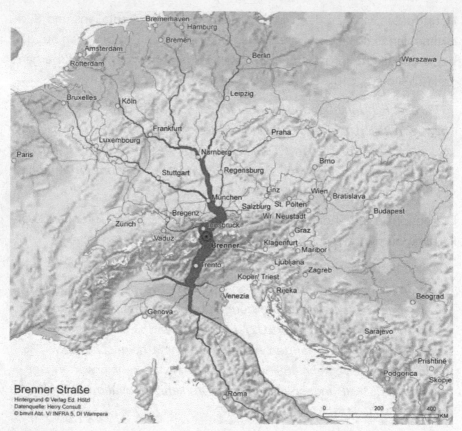

Abbildung 3.10: Transitverkehr Brennerpass (2009) - Verkehrsspinne Europa (Bundesministerium für Verkehr, Innovation u. Technologie 2011, S. 58)

Hinsichtlich des alpenquerenden Güterverkehrs am Brennerpass muss auch auf den Aspekt des Umwegverkehrs hingewiesen werden, dem nicht zuletzt in Österreich durch eine restriktivere Verkehrspolitik in der Schweiz eine besondere Bedeutung zukommt. In verschiedene Studien wurde versucht, den Umwegverkehr am Brennerpass zu quantifizieren, allerdings stellt sich das Thema bereits aufgrund unterschiedlicher Definitionen (Was wird als Umwegverkehr gezählt?) äußerst komplex dar. Köll kommt in einer im Rahmen des Projektes „Monitraf" durchgeführten umfangreichen

Analyse des Umwegverkehrs diesbezüglich zu folgenden Schlussfolgerungen (Köll et al. 2005, S. 55):

Die derzeit im alpenquerenden Straßengüterverkehr praktizierten Umweg-
verkehre sind insbesondere für Österreich erheblich. Bei Harmonisierung
der Rahmenbedingungen (Mauthöhen, Beschränkungen etc.) würden
rund 31% des über den Brennerpass fahrenden Straßengüterverkehrs auf
kürzere Verbindungen durch die Schweiz – insbesondere durch den Gott-
hardpass – rückverlagert. Auch auf der Tauernroute wäre eine Abnahme
der jährlichen LKW-Fahrten um 16% möglich (Köll et al. 2005, S. 55).[21]

Eine Möglichkeit dafür wäre durch die Einführung einer Alpentransitbörse
und die dadurch erfolgende Versteigerung und Handel von Durchfahrts-
rechten gegeben. Eine baldige Umsetzung erscheint jedoch aufgrund der
verschiedensten politischen Interessen der betroffenen Alpenländer derzeit nicht absehbar.

Aus den öffentlich von den Autobahnbetreibern zur Verfügung gestellten
Daten der Dauerzählstellen bzw. den durch das Bundesministerium für
Verkehr, Innovation und Technologie veröffentlichten Berichten lassen
sich hinsichtlich des alpenquerenden Güterverkehrs folgende Schlussfolgerungen ableiten (Abbildung 3.11):

- der Anteil des alpenquerenden Güterverkehrs (Kfz > 3,5 t hzG) am
  Brennerpass (A13 Brennerautobahn) liegt werktags bei bis zu
  25%, wobei der hohe Anteil in erster Linie durch den im Vergleich
  zum Wochenende deutlich geringeren Personenverkehr zurückzuführen ist.

- Der sprunghafte Anstieg des Personenverkehrs an den Wochenenden führt zu einer Verdoppelung des Verkehrsaufkommens insbesondere an Samstagen.

---

[21] Berücksichtigt wurden in dieser Auswertung Routenverkürzungen ab einer Länge von
60km.

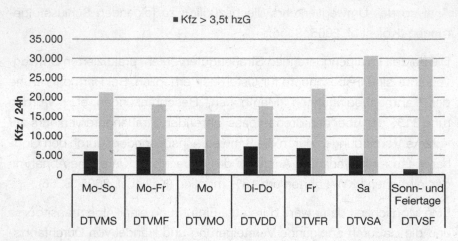

Abbildung 3.11: Dauerzählstelle A13 Brennersee, Oktober 2013 (ASFINAG Service GmbH 2013)

Die Spitzenwerte im alpenquerenden Personenverkehr treten dabei insbesondere an verlängerten Wochenenden im Frühjahr (Pfingsten) bzw. zu Beginn und Ende der Schulferien in den bevölkerungsreichen Bundesländern Deutschlands auf (Alpenkonvention 2007, S. 69).

3.1.1.9   Überlagerung von Verkehrsarten und zeitliche Rhythmen

Ein wesentliches Charakteristikum von Verkehr in alpinen Regionen ist die durch Überlagerung von Verkehrsarten entstehenden zeitlichen Rhythmen aufgrund mehrerer, unterschiedlicher und oft auch – beispielsweise saisonal - wechselnder Raumtypen.

Ähnlich wie in den dargestellten räumlich unterschiedlichen Ebenen der Bedürfnisbefriedigung ergibt sich das räumliche und zeitliche Muster des Verkehrsaufkommens durch Überlagerung der unterschiedlichen Verkehrsarten und ihren zuvor näher erläuterten unterschiedlichen Ausprägungen bzw. Charakteristiken (Berufsverkehr, Transitverkehr, Freizeit- und Urlaubsverkehr etc.). In Gebirgsregionen ist diese Überlagerung durch die Konzentration des motorisierten Verkehrs auf wenige Routen (siehe hierzu auch Kapitel 3.1.2.3) anhand beispielhafter Querschnittsbe-lastungen darstellbar.

Je nach Raumtyp lässt sich dadurch ein durchaus interessantes Muster des Kfz-Verkehrsaufkommens[22] in der Fläche und auf Verkehrsachsen er-stellen, das die insbesondere für den Alpenraum definierten Raumtypen erstaunlich gut und detailliert abbildet. Zur besseren Vergleichbarkeit wurde ein über alle Raumtypen einheitliches Darstellungsschema gewählt, in dem sowohl jährliche Zeiträume als auch Belastungen in Spitzenstun-den enthalten sind.

Raumtyp „Stadt"

Der städtische Raum ist geprägt von einem starken Tages- und Wochen-rhythmus. An Werktagen ist insbesondere zwischen 7 und 9 Uhr das höchste Verkehrsaufkommen zu verzeichnen, während am Wochenende die Werte um bis zu 50% deutlich zurückgehen. Dargestellt wird dies exemplarisch an den Werten der im dicht bebauten Stadtgebiet von Inns-bruck gelegenen Zählstelle „Egger-Lienz-Straße":

Tabelle 6: Verkehrsdaten Zählstelle Innsbruck-Egger Lienz Straße (Nr.8883), April 2010; Datenquelle: Amt der Tiroler Landesregierung - Sachgebiet Verkehrsplanung (2014)

FzGr	DTV Mo - So Kfz/24h	DTV Di - Do Kfz/24h	DTV So + F Kfz/24h	DTV 22 - 05 Kfz/24h	DTV 22 - 06 Kfz/24h	Qmax Kfz/h	Qmax Datum	Qmax Uhrzeit
Kfz	33.837	37.109	20.574	1.996	2.334	3.523	28.04 (Mi)	6-7
LKWÄ	1.096	1438	180	55	81	158	27.04 (Di)	7-8
LKWGV	962	1285	113	48	69	147	27.04 (Di)	7-8
SLZ	218	293	31	16	22	60	27.04 (Di)	6-7

---

[22] Eine Darstellung in Form des gesamten Verkehrsaufkommens (inkl. des öffentlichen Per-sonenverkehrs sowie des insbesondere im städtischen Raum zusätzlich relevanten nicht motorisierten Verkehrs wurde aufgrund der uneinheitlichen Datenlage im Rahmen dieser Arbeit nicht durchgeführt.

Das Kfz-Aufkommen liegt an Werktagen (DTV Di – Do) durchwegs deutlich über 30.000 Kfz, an Sonn- und Feiertagen (DTV So + F) jedoch um 20.000 Kfz. Die Spitzenbelastungen (Qmax) treten in Fahrtrichtung stadteinwärts (Innsbruck) zwischen 6 und 8 Uhr bzw. in Fahrtrichtung stadtauswärts zwischen 17 und 18 Uhr auf.

Über das Jahr verteilt ist das Verkehrsaufkommen relativ ausgeglichen mit charakteristischen, leichten Abnahmen während des von vielen genutzten Urlaubsmonats August (Abbildung 3.12).

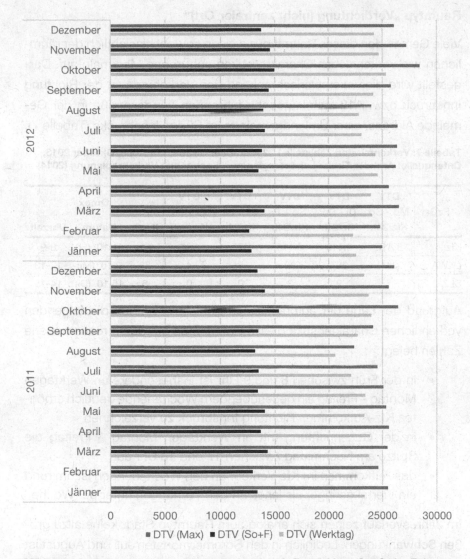

Abbildung 3.12: Verkehrsdaten Zählstelle Innsbruck-Egger-Lienz-Straße im Zeitraum Jänner 2011 – Dezember 2012; Datenquelle: Amt der Tiroler Landesregierung - Sachgebiet Verkehrsplanung (2014)

Raumtyp „Verdichtung (nicht zentraler Ort)"

Viele Gemeinden dieses Raumtypus weisen sowohl hinsichtlich der räum-lichen wie verkehrlichen Charakteristiken suburbane Merkmale auf. Dar-gestellt wird dies exemplarisch anhand den Verkehrsdaten der Richtung Innsbruck bzw. A12 Inntalautobahn führenden Landesstraße in der Ge-meinde Aldrans, einer Umlandgemeinde im Süden Innsbrucks (Tabelle 7).

Tabelle 7: Verkehrsdaten Zählstelle L32 Aldranser Straße, km 2.008, Oktober 2013; Datenquelle: Amt der Tiroler Landesregierung - Sachgebiet Verkehrsplanung (2014)

FzGr	DTV Mo - So Kfz/24h	DTV Di - Do Kfz/24h	DTV So + F Kfz/24h	DTV 22 - 05 Kfz/24h	DTV 22 - 06 Kfz/24h	Qmax		
						Kfz/h	Datum	Uhrzeit
Kfz	8.810	9.419	6.415	475	536	974	11.10. (Fr)	8-9
LKWÄ	241	287	90	3	4	33	2.10. (Mi)	12-13
SLZ	7	9	3	0	0	6	15.10. (Di)	14-15

Aufgrund der Lage der automatischen Zählstelle werden die folgenden verkehrlichen Charakteristika dieses Raumtypes gut durch real erhobene Zahlen belegt:

- in der Früh zwischen 8 und 9 Uhr ist insbesondere an Werktagen Montag – Freitag ein gegenüber dem Wochenende deutlich erhöh-tes Kfz-Aufkommen Richtung Innsbruck zu verzeichnen
- in der Gegenrichtung tritt an Werktagen Montag – Freitag die Spitze am Nachmittag zwischen 17 und 18 Uhr auf
- das Aufkommen im Kfz-Verkehr an den Wochenenden ist um rund ein Viertel geringer als jenes an den Werktagen unter der Woche

Im Jahresverlauf zeigen sich analog zum Raumtyp Stadt keine allzu gro-ßen Schwankungen. Lediglich in den Sommermonaten Juli und August ist das Aufkommen im motorisierten Kfz-Verkehr aufgrund der Schulferien bzw. Urlaubszeit ebenso leicht reduziert wie während der Winterferienzeit (Abbildung 3.13).

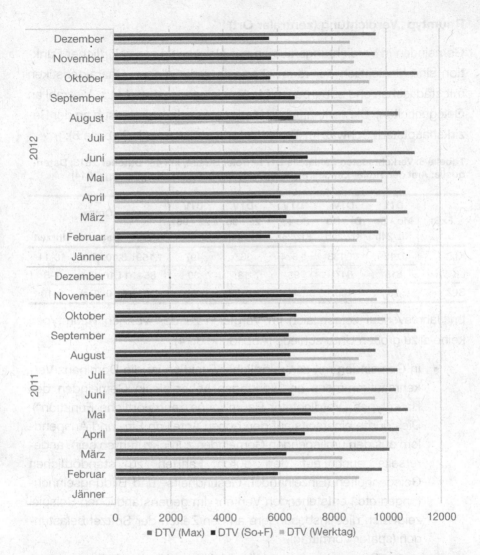

Abbildung 3.13: Verkehrsdaten Zählstelle L32 Aldranser Straße, km 2.008 im Zeitraum Jänner 2011 – Dezember 2012; Datenquelle: Amt der Tiroler Landesregierung - Sachgebiet Verkehrsplanung (2014)

Raumtyp „Verdichtung (zentraler Ort)"

Gemeinden in Verdichtungsräumen mit gleichzeitig zentralörtlicher Funktion sind hinsichtlich der räumlichen wie verkehrlichen Charakteristiken mit städtischen und suburbanen Merkmalen ausgestattet (u.a. Vielzahl an Gelegenheiten). Die verkehrlichen Merkmale sind exemplarisch an der Bezirkshauptstadt Schwaz im Tiroler Unterland dargestellt (Tabelle 8):

Tabelle 8: Verkehrsdaten Zählstelle B171 Tiroler Straße, km 48, Oktober 2013; Datenquelle: Amt der Tiroler Landesregierung - Sachgebiet Verkehrsplanung (2014)

FzGr	DTV Mo - So Kfz/24h	DTV Di - Do Kfz/24h	DTV So + F Kfz/24h	DTV 22 - 05 Kfz/24h	DTV 22 - 06 Kfz/24h	Qmax Kfz/h	Qmax Datum	Qmax Uhrzeit
Kfz	10.139	11.133	5.874	367	497	1.159	3.10. (Do)	10-11
LKWÄ	516	647	95	18	30	85	14.10. (Do)	7-8
SLZ	79	105	4	5	9	20	3.10. (Do)	9-10

Im Jahresverlauf zeigen sich im Vergleich zu den vorigen Raumtypen keine allzu großen Unterschiede (Abbildung 3.14):

- in Gemeinden mit zentralörtlicher Funktion ist die Dominanz Verkehrsaufkommens an Werktagen höher als in Gemeinden des Raumtypes „Verdichteter Raum (ohne zentralörtliche Funktion"). Dies dürfte einerseits auf den hohen Anteil an Ein- und Auspendlern aus den umliegenden Gemeinden zurückzuführen sein, andererseits auch auf den durch Fahrten zu standörtlichen Gelegenheiten (Einzelhandel, Gesundheits- und Bildungseinrichtungen etc.) entstehenden Verkehr. Im gegenständlichen Beispiel zeigt sich dies insbesondere an den Zeiten der Spitzenbelastungen (später Vormittag).

- in den Sommermonaten Juli und August ist das Aufkommen im motorisierten Kfz-Verkehr aufgrund der Schulferien bzw. Urlaubszeit reduziert

Auffallend ist die im Jahresvergleich geringste Verkehrsbelastung während der Wintermonate Dezember, Jänner und Februar, für die ohne detailliertere Untersuchung zunächst keine plausible Erklärung gefunden werden kann.

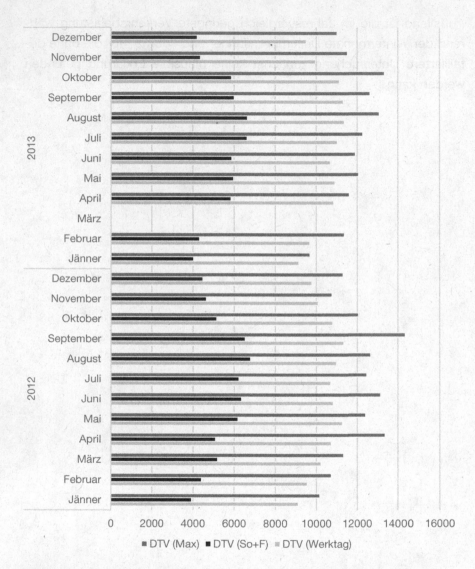

Abbildung 3.14: Verkehrsdaten Zählstelle B171 Tiroler Straße, km 48 im Zeitraum Jänner 2012 – Dezember 2013; Datenquelle: Amt der Tiroler Landesregierung - Sachgebiet Verkehrsplanung (2014)

Raumtyp „Alpine Tourismuszentren"

In keinem anderen Raumtyp sind die Schwankungen im Verkehrsaufkommen derart stark ausgeprägt wie in alpinen Tourismuszentren: einerseits bestehen deutliche saisonale Unterschiede, andererseits ist insbesondere während der Hauptsaison aufgrund der An- und Abreise eine deutliche Schwankung des Kfz-Aufkommens je nach Wochentag festzustellen (Tabelle 9).

Exemplarisch wurde hierfür die Zählstelle an der B188 Paznauntalstraße ausgewählt. Das Paznauntal ist mit der Gemeinde Ischgl, aber auch den Gemeinden Galtür, Kappl und See geprägt von intensivem Wintertourismus. Die Zählstelle befindet sich am Taleingang in Nähe zur Anschlussstelle Pians an der S16 Arlberg Schnellstraße, sodass alle Fahrten in und aus dem Paznauntal erfasst werden.

Tabelle 9: Verkehrsdaten Zählstelle B188 Paznauntalstraße, km 6.19, Februar 2013; Datenquelle: Amt der Tiroler Landesregierung - Sachgebiet Verkehrsplanung (2014)

FzGr	DTV Mo - So Kfz/24h	DTV Di - Do Kfz/24h	DTV So + F Kfz/24h	DTV 22 - 05 Kfz/24h	DTV 22 - 06 Kfz/24h	Qmax Kfz/h	Qmax Datum	Qmax Uhrzeit
Kfz	6.953	5.933	5848	376	485	1268	23.0.2 (Sa)	9-10
LKWÄ	266	258	136	10	17	76	23.02. (Sa)	8-9
SLZ	17	21	6	1	2	5	05.02. (Di)	9-10

Im Jahresvergleich zeigt sich anhand der Zähldaten an der B188 Paznauntalstraße die saisonale Schwankung äußerst eindrucksvoll (Abbildung 3.15):

- Der Unterschied im Verkehrsaufkommen zwischen Wochentag und Wochenende ist grundsätzlich über das gesamte Jahr nur schwach ausgeprägt. In diesem Punkt unterscheidet sich der Raumtyp „Alpine Tourismuszentren" deutlich von den vorigen Raumtypen.

- Die Spitzenwerte werden an Samstagen und – aufgrund von Tagesgästen – auch Sonntagen in den Wintermonaten Jänner, Februar und März (abgeschwächt noch im April und Mai) verzeichnet. Auch dieser Aspekt ist charakteristisch für Verkehrswege in intensiv genutzten, alpinen Tourismusregionen.

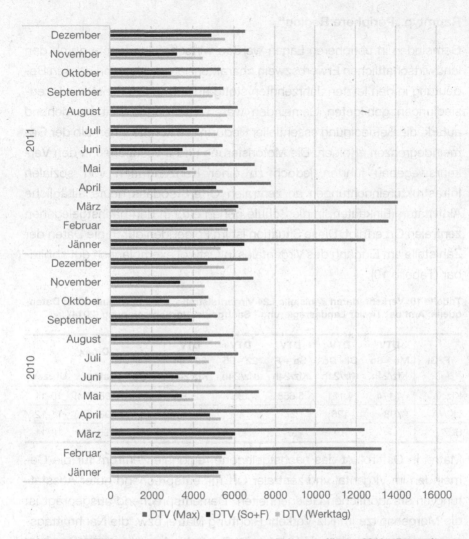

Abbildung 3.15: Verkehrsdaten Zählstelle See im Zeitraum Jänner 2010 – Dezember 2011; Datenquelle: Amt der Tiroler Landesregierung - Sachgebiet Verkehrsplanung (2014)

Raumtyp „Periphere Region"

Gemeinden in peripheren Lagen werden wirtschaftlich (noch) durch den landwirtschaftlichen Erwerbszweig charakterisiert, auch wenn dessen Bedeutung in den letzten Jahrzehnten stetig abnimmt. Die meist aus Streusiedlungen gebildeten Gemeinden waren über lange Zeit weitgehend autark, die Befriedigung essentieller Bedürfnisse konnte innerhalb der Gemeindegrenzen erfolgen. Die Motorisierung und Investitionen in den Verkehrswegebau führten jedoch zu einer Konzentration von sozialen Infrastruktureinrichtungen an zentralen Orten, sodass heute alltägliche Aktivitäten (Einkaufen, in die Schule gehen etc.) in den nächstgelegenen zentralen Ort erfolgt. Diese Situation ist im Folgenden durch die Daten der Zählstelle am Eingang des Virgentales in Osttirol exemplarisch gut abbildbar (Tabelle 10).

Tabelle 10: Verkehrsdaten Zählstelle L24 Virgentalstraße, km 2.8, August 2011; Datenquelle: Amt der Tiroler Landesregierung - Sachgebiet Verkehrsplanung (2014)

FzGr	DTV Mo - So Kfz/24h	DTV Di - Do Kfz/24h	DTV So + F Kfz/24h	DTV 22 - 05 Kfz/24h	DTV 22 - 06 Kfz/24h	Qmax Kfz/h	Datum	Uhrzeit
Kfz	4.174	4.171	3.658	196	248	421	13.08. (Sa)	10-11
LKWÄ	98	125	27	4	7	19	04.08. (Sa)	11-12
SLZ	7	10	0	0	1	4	30.08. (Di)	10-11

Matrei in Osttirol ist das nächstgelegene regionale Zentrum für die Gemeinden im Virgental und zentraler Ort mit entsprechend guter Ausstattung an standörtlichen Gelegenheiten. Dementsprechend ausgeprägt ist die Morgenspitze im Kfz-Verkehr Richtung Matrei bzw. die Nachmittagsspitze taleinwärts, da viele Fahrten im Zuge der Ausübung von Daseinsgrundfunktionen erfolgen. Der Güterverkehr ist quantitativ vernachlässigbar und betrifft lediglich lokale Lieferfahrten.

Im Jahresverlauf zeigen die Zahlen des motorisierten Verkehrsaufkommens im Virgental folgende Charakteristiken (Abbildung 3.16):

- Der Sommertourismus im Virgental führt zu Spitzen im Verkehrsaufkommen in den Monaten Juli und August
- In den Nebensaisonmonaten (Frühjahr und Herbst), insbesondere jedoch im November bzw. Dezember ist das geringste Verkehrsaufkommen zu verzeichnen
- Trotz Tourismus übersteigen die DIV-Werte werktags durchgehend jene an den Wochenenden

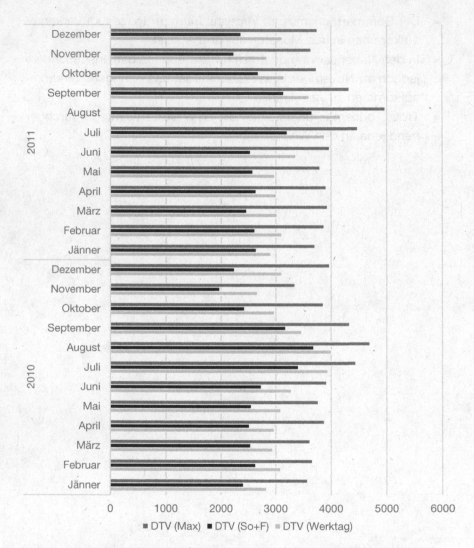

Abbildung 3.16: Verkehrsdaten Zählstelle L24 Virgentalstraße, km 2.8, Jänner 2010 – Dezember 2011; Datenquelle: Amt der Tiroler Landesregierung - Sachgebiet Verkehrsplanung (2014)

Überlagerung von Verkehrsarten an Knotenpunkten

Insbesondere an Knotenpunkten wie beispielsweise der Einmündung von Verkehrsachsen großer Seitentäler in das hochrangige Straßennetz treten die Überlagerungseffekte der zuvor erläuterten verschiedenen Verkehrsarten eindrucksvoll in Erscheinung.

Dieser Aspekt lässt sich exemplarisch am Vergleich der Tagesganglinien der Anschlussstelle Wiesing / Zillertal an der A12 Inntalautobahn an einem Samstag (4. April 2009) mit dem typischen Urlauberschichtwechsel und einem typischen Wochentag analysieren (Fritzer 2009). Die Spitzenwerte treten rund 2 Stunden früher auf und umfassen in erster Linie Fahrten vom Wohnort im Zillertal zu Arbeitsstätten oder Bildungseinrichtungen im Inntal. Der gegenteilige Effekt ist daher in der nachmittäglichen Spitzenbelastung zwischen 16 und 18 Uhr zu verzeichnen, wenn die Fahrten wieder zurück in das Zillertal erfolgen.

Will man aus diesen Daten die sich überlagernden Verkehrsarten quantitativ ermitteln, so ist dies nur näherungsweise möglich da Fahrten von Einwohnern des Zillertales aufgrund der Kenntnisse über den Urlauberschichtwechsel an bestimmten Tagen entweder auf andere Wochentage verschoben werden, durch alternative Routenwahl verlagert werden oder zur Gänze entfallen.

Allein dieses Beispiel macht deutlich, dass eine Quantifizierung der sich überlagernden Verkehrsarten extrem aufwändig ist und gesicherte Ergebnisse nur bei Durchführung von Befragungen bzw. Routenverfolgung liefern kann. Beide Methoden konnten aus Datenschutzgründen, aber auch des dafür erforderlichen Aufwandes, nicht im Rahmen dieser Arbeit angewandt werden.

3.1.1.10 Schlussfolgerung

Das Mobilitätsverhalten der Bevölkerung in alpinen Regionen ist vorrangig durch den Raumtyp geprägt und unterscheidet sich - dort, wo die Raumtypen identisch sind (insbesondere urbaner Raum, peripherer ländlicher Raum) nicht wesentlich von gleichartigen, außeralpinen Raumtypen. Im Vergleich zum urbanen Raum - können die Unterschiede im Mobilitätsverhalten des ländlichen Raumes verallgemeinernd durch folgende Faktoren beschrieben werden (Bundesamt für Raumentwicklung ARE 2008, S. 21):

- deutlich schlechtere Versorgung mit Dienstleistungen
- geringeres Angebot an Arbeitsplätzen
- nächstgelegene Zentren / Kleinzentren zwar gut mit dem MIV zu erreichen, jedoch nur mäßige Erreichbarkeit mit ÖV
- hoher Motorisierungsgrad im peripheren, ländlichen Raum im Vergleich zum urbanen Raum

Daraus resultieren hohe Tagesdistanzen sowie hohe Weganteile des MIV auch bei kurzen Distanzen, wenngleich insgesamt der Motorisierungsgrad in alpinen Regionen im Vergleich zu außeralpinen Verdichtungsräumen (beispielsweise Umlandgemeinden von Wien, Linz, Graz, aber auch München etc.) einen geringeren Wert aufweist.

Der Einfluss der Topographie auf das Mobilitätsverhalten ist beispielsweise auch im peripheren, ländlichen Raum bzw. alpinen Tourismuszentren zu erkennen. Vor allem Tourismusorte verfügen zwar über viele standörtliche Gelegenheiten (z.B. Lebensmittelgeschäfte im Ort), die Erreichbarkeit zu Fuß oder mit dem Fahrrad erfordert jedoch vielfach die Überwindung eines größeren Höhenunterschiedes. Größere Orte mit zentralörtlicher Funktion hingegen liegen vielfach in flacheren Tallagen und weisen somit neben der besseren Ausstattung mit Gelegenheiten - günstigere Voraussetzungen für aktive Fortbewegungsarten auf.

3.1.2   Raumstruktur und -funktionen

3.1.2.1   Dauersiedlungsraum

Die Raumstruktur alpiner Regionen wird in erster Linie durch die spezifischen topografischen Verhältnisse geprägt. Im Vergleich zum Flachland schränken Hangneigung, Höhenlage, Wasserflächen sowie Gefahrenzonen im Hinblick auf Naturgefahrenereignisse den für dauerhafte Siedlungstätigkeit („Dauersiedlungsraum") zur Verfügung stehenden Raum teils in erheblichen Umfang ein.

Für regionalstatistische Analysen wie beispielsweise die Bevölkerungsdichte ist somit der Dauersiedlungsraum als Bezugsgröße weitaus aussagekräftiger als die Gesamtfläche.

In Österreich zeigt sich dies besonders deutlich an den unterschiedlichen Anteilen des Dauersiedlungsraumes bezogen auf die gesamte Landesfläche. Während in den östlichen Bundesländern fast 2/3 der Gesamtfläche der Bundesländer als potentieller Siedlungsraum zur Verfügung stehen, sinkt dieser Wert mit Zunahme des gebirgigen Anteils Richtung Westen deutlich ab (Abbildung 3.17):

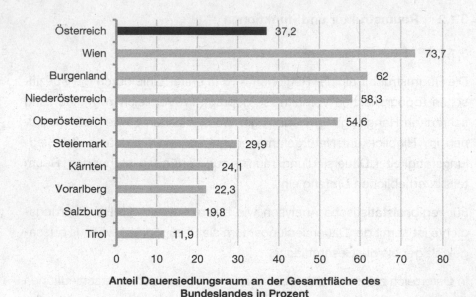

Abbildung 3.17: Anteil des Dauersiedlungsraumes an der Gesamtfläche Österreichs bzw. der Bundesländer (Statistik Austria, 2014)

Mit rund 12% weist das Bundesland Tirol den mit Abstand niedrigsten Anteil des Dauersiedlungsraumes aller österreichischen Bundesländer auf. Auch hier sinkt mit zunehmender Reliefenergie (steilere Hänge, engere Täler) Richtung Westen bzw. auch im Bezirk Osttirol der Anteil des dauerhaft für menschliche Siedlungstätigkeit nutzbaren Raumes nochmals deutlich ab.

Der Anteil des Dauersiedlungsraumes ist im Tiroler Unterland in vielen Gemeinden aufgrund der geringeren Reliefenergie deutlich höher (beispielsweise Gemeinde Angath 100%, Gemeinde Angerberg 61%) als im Tiroler Oberland (Bezirke Landeck, Imst). Im Extremfall sind weniger als 5% der Gemeindefläche für eine dauerhafte Besiedlung nutzbar (Tabelle 11).

Tabelle 11: Tiroler Gemeinden mit dem geringsten Anteil dauerhaft besiedelbarer Fläche; Datenquelle: Amt der Tiroler Landesregierung - Daten-Verarbeitung-Tirol GmbH (Hg.) (2014)

Gemeinde	Fläche [km²]	Dauersiedlungsraum	
		Absolut [km²]	Relativ [%][23]
Kaisers	74,48	1,46	2,0
Gramais	32,45	0,98	3,0
Stanzach	31,75	0,98	3,1
Scharnitz	159,42	5,22	3,3
Brandberg	156,23	6,38	4,1
Kaunertal	193,52	8,14	4,2
Amlach	22,49	1,04	4,6
Prägraten / Großvenediger	180,46	8,62	4,8
Breitenwang	18,96	1,03	5,4
See	58,12	3,26	5,6

Spitzenreiter im Bundesland Tirol ist die Gemeinde Kaisers im Bezirk Reute mit einem Dauersiedlungsanteil von lediglich knapp 2% an der gesamten Gemeindefläche.

Bedingt durch die derart drastisch eingeschränkte Nutzbarkeit der Flächen ergeben sich Auswirkungen einerseits auf die Raumfunktionen und andererseits auf die gesamte anthropogen geprägte Struktur des Raumes. Als Folge dessen sind auch hinsichtlich des Mobilitätsverhaltens und des Verkehrsaufkommens spezifische und raumtypische Aspekte festzustellen, die in den folgenden Kapiteln noch eingehender beleuchtet werden.

---

[23] Dauersiedlungsraum bezogen auf Gemeindefläche

3.1.2.2   Raumtypen

Zur Analyse von räumlichen Strukturen und Entwicklungsprozessen soll mit Hilfe der Raumtypisierung eine Systematik entwickelt werden, um anhand sozio-ökonomischer und siedlungs- bzw. verkehrsbezogener Daten vergleichbare Raumeinheiten zu charakterisieren. Ziel ist es, den Dauersiedlungsraum nach bestimmten inhaltlichen Kriterien zu klassifizieren, sodass hinsichtlich der Abbildung von räumlichen wie verkehrlichen Wirkungen entsprechend differenziert werden kann.

Die Raumtypisierung des inneralpinen Bereiches ist in der Schweiz in den letzten Jahren Gegenstand mehrerer, teils durchaus kritischer Publikationen gewesen. Die Diskussion soll an dieser Stelle nicht näher vertieft werden, es werden jedoch die zentralen Aussagen von drei möglichen Konzepten zur Raumtypisierung dargelegt.

In der 2005 von „Avenir Suisse" in Auftrag gegebenen Publikation „Baustelle Föderalismus" definiert der Autor Hansjörg Blöchliger den Schweizer Raum wie folgt:

„Die Pendlerströme werden als Indikator für wirtschaftliche Aktivität betrachtet und für die Raumabgrenzung herangezogen. Gebiete mit beispielsweise mehr als 3% Pendleranteil werden den Metropolitanräumen zugeordnet." (Blöchliger 2005, S. 170)

Greift man diesen Ansatz beispielsweise für das Bundesland Tirol auf, ergibt sich bei Darstellung des Pendlersaldos bzw. der Pendlermobilität für ausgewählte Gemeinden folgendes Bild:

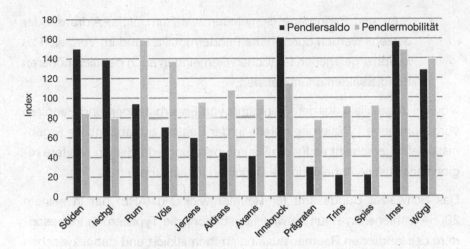

Abbildung 3.18: Darstellung der Indizes von Pendlersaldo[24] und Pendlermobilität[25] für ausgewählte Gemeinden des Bundeslandes Tirol (Statistik Austria 2014d)

Auffallend ist, dass bereits mit dieser Abbildung eine EInteilung von Gemeinden in verschiedene Typen durchführbar ist:

- Bezirksstädte wie Wörgl oder Imst weisen sowohl überdurchschnittlich hohe Werte des Pendlersaldos als auch der Pendlermobilität auf

- Die Landeshauptstadt, aber auch touristisch intensiv genutzte Gemeinden wie Sölden oder Ischgl werden von einem hohen Pendlersaldo bei vergleichsweise geringer Pendlermobilität dominiert

- Periphere, ländliche Gemeinden wie Prägraten / Großvenediger oder Spiss weisen eine sehr hohe Pendlermobilität auf, verfügen jedoch über einen äußerst geringen Wert des Pendlersaldos

---

[24] Formel: $\dfrac{Erwerbstätigkeite\ am\ Arbeitsort}{Erwerbstätige\ am\ Wohnort} * 100$

[25] Formel: $\dfrac{(Auspendler/-innen + Einpendler/-innen)}{Erwerbstätige\ am\ Wohnort} * 100$

- Sub- und Periurbane Gemeinden wie Rum, Völs, Aldrans oder Jerzens werden durch hohe Pendermobilität und im Vergleich zu peripher gelegenen ländlichen Gemeinden auch deutlich höheren Pendlersalden charakterisiert.

Obwohl diese allein auf dem Verhältnis von Erwerbstätigen und Pendlern vorgenommene Typisierung bereits in der Realität gut abbildbare Ergebnisse liefert, erscheint es für die Raumtypisierung erforderlich, weitere regionalanalytische Aspekte in die Definition miteinzubeziehen.

Das Schweizer Bundesamt für Raumentwicklung (ARE) hat in seinem 2005 erschienenen Raumentwicklungsbericht die Typisierung insbesondere des ländlichen Raumes ausführlich thematisiert und dabei zwischen verschiedenen Methoden differenziert. Die dabei vorgenommene Gliederung der Raumtypen wird im Wesentlichen auch für die weiteren Untersuchungen im Rahmen der gegenständlichen Arbeit verwendet und ist wie folgt aufgebaut:

„Die Typologie basiert auf drei Kriterien:

- *Erreichbarkeit der nächsten Agglomeration oder Einzelstadt (mit motorisierten Individualverkehr und mit dem öffentlichen Verkehr)*
- *Wirtschaftliche Potenziale (namentlich im Tourismus)*
- *Einwohnerzahl (ländliche Zentren und Gemeinden mit fraglicher kritischer Masse)*

Die daraus abgeleitete Typologie unterscheidet zwischen folgenden Raumtypen:

- *Periurbaner ländlicher Raum*
- *Alpine Tourismuszentren*
- *Peripherer ländlicher Raum"*

(Bundesamt für Raumentwicklung ARE und Eidg. Departement für Umwelt 2005, S. 26)

Alle übrigen Gemeinden werden einer Agglomeration bzw. Einzelstädten zugeordnet und als „urbaner Raum" bezeichnet. Der periurbane ländliche Raum umfasst Gemeinden im Umfeld von Agglomerationen oder Einzelstädten und ist durch eine hohe Wohnstandortqualität bei gleichzeitig guter Eignung als Arbeitsplatzstandort bzw. für die landwirtschaftliche Nutzung charakterisiert. Die Abgrenzung erfolgt über eine 20-minütige Erreichbarkeitsschranke im motorisierten Individualverkehr zum nächstgelegenen urbanen Zentrum.

Wie in der folgenden Tabelle dargestellt, wird die Typologisierung der ARE auf 2 Detailierungsebenen durchgeführt. Die erste Ebene beinhaltet eine 4gliedrige Einteilung, welche in einer zweiten Ebene aufgrund unterschiedlicher Erreichbarkeitskriterien bzw. Einwohnerzahlen auf 11 Klassen erweitert wird:

Typologie in 4 Klassen	Typologie in 11 Klassen
0 Agglomerationen und isolierte Städte	0 Agglomerationen und isolierte Städte
1 Periurbaner ländlicher Raum	11 gute OeV- und gute MIV-Erreichbarkeit [a) c) d)]
	12 mässige OeV- und gute MIV-Erreichbarkeit [b) c) d)]
	13 mässige OeV- und mässige MIV-Erreichbarkeit [b) c) d)]
	14 periurbane ländliche Zentren [e)]
2 Alpine Tourismuszentren	21 ausserhalb der Agglomeration
	22 innerhalb der Agglomeration
3 Peripherer ländlicher Raum	31 periphere Zentren (5'001-10'000 Einwohner)
	32 periphere Kleinzentren (2'001-5000 Einwohner)
	33 peripherer ländlicher Raum (501-2'000 Einwohner)
	34 peripherer bevölkerungsarmer Raum (bis 500 Einwohner)

a) Gute Erreichbarkeit: max. 20 Minuten Fahrzeit bis zur nächstgelegenen Agglomeration.
b) Mässige Erreichbarkeit: über 20 Minuten Fahrzeit bis zur nächstgelegenen Agglomeration für Gemeinden im Mittelland.
c) OeV: Öffentlicher Verkehr.
d) MIV: Motorisierter Individualverkehr.
e) Periurbane ländliche Zentren: Gemeinden mit 5'000 bis 10'000 Einwohnern und mindestens 15 Minuten MIV-Distanz zur nächstgelegenen Agglomeration sowie die Kantonshauptorte Sarnen und Appenzell.

Abbildung 3.19: Raumtypologien des Schweizer Bundesamt für Raumentwicklung (Bundesamt für Raumentwicklung ARE 2005, S. 2)

Auffallend ist die differenzierte Unterteilung zwischen periurbanen und peripheren ländlichen Räumen. Eine Anwendung im Bundesland Tirol erscheint deshalb nur eingeschränkt möglich, da einerseits die Größe des Bundeslandes eine adaptierte Definition der Erreichbarkeit erforderlich machen würde da ansonsten fast jede Gemeinde einem periurbanen ländlichen Raumtyp zuzuordnen wäre. Andererseits sind einzelne Raumtypen gar nicht vorhanden (z.B. Typ 22 – Alpine Touriszentren innerhalb der Agglomeration, Typ 31 – periphere Zentren mit 5000 – 10000 Einwohnern).

Zuletzt sei auch die im Rahmen einer Forschungsstudie des ETH Studio Basel (Diener, Herzog, Meili, de Meuron, & Schmid, 2005) vorgenommene Raumtypisierung erwähnt. Die bewusst ein wenig provokativ gehaltene Definition sollte bewusst bestehende Annahmen in Frage stellen und Trends und Umwandlungsprozesse pointierter dokumentieren. Aus zahlreichen Beobachtungen und Analysen wurden folgende 5 Raumtypologien abgeleitet:

- Metropolitanregionen sind städtische Ballungsräume mit einer starken internationalen Vernetzung und Ausstrahlung.
- Städtenetze bilden sich aus kleinen und mittleren Zentren, die außerhalb der Einzugsgebiete der Metropolitanregionen liegen.
- Stille Zonen sind noch weitgehend agrarisch geprägte Gebiete, die sich zwischen den Metropolitanregionen und den Städtenetzen ausdehnen
- Alpine Ressorts beschreiben urbane Gebiete in den Bergen, die nicht Teil von Städtenetzen oder Metropolitanregionen sind und keine andere wichtige ökonomische Funktion aufweisen als den Tourismus.
- Alpine Brachen sind Zonen des Niedergangs und der langsamen Auszehrung. Gemeinsames Merkmal ist die Abwanderung.

Die Übernahme der Raumtypisierung wäre für das Bundesland Tirol grundsätzlich möglich und würde die raumstrukturellen Unterschiede insbesondere dann gut abbilden, wenn diese ohne Rücksichtnahme auf bestehende Grenzen (und damit nicht jeweils für das gesamte Gemeindegebiet) erfolgt. Nachteilig ist jedoch die dadurch entstehende Inkompatibilität mit bestehenden Datengrundlagen, insbesondere der nur auf Ebene der Gemeinden vorliegenden Ergebnisse der Mobilitätserhebung.

Für die weiteren Untersuchungen im Rahmen der gegenständlichen Arbeit wird eine Raumtypisierung unter Miteinbeziehung charakteristischer Ausprägungen der Daseinsgrundfunktionen definiert. Die Übernahme der Bezeichnungen wäre grundsätzlich in Anlehnung an die Typisierung des Schweizer Bundesamtes für Raumentwicklung zu präferieren. Da im Rahmen der gegenständlichen Untersuchungen jedoch vielfach Daten des Landes Tirol die Grundlage bilden, wurden die Begriffe dahingehend harmonisiert:

Tabelle 12: Raumtypisierung

Raumtyp	Beispielregionen bzw. – gemeinden	Beschreibung aus Sicht Daseinsgrundfunktionen (DGF)
Urbaner Raum	Städtische Bebauungsdichte und Ausstattungsmerkmale (u.a. Sitz der regionalen Verwaltungen), dementsprechend große Ausstattungsvielfalt und – dichte, hohe bis sehr hohe Einpendlerdichte *Innsbruck, Bozen*	• DGF werden grundsätzlich innerhalb des gleichen ausgeübt • Ausübung von Freizeit- und Erholungsbedürfnis führt zu vermehrten und längeren Fahrten
Verdichtung (zentraler Ort)	zentraler Ort mit städtisch geprägter, verdichteter Bebauung und einer hohen Einpendlerdichte *Landeck, Imst, Telfs, Schwaz, Wörgl, Kufstein, St. Johann*	• DGF großteils innerhalb des gleichen Raumtypes abdeckbar • Ausübung von Freizeit- und Erholungsbedürfnis führt zu vermehrten und längeren Fahrten
Verdichtung (nicht zentraler Ort)	Verdichtete Bebauung, Vielzahl an funktionalen Verflechtungen zum nächstgelegenen zentralen Ort bzw. Stadt, kein eigenständiges regionales Zentrum *Zams, Zirl, Aldrans, Kundl*	• Etwa die Hälfte der DGF wie beispielsweise „Wohnen" und „in Gemeinschaft leben" können innerhalb des Raumtypes abgedeckt werden, alle weiteren DGF wie beispielsweise „Arbeiten" und „Bildung" (insbesondere weiterführende Bildungseinrichtungen), aber auch „Ver- und

		Entsorgung" erfordern vielfach Wechsel in zentrale Orte oder die Landeshauptstadt Innsbruck
Alpine Tourismuszentren	Saisonal urbane Zentren im ländlichen Raum, außerhalb der Saison deutlich geringere Ausstattung mit Gelegenheiten *Ischgl, Sölden, St. Anton, Mayerhofen, Neustift i. Stubaital*	• Viele DGF innerhalb des Raumtypes abdeckbar • DGF „Bildung" und „Arbeit" abseits der Tourismusbranche erfordern Wechsel zentrale Orte oder Städte • DGF „Ver- und Entsorgung" zumindest saisonal innerhalb des Raumtypes abdeckbar
Peripherer, ländlicher Raum	Größere Entfernung zu urbanen Räumen, eingeschränkte Verfügbarkeit von Verkehrswegeinfrastruktur bzw. Verkehrsmitteln *Prägraten a. Großvenediger, Gramais, Spiss, Elbigenalp*	• DGF „Wohnen" und „in Gemeinschaft leben" können innerhalb des Raumtypes abgedeckt werden, ebenso „Freizeit und Erholung" • DGF „Arbeiten" und „Bildung", aber auch „Ver- und Entsorgung" erfordern vielfach Wechsel in zentrale Orte oder Städte

Bei Überlagerung der definierten Raumtypen mit Einrichtungen zur Ausübung von Daseinsgrundfunktionen (u.a. Bildungs- und Gesundheitseinrichtungen, Einzelhandel, Gastronomie, öffentliche Verwaltung etc.) zeigen sich bereits deutlich die unterschiedlichen raumstrukturellen Gegebenheiten. Auffallend und für die je nach Raumtyp unterschiedlichen Ergebnisse der Mobilitätsanalyse sind insbesondere folgende Aspekte:

- Erwartungsgemäß verfügt der städtische Raum (Landeshauptstadt Innsbruck) über die höchste, der ländliche Raum über die geringste Dichte an standörtlichen Gelegenheiten.

- Hinsichtlich der Verdichtungsräume ist zwischen jenen Räumen mit zentralörtlicher Funktion (beispielsweise die Gemeinden Telfs, Hall und Wattens) und jenen ohne zentralörtlicher Funktion (beispielsweise die Umlandgemeinden von Innsbruck) zu unterscheiden. Während zentrale Orte über eine gute infrastrukturelle

Ausstattung zur Ausübung der Daseinsgrundfunktionen verfügen, sind Verdichtungsräume ohne zentralörtliche Funktion meist abhängig von zentralen Orten (beispielsweise Pfaffenhofen von Telfs) oder städtischen Räumen (beispielsweise die Gemeinden des wesentlichen Mittelgebirges von Innsbruck).

- Alpine Tourismuszentren wie beispielsweise die Gemeinden im Stubaital oder Seefeld verfügen generell über eine hohe Dichte an standörtlichen Gelegenheiten. Die Daten geben jedoch keinen Aufschluss darüber, wann diese zeitlich zur Verfügung stehen, sodass an dieser Stelle der Hinweis auf das saisonal schwankende Angebot erfolgt.

Abschließend ist anzumerken, dass die derzeit jeweils auf das gesamte Gemeindegebiet bezogene Abgrenzung der Raumtypen kritisch zu hinterfragen ist, da innerhalb von Gemeinden vielfach erhebliche räumliche Gegensätze auftreten und auch saisonale Unterschiede nicht berücksichtigt sind. So kann beispielsweise der Hauptort der Gemeinde Sölden in der Hauptsaison aufgrund der Vielzahl an Gelegenheiten und Einwohnerdichte dem Raumtyp „Verdichtung (zentraler Ort)" zugeordnet werden, während zeitgleich im selben Gemeindegebiet befindliche Orte wie „Vent" dem Typ „peripherer, ländlicher Raum" zuzuordnen sind. Unberücksichtigt bleibt auch die gerade in Tourismusgemeinden saisonal unterschiedliche räumliche Charakteristik.

3.1.2.3   Verkehrsinfrastrukturnetze

Der Einfluss der topographischen Rahmenbedingungen in Gebirgsräumen auf die Ausgestaltung der verkehrlichen Infrastruktur erscheint auf den ersten Blick selbsterklärend, bedarf jedoch dennoch einer genaueren Betrachtung. Bedingt durch die hohe Reliefenergie und die Anforderungen der unterschiedlichen Verkehrsinfrastruktursysteme an die Trassierung ergeben sich Einschränkungen in der baulichen Anlage bzw. entsprechende Aufwände in der Umsetzung und auch laufenden Instandhaltung.

Charakteristisch für inneralpine Verkehrsinfrastrukturen sind

- a.) Fehlende oder geringe Anzahl an Alternativen Netzelementen
- b.) Hohe finanzielle Aufwände in der Errichtung und Betrieb
- c.) Zeitlich oftmals eingeschränkte Verfügbarkeit von Netzelementen (z.B. Sperre von Straßenabschnitten aufgrund von Naturgefahrenereignissen)

Um die Entwicklung bzw. räumliche Form der verkehrlichen Infrastruktur im alpinen Raum zu analysieren, bedarf es zunächst einer kurzen Erläuterung zu theoretischen Ansätzen aus der Wirtschaftsgeographie:

„Die räumliche Form des Verkehrswegenetzes setzt sich aus zwei Elementen zusammen: einerseits den fixen Kosten des Verkehrsweges, die durch dessen Errichtung entstehen. Andererseits den variablen Kosten für die laufende Instandhaltung und den Unterhalt des Betriebes. Die Beziehung zwischen den beiden Kostenelementen ist ein Hauptindikator für die Form des Verkehrswegenetzes." (Dicken und Lloyd 1999, S. 96)

Mit anderen Worten versucht dieser Ansatz, die genaue Form der Verkehrswege und -netze als Verhältnis von fixen und variablen Kosten zu erklären. Mit Blick auf die gegenwärtige Praxis ist dieser Ansatz insbesondere für den alpinen Raum mit dessen Topographie jedoch zu hinterfragen, da zwischen der betriebs- und volkswirtschaftlichen Betrachtung unterschieden werden muss.

Beispielsweise sind Verkehrswege mit aufwändigen Kunstbauwerken (Brücken, Tunneln) und dadurch bedingten hohen Errichtungskosten auch mit hohen variablen Kosten behaftet. Dies gilt jedenfalls aus betriebswirtschaftlicher Sicht. Aus volkswirtschaftlicher Sicht ist hingegen auch der durch die Verkehrsinfrastruktur erzielte Nutzen in die Betrachtungen miteinzubeziehen. Die Konzeption eines Verkehrsnetzes lässt sich in der volkswirtschaftlichen Betrachtung wie in der nachfolgenden Abbildung schemenhaft skizziert aus dem Zusammenspiel zwischen (minimalen) Baukosten und (maximalen) Nutzen erläutern:

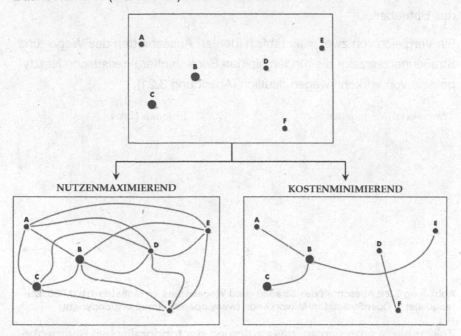

Abbildung 3.20: wirtschaftsgeografischer Ansatz zur Erläuterung der Form von Verkehrsnetzen (Dicken 1999, S. 96)

Die Konzeption des Verkehrsnetzes im obigen Beispiel kann einerseits so erfolgen, dass die 6 Orte möglichst engmaschig miteinander verbunden werden. Dadurch kann der Gewinn für den Nutzer maximiert werden (da beispielsweise auch bei Ausfall einzelner Netzelemente alternative Wege zur Verfügung stehen und somit Ortsveränderungen dennoch erfolgen können), gesamthaft betrachtet entstehen jedoch deutlich höhere Investitionskosten als bei der in der rechten Darstellung unterstellten Minimierung der Baukosten. Die Form des Verkehrsnetzes im inneralpinen Bereich unterliegt aufgrund der räumlichen Gegebenheiten und der aufwändigen Bauherstellung eher dem kostenminimierenden Prinzip. Allerdings – und damit zeigt sich auch ein gewisser Widerspruch zum eingangs zitierten Erklärungsansatz Dickens – betrifft die Minimierung der Kosten nicht nur jene der Errichtung, sondern auch der laufenden Erhaltung und des Betriebes.

Ein Vergleich von zwei maßstäblich identen Ausschnitten des Wege- und Straßennetzes zeigt die für den alpinen Bereich charakteristische Netztypologie von Verkehrswegen deutlich (Abbildung 3.21):

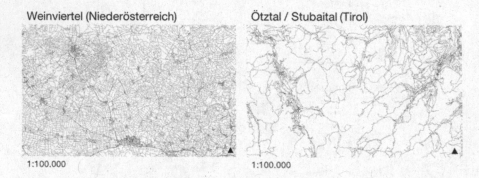

Abbildung 3.21: Ausschnitt des Straßen- und Wegenetzes im Maßstab 1:100.000; Datenquelle: © OpenStreetMap-Mitwirkende (www.openstretmap.org/copyright)

Zuletzt bleibt anzumerken, dass aufgrund der topografischen Rahmenbedingungen grundsätzlich in den verdichteten, urbanen Räumen der Haupttäler günstige Voraussetzungen bestehen, um den Siedlungsraum mit öffentlichen Verkehrslinien zu erschließen. Im Gegensatz zu urbanen Räumen im Flachland besteht meist eine linienartige Konzentration der Bebauung, wodurch die Voraussetzungen für eine effiziente Erschließung mit dem öffentlichen Verkehr entlang der Hauptachse, kombiniert mit radialer, vielfach auch nicht-motorisierter Erschließung im Nahbereich, gegeben sind.

Diese Anmerkungen hat jedoch nur dann Gültigkeit, wenn die zu erschließenden Siedlungsschwerpunkte auch tatsächlich zur Gänze oder zumindest überwiegend im Talboden liegen. In der Praxis sind jedoch – nicht zuletzt historisch bedingt – Siedlungen oftmals auf Mittelgebirgsterrassen hoch über den Tälern errichtet worden. Die Anbindung dieser Bereiche an die meist im Talboden verlaufenden hochrangigen Verkehrswege stellt nach wie vor eines der Hauptprobleme für den öffentlichen Verkehr in alpinen Regionen dar.

3.1.2.4   Raumwiderstand

Wie bereits im Kapitel 2.1.4 Erreichbarkeit über theoretische Zugänge thematisiert, sind bei der Überwindung von Distanzen Widerstände im Raum durch entsprechende Aufwände (z.B. Einsatz von Körperenergie zur Überwindung von Steigungen, Einsatz von finanziellen Mitteln zur Errichtung von baulicher Verkehrswegeinfrastruktur etc.) zu überwinden. Dieser Umstand ist zunächst nicht für den Gebirgsraum charakteristisch sondern findet sich auch in außeralpinen Räumen. Allerdings ergeben sich durch die im vorangegangenen Kapitel aufgezeigten Aspekte zur Ausgestaltung der Infrastrukturnetze im Gebirge spezifische Anforderungen und oftmals Einschränkungen im Hinblick auf die persönliche Mobilität.

Die in der gegenwärtigen alpinen Verkehrsplanung unter dem Ziel der „Erreichbarkeitsverbesserung" vorgesehen Maßnahmen zur Senkung des Raumwiderstandes sind meist auf den Straßenverkehr fokussiert. Investitionen in Schienenverkehrswege dienen eher zur Erhöhung der Geschwindigkeit im Fernverkehr, alle übrigen Verkehrsarten – insbesondere jene mit „aktiven" körperlichen Einsatz wie zu Fuß gehen oder Rad fahren – werden deutlich seltener mit infrastrukturellen Maßnahmen gefördert. Dadurch entsteht eine verstärkte Abhängigkeit vom System „Straße" mit der Folge einer sich dahingehend anpassenden Raumstruktur, da die Erreichbarkeit von Gelegenheiten mit dem PKW auch in der Standortwahl beispielsweise von Einrichtungen zur Daseinsgrundversorgungen einen entsprechend hohen Stellenwert erhält. Diese Entwicklung ist jedoch – abgesehen von den raumstrukturellen Auswirkungen (weiterer Flächenverbrauch an den Ortsrändern etc.) auch hinsichtlich folgender Aspekte kritisch zu hinterfragen:

- Verfügbarkeit des Verkehrsmittels: während das zu Fuß gehen als Fortbewegungsart allen physisch mobilen Personen uneinge-schränkt zur Distanzüberwindung zur Verfügung steht, sind alle übrigen Mittel zur Fortbewegung an das Vorhandensein entspre-chender Verkehrsmittel gebunden. Waren es früher Pferde bzw. Maultiere, die bei Weilern, Gehöften etc. zur gängigen Ausstat-tung zählten und von vielen mobilen Personen unabhängig vom Alter benutzt wurden, steht der Personenkraftwagen heute nur ei-ner bestimmten Altersklasse als Fortbewegungsmittel zur Verfü-gung. Insbesondere jüngere bzw. ältere Personen bzw. Personen ohne entsprechendes Nettoeinkommen sind trotz vorhandener physischer Eignung auf Mitfahrgelegenheiten oder – sofern örtlich wie zeitlich vorhanden - öffentliche Verkehrsmittel angewiesen.

- Verfügbarkeit der Verkehrsweges: aufgrund von jahreszeitlicher wie auch kurzfristiger Witterungseinflüsse können Verkehrswege und Verkehrsmittel nur eingeschränkt zur Verfügung stehen. Man-gels alternativer Netzelemente ist eine Anbindung von Einzelob-jekten, Ortsteilen oder ganzer Talschaften an das übrige Netz und damit die Erreichbarkeit mittels bestimmter Verkehrsmittel für ge-wisse Zeiträume nicht möglich.

Legt man die klassischen Standorttheorien der Regionalwissenschaft bzw. Wirtschaftsgeographie, aber auch der Verkehrswirtschaft zu Grunde, dann führen Investitionen in Verkehrswegebauten wie beispielsweise die Errichtung eines Eisenbahntunnels zu einem herabgesetzten Raumwider-stand und damit Zeiteinsparungen, woraus eine positive Änderung der Er-reichbarkeit und entsprechend stimulierende Effekte auf die wirtschaftliche Entwicklung einer Region resultieren.

Bei Betrachtung der zur Verfügung stehenden Verkehrsmittel bzw. deren Einsatzmöglichkeiten in Abhängigkeit von der vorherrschenden Reliefe-nergie zeigt sich, dass insbesondere für den Gebirgsraum das „zu Fuß gehen" die mit Abstand flexibelste Art der Fortbewegung und damit zur

Überwindung des Raumwiderstandes darstellt. Rad fahren außerhalb rein sportlicher Zwecke ist – ohne technische Hilfsmittel bzw. entsprechende Infrastruktur – in erster Linie auf den Bereich des Talbodens beschränkt.

Der Raumwiderstand wird durch den zur Überwindung erforderlichen Aufwand (z.B. finanzieller Aufwand, zeitlicher Aufwand, körperliche Anstrengung etc.) ausgedrückt. Über Jahrhunderte führten mangels aufwändiger Verkehrsinfrastrukturbauten die dadurch bedingten hohen Reibungsbeiwerte bei - angenommenem - konstantem Reisezeitbudget zu kurzen Distanzen. Die Verfügbarkeit von unterschiedlichen Verkehrsmitteln war grundsätzlich innerhalb der physisch mobilen Bevölkerung wenig differenziert und beschränkte sich zumeist auf das zu Fuß gehen bzw. den gelegentlichen Gebrauch von Pferde- und Ochsengespannen.

Durch entsprechende Infrastrukturbauten sank der Reibungsbeiwert kontinuierlich, die Geschwindigkeit erhöhte sich und führte – wiederum bei einem angenommenen, konstanten Reisezeitbudget – zu größeren Distanzen. Spätestens mit der Inbetriebnahme erster Eisenbahnstrecken im Alpenraum standen auch motorisierte Verkehrsmittel zur Raumüberwindung zur Verfügung und ermöglichten eine drastische Ausweitung der Aktionsradien. Allerdings war die Verfügbarkeit der Verkehrsmittel nicht für alle Personen in gleichen Umfang möglich, insbesondere im Alltagsverkehr dominierte noch längere Zeit das zu Fuß gehen bzw. Rad fahren sodass die Befriedigung der Daseinsgrundfunktionen meist entsprechende Infrastrukturen im Nahbereich des Wohnstandortes erforderten.

In diesem Punkt ist die Entwicklung jedoch zwischen den Gebirgsregionen durchaus differenziert zu sehen. Während im Alpenraum sehr hohe Erschließungs- und Verfügbarkeitsgrade von motorisierten Verkehrsmitteln dominieren, sind in anderen Bergregionen der Erde wie beispielsweise im Karakorum Asiens oder in den Anden Südamerikas noch ähnliche Situation wie vor ca. 150 Jahren in Mitteleuropa zu finden. Die entsprechenden sozialen Auswirkungen durch diese gesellschaftliche Differenzierung der Teilhabe am Verkehr sind durch weitere Untersuchungen gut dokumentiert und konnten beispielsweise auch durch den Autor im Rahmen eines mehrmonatigen Forschungsaufenthaltes in den peruanischen Anden vor Ort dokumentiert werden[26].

Zukünftig ist davon auszugehen, dass bei weiterhin angenommenem konstantem Reisezeitbudget eine nur geringfügige Abminderung des Raumwiderstandes bei einzelnen Verkehrssystemen allein zu keiner merklichen Änderung der Erreichbarkeit führen wird. Lediglich eine verbesserte Verfügbarkeit („barrierefreie Mobilität") kann bei Betrachtung der Gesamtbevölkerung den Raumwiderstand spürbar herabsetzen und somit die Erreichbarkeit erhöhen.

Letztlich ist jedoch zunehmend die Frage zu stellen, ob der Raumwiderstand nicht bereits einen Wert erreicht hat der auch gesellschaftliche Werte und damit die Standortortwahl von Wohnungssuchenden wie der Wirtschaft beginnt zu beeinflussen. Erste Tendenzen im aktuellen Mobilitätsverhalten können hierfür als Anhaltspunkt dienen:

- Indiz 1: Der aus der Wirtschaftsgeographie und an anderer Stelle bereits ausführlich diskutierte „homo oeconomicus" wird ständig danach trachten, die Transportkosten zu minimieren. Es kann daher angenommen werden, dass periphere Lagen im „Wettbewerb der Regionen" aufgrund des innerhalb eines kurzen Zeitraumes massiv verringerten Raumwiderstandes benachteiligt sind.
- Indiz 2: Unter dem Gesichtspunkt der ökonomischen Nachhaltigkeit werden Mobilitätsdienstleistungen in peripheren Regionen zunehmend hinterfragt.
- Indiz 3: Trotz des hohen Preisniveaus im Immobiliensektor ist der Zuzug in die Städte bzw. stadtnahen Gegenden ungebrochen

---

[26] Proyecto Río Loco 2002, http://www.ifip.tuwien.ac.at/p3peru/peru2002

3.1.3 Zusammenfassung und Schlussfolgerung

Die beschriebenen Charakteristiken von Mobilität, Verkehr und Raumstruktur in alpinen Regionen zeigen, dass es auf den ersten Blick keine „alpin-spezifischen" Ausprägungen von Mobilität, Verkehr bzw. Raumstrukturen gibt. Das Mobilitätsverhalten von Bewohnern alpiner Regionen unterscheidet sich meist nicht von dem im Flachland wohnhafter Menschen, die verkehrlichen Kennzahlen und räumlichen Entwicklungen insbesondere in dicht bebauten Zentren ähneln jenen außeralpiner Räume gleichen Raumtypus.

Dennoch sind bei genauerer Betrachtung regionsspezifische Eigenheiten festzustellen, die jedoch oft einer räumlich und fachlich weiter gefassten Betrachtungsweise bedürfen. Die modell- und theorierelevanten spezifischen Charakteristiken von Mobilität, Verkehr und Raumstruktur in alpinen Regionen können wie folgt zusammengefasst werden:

- Eingeschränkter Siedlungs- und Wirtschaftsraum
  - o sehr hohe lokale und regionale Disparitäten auf engstem Raum
  - o Erschließung in horizontaler und vertikaler Ebene
  - o Abhängig von der Nutzung und Funktion des Raumes unterschiedliche Raumtypen
- Typologie von Infrastrukturnetzen
  - o Überlagerung verschiedener Verkehrsarten auf wenigen Routen
  - o Hohe Verletzlichkeit im Falle von Schadensereignissen und Sperren
  - o Je nach Raumtyp verschiedene zeitliche Rhythmen im Verkehrsaufkommen (Tages-, Wochen-, saisonale und jährliche Rhythmen)
- Wirkung von Verkehr auf Schutzgüter (z.B. Emissionsausbreitung in engen Tälern)

Gängige Verkehrsmodelle bilden oftmals die direkten Effekte von Veränderungen in der Verkehrsinfrastruktur ab, beziehen sich jedoch immer nur auf Momentaufnahmen zu bestimmten Zeitpunkten ohne die Veränderung der Raumstrukturen und –funktionen miteinzubeziehen. Insbesondere in topografisch für räumliche Mobilität herausfordernden Lagen wie Gebirgsregionen werden die dadurch entstehenden Widersprüche zwischen den durch den Ausbau von Verkehrswegen vermeintlich realisierten Erreichbarkeitsverbesserungen und den tatsächlich beobachteten Veränderungen der Raumstruktur und –funktionen sichtbar.

Diese speziellen Charakteristiken alpiner Regionen sind daher zusammen mit den aufgezeigten Anwendungsgrenzen gängiger Theorien und Modelle Ausgangspunkt für die Erstellung eines neuen, systemübergreifenden Gedankenmodells.

3.2   Das Gedankenmodell

Bereits mit der Begriffsdefinition (Kapitel 2.1) wurde deutlich, dass eine integrative Betrachtung von Bedürfnissen und Aktivitäten sowie den daraus resultierenden verkehrlichen wie räumlichen Wirkungen notwendig ist um Aufschluss über raumstrukturelle relevante Prozesse geben zu können.

Im Folgenden sollen daher die Wirkungszusammenhänge zwischen Bedürfnissen, Aktivitäten und Daseinsgrundfunktionen auf der individuellen Ebene sowie der Raumstruktur, räumlichen Wirkungen und Wertvorstellungen auf der gesellschaftlichen Ebene näher betrachtet werden.

3.2.1   Ebene des Individuums

3.2.1.1   Bedürfnisse

Ausgangspunkt des Gedankenmodells ist die Ebene der individuellen Bedürfnisse und deren Befriedigung als Triebfeder menschlicher Aktivitäten.

Das vom US-amerikanischen Psychologe Abraham Maslow erstmals 1943 in der Publikation „*A Theory of Human Motivation im Psychological Review*" veröffentlichte Modell der hierarchischen Beschreibung menschlicher Bedürfnisse und Motivationen wurde insbesondere in den Wirtschaftswissenschaften populär, da es unter anderem zur Verkaufspsychologie oder Analyse des Kaufverhaltens von Personen dient. Maslow definiert 5 Grundbedürfnisse, die es zu befriedigen gilt:

There are at least five sets of goals, which we may call basic needs. These are briefly physiological, safety, love, esteem, and self-actualization. In addition, we are motivated by the desire to achieve or maintain the various conditions upon which these basic satisfactions rest and by certain more intellectual desires. (Maslow 1943)

Die Darstellung der Bedürfnisse in Form einer Pyramide (Abbildung 3.22) wurde erst durch spätere Interpretationen vorgenommen und darf keinesfalls in eine allzu statische Sicht münden. So ist es nicht erforderlich, eine Bedürfnisebene zu 100% zu befriedigen um Bedürfnisse der nächsthöheren Ebene motivierend zu finden, vielmehr sind die Übergänge ineinander fließend und nicht starr begrenzt.

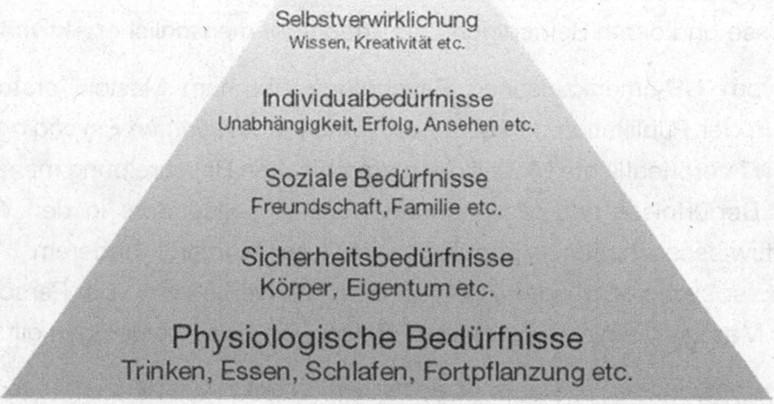

Selbstverwirklichung
Wissen, Kreativität etc.

Individualbedürfnisse
Unabhängigkeit, Erfolg, Ansehen etc.

Soziale Bedürfnisse
Freundschaft, Familie etc.

Sicherheitsbedürfnisse
Körper, Eigentum etc.

Physiologische Bedürfnisse
Trinken, Essen, Schlafen, Fortpflanzung etc.

Abbildung 3.22: menschliche Bedürfnisse nach Maslow, 1943

Aus raum- und verkehrsplanerischer Sicht ist die Darstellung der Bedürfnishierarchien in Form einer nach oben hin zusammenlaufenden Pyramide
kritisch zu hinterfragen, da zwar damit einerseits die Prioritäten – ausgedrückt beispielsweise in der Wegehäufigkeit – abgebildet werden, andererseits aber die im Zuge der Bedürfnisbefriedigung erforderlichen
Weglängen vielfach eine Umkehrung der Pyramidendarstellung erfordern.
So werden beispielsweise Aktivitäten zur Befriedigung grundlegender
physiologischer Bedürfnisse vor allem im Nahbereich des Wohnortes bzw.
des Arbeitsplatzes gesetzt, während Aktivitäten im Rahmen individueller
Bedürfnisse oder der persönlichen Selbstverwirklichung zunehmend mit
der Überwindung großer Entfernungen verbunden sind (Abbildung 3.23).

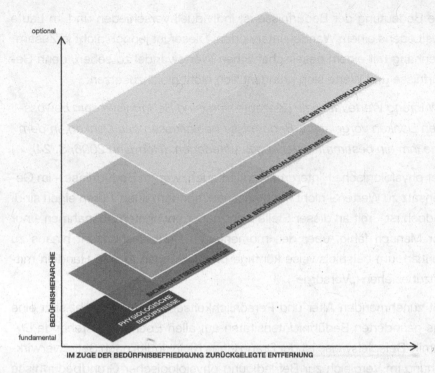

Abbildung 3.23: Bedürfnishierarchie und im Rahmen der Bedürfnisbefriedigung zurückzulegende Entfernungen

Diese Feststellung ist insbesondere für einen in sich geschlossenen Raum wie beispielsweise ein Gebirgstal oder auch eine Gebirgsregion von besonderem Interesse, da mit zunehmender Hierarchieebene auch Bedürfnisse und Aktivitäten von Menschen relevant werden, die nicht für einen längeren Zeitraum in diesem Raum leben. Die technologische Entwicklung und der Ausbau der verkehrlichen Infrastrukturen führen zudem zu einer stetigen Ausdehnung der räumlichen Bezugsebenen.

Die Bedeutung der Bedürfnisse ist individuell verschieden und im Laufe des Lebens einem Wandel unterworfen. Dieser ist jedoch nicht in Zusammenhang mit einem gesellschaftlichen Wertewandel zu sehen, denn Bedürfnisse und Werte sind grundsätzlich nicht gleichzusetzen:

Während Werte rationale Konzepte sind, sind Bedürfnisse dem bewussten Denken vorgelagert. Bedürfnisse beeinflussen das Denken, in dem sie ihm ein bestimmtes Verlangen unterlegen. (Hermann 2006, S. 24)

Der physiologische Hintergrund erklärt auch, warum Bedürfnisse – im Gegensatz zu Werten – nicht nur Menschen, sondern auch Tieren eigen sind. Jedoch ist - mit an dieser Stelle nicht näher erwähnten Ausnahmen - nur der Mensch fähig, über den momentanen Bedürfnishorizont hinaus zu denken, um beispielsweise künftige Entwicklungen in sein Handeln miteinzubeziehen („Vorsorge").

Mit zunehmenden Alter und Persönlichkeitsentwicklung ergibt sich eine aus geänderten Bedürfnisintensitäten auf allen Ebenen entstehende Dynamik. Beispielsweise ist der Drang eines Kleinkindes nach Selbstverwirklichung im Vergleich zur Befriedigung physiologischer Grundbedürfnisse wie Essen, Spielen und Schlafen nicht vorhanden. Im späteren Leben verschiebt sich die Bedeutungsintensität zunächst zu sozialen Bedürfnissen (z.B. Partnerschaft, Familiengründung) bis hin zu Individualbedürfnissen (z.B. berufliches Weiterkommen) und zuletzt der Selbstverwirklichung.

3.2.1.2   Aktivitäten

Die Befriedigung der Bedürfnisse erfolgt in Form von Aktivitäten und setzt grundsätzlich immer physische (körperliche) wie geistige Mobilität voraus. Für die weitere Betrachtung ist in erster Linie die Befriedigung von Bedürfnissen in Verbindung mit räumlicher und damit physischer Mobilität relevant, da diese letztlich ausschlaggebend für das Entstehen von Verkehr ist:

Jede Ortsveränderung hat ihren Ursprung im Menschen: Bedürfnisse,
die nicht vor Ort stillbar sind, erfordern Mobilität - entweder von Perso-
nen oder von Gütern. (Becker 2003, S. 2)

Die Befriedigung des Bedürfnisses nach Selbstverwirklichung (Aneignung
von Wissen) kann durch eine Vielzahl an Aktivitäten erfolgen. Eine Möglichkeit wäre durch Lesen eines Buches („Buch lesen"). Da das Buch noch
nicht greifbar ist, muss es in einer weiteren Aktivitäten („Buch kaufen")
beschafft werden. Die Beschaffung des gewünschten Buches kann wiederum durch verschiedene Aktivitäten wie beispielsweise durch den Be-
such einer Buchhandlung befriedigt werden (Variante 1). Alternativ wäre
auch die Buchbestellung über das Internet und Lieferung nach Hause (Variante 2) oder der Download als eBook (Variante 3) möglich. Im ersten Fall
resultiert aus der Aktivität zunächst Personenverkehr, indirekt auch Güterverkehr da das Buch von der Druckerei über den Händler zur Buchhandlung geliefert werden muss. Die Buchbestellung über das Internet
resultiert in Güter- aber auch Datenverkehr, während der Download des
eBooks fast ausschließlich in Form von Datenverkehr wirksam wird.

In allen drei Fällen wird das Bedürfnis letztlich durch die Aktivitäten „Buch
kaufen" und „Buch lesen" befriedigt, allerdings stehen dazu jeweils unterschiedliche alternative Handlungsmöglichkeiten zur Verfügung mit qualitativ und quantitativ unterschiedlichem Verkehrsaufkommen.

Setzt man dieses Beispiel gedanklich fort, so entsteht bei Variante 1 durch
den Kauf des Buches im Buchgeschäft einerseits Personen-, und andererseits Güterverkehr. In Variante 2 Daten- und Güterverkehr und in Variante 3 lediglich Datenverkehr. Alle Varianten setzen das Vorhandensein
entsprechender Infrastrukturen im Raum voraus. Auch Infrastrukturen wie
Datenleitungen, Serveranlagen etc. in Variante 3 muss eine - wenngleich
auf den ersten Blick nicht sofort erkennbare – räumliche Relevanz zuer-
kannt werden.

Bereits mit diesem einfachen Beispiel aus der alltäglichen Praxis wird deutlich, dass die Vorgänge zur Entstehung von Verkehr basierend auf Bedürfnissen, einer Vielzahl an Möglichkeiten zur Bedürfnisbefriedigung und zahlreicher Einflussfaktoren und Rahmenbedingungen äußerst komplex und dadurch nur schwer modellhaft abzubilden sind.

3.2.1.3   Daseinsgrundfunktionen

In den vorigen beiden Kapiteln wurde dargelegt, wie individuelle menschliche Bedürfnisse durch das Setzen von Aktivitäten befriedigt werden und im Zuge dessen durch Ortsveränderungen Verkehr induzieren.

Die Vielzahl an Kombinationen von Bedürfnissen und Aktivitäten veranlasste die Sozialgeographie in den sechziger Jahren, diese in sogenannten „Daseinsgrundfunktionen" zu strukturieren. Der Begriff hat seinen Ursprung in dem 1964 von D. Partzsch veröffentlichten Beitrag "Zum Begriff der Funktionsgesellschaft" und wurde in der Sozialgeographie der Münchner Schule populär (Heineberg 2003, S. 27–29):

Daseinsgrundfunktionen sind solche grundlegenden menschlichen Daseinsäußerungen, Aktivitäten und Tätigkeiten, die allen sozialen Schichten immanent (=innewohnend), massenstatistisch erfassbar, räumlich und zeitlich messbar sind und sich raumwirksam ausprägen. Diese sind:

1.   *Sich fortpflanzen und in Gemeinschaft leben*
2.   *Wohnen*
3.   *Arbeiten*
4.   *Sich versorgen und konsumieren*
5.   *Sich bilden*
6.   *Sich erholen*
7.   *Verkehrsteilnahme (Kommunikation)*

Dabei bedeutet Verkehr den Transport von Personen und Gütern sowie Austausch von Nachrichten zwischen den Funktionsstandorten der Gesellschaft. (Heineberg 2003, S. 27)

Im Rahmen der gegenständlichen Arbeit wurde der oben angeführte, 7-teilige Funktionskatalog adaptiert: Verkehr und Kommunikation werden dabei nicht als siebte Funktion angesehen, sondern resultieren aus der Tatsache, dass die Befriedigung der oben angeführten Daseinsgrundfunktionen in der Regel nicht an einem Ort stattfinden kann. Grundlage für die weiteren Analysen bilden daher die folgenden Daseinsgrundfunktionen:

Freizeit	Bildung	Arbeiten	Wohnen	Versorgen	Entsorgen	Soziale Kontakte

In den meisten Fällen ist der Wohnstandort und damit die Funktion „Wohnen" Ausgangspunkt menschlicher Aktivitäten. Die Daseinsgrundfunktionen sind das zentrale Element zur Beschreibung der raumprägenden und verkehrswirksamen Prozesse menschlicher Individuen, da nicht zuletzt die räumliche Verteilung der angeführten Daseinsgrundfunktionen in Zusammenhang mit der quantitativen und qualitativen Ausprägung des Verkehrs steht:

Je nach Eignung stellen Orte Nutzungspotentiale bereit, die Menschen zur Befriedigung der Nutzungsansprüche (Grundbedürfnisse) benötigen. Die optimale Raumposition ergibt sich für einen Menschen daher dadurch, dass am gewählten Standort die subjektiven Nutzungsansprüche optimal genutzt werden können. Da diese Ansprüche aufgrund der Funktionstrennungen immer seltener an einem Ort gebündelt vorliegen, ist eine wechselweise Inanspruchnahme der Gelegenheiten unterschiedlicher Orte eine mögliche Strategie. (Weichhart 2009, S. 2)

Der im Zitat angesprochenen Verteilung der Nutzungspotentiale – in weiterer Folge als „Gelegenheiten" bezeichnet – kommt in dieser Arbeit als Schlüsselindikator für die verkehrliche wie räumliche Struktur eine besondere Bedeutung zu.

Um ein realistischeres Bild der persönlichen Verteilung der Daseinsgrundfunktionen, des Mobilitätsverhaltens und des dadurch entstehenden Verkehrs zu erhalten sind detailliertere Aufzeichnungen über das persönliche
Mobilitätsverhalten erforderlich. Standardmäßig werden dabei ausgewählte Mobilitätskennwerte wie Anzahl der zurückgelegten Wege, Distanzen, benutzte Verkehrsmittel und ausgewählte Ziele ausgewertet und in
Form von Diagrammen dargestellt. Doch erst die räumlich verortete Darstellung macht deutlich, wie die Verteilung der individuellen Daseinsgrundfunktionen sowie des Mobilitätsverhaltens im Raum wirksam
werden.

Die überwiegende Anzahl der Wege wird von Bewohnern des Gebirgsraumes wie beispielsweise Tirols innerhalb der alpinen Region zurückgelegt.
Eine Ausnahme bilden in dem gezeigten Beispiel beruflich veranlasste,
gelegentliche Fahrten beispielsweise in die am Alpenrand gelegenen
Großstädte.

Bewohner der zu den Alpen umliegenden Großstadtregionen wie München oder Mailand üben zwar viele ihrer Daseinsgrundfunktionen ebenfalls im unmittelbaren Nahbereich des Wohnumfeldes aus, Aktivitäten zu
Freizeit- und Erholungszwecken führen jedoch nicht selten zu Zielen im
alpinen Raum (Standorte mit hoher qualitativem Nutzungspotential). Beruflich veranlasste Fahrten wiederum erfordern eine Durchquerung des Alpenraumes.

Bei der räumlichen Analyse des persönlichen Mobilitätsverhaltens sind
des Weiteren folgende – im weiteren Verlauf der Arbeit noch detaillierter
behandelte – Aspekte zu beachten:

- Eine Fortführung der Auswertungen des persönlichen Mobilitätsverhaltens über eine Zeitspanne von einem Jahr würde mehrere
  zeitliche Rhythmen erkennen lassen. Einerseits werden bestimmte Wege in Abhängigkeit des Wochentages zurückgelegt,
  andererseits ergeben sich beispielsweise durch die Jahreszeiten

unterschiedliche Freizeitwege (z.B. unterschiedliche Ausflugs-
ziele).

- Eine Verlegung des Wohnstandortes führt – in Abhängigkeit zum
Standort des früheren Wohnsitzes – zu einer Modifikation vieler
Wegverbindungen insbesondere im Nahbereich. Aber auch die
Standorte weiterer zentraler Daseinsgrundfunktionen (hohe Fre-
quenz wie z.B. Arbeitsplatz) können entsprechend umfangreiche
Adaptierungen im Rahmen des persönlichen Mobilitätsverhaltens
erfordern.

- In der Realität erfolgt die Auswahl von Zielen und Wegen im Rahmen der persönlichen Bedürfnisbefriedigung durch Entscheidungsprozesse (z.B. wo kaufe ich heute die Milch ein? Wie fahre
ich dorthin? Etc.), die jedoch nicht Gegenstand des vorliegenden
Gedankenmodells sind.

3.2.2   Ebene der Gesellschaft und Umwelt

Der Schritt von individuellen Mobilitätsansprüchen basierend auf persönlichen Bedürfnissen hin zur räumlichen Verortung der daraus resultierenden Daseinsgrundfunktionen erfordert die Erweiterung des
Gedankenmodells um die gesellschaftliche Ebene:

- Einerseits führt der durch die Ausübung von Daseinsgrundfunktionen entstehende Verkehr zu Wirkungen, die nunmehr nicht mehr
rein auf das Individuum beschränkt sind sondern den gesamten
Raum und damit die Umwelt beeinflussen.

- Andererseits ergibt sich die räumliche Verteilung von Aktivitäten
wie beispielsweise „Einkaufen" aus dem Zusammenwirken zwischen der Verortung von entsprechenden Gelegenheiten (z.B. Wo
befinden sich Standorte von Einkaufsmöglichkeiten), der Qualität
(z.B. Welches Sortiment wird an welchem Standort angeboten?)

und der Erreichbarkeit (z.B. Wie können die Standorte mit öffentlichen Verkehrsmitteln erreicht werden?).

- Parallel dazu unterliegen auch Bedürfnisse sowie die Ausübung der Daseinsgrundfunktionen gewissen gesellschaftlichen Wertvorstellungen.

3.2.2.1   Raumwirkungen

Die durch einzelne menschliche Individuen bei der Ausübung von Aktivitäten wie beispielsweise „zur Arbeit fahren" im Rahmen von Daseinsgrundfunktionen (z.B. „Arbeiten") entstehenden Ortsveränderungen resultieren in Verkehr. Dieser wiederum erzeugt Wirkungen, einerseits auf das Individuum selbst, andererseits auf die Gesellschaft und die Umwelt. Für das Verständnis des Gedankenmodells ist die Unterscheidung zwischen sozialen, ökonomischen und ökologischen sowie direkten und indirekten räumlichen Wirkungen von Verkehr entscheidend, da diese bezogen auf raumstrukturelle Prozesse oftmals unterschiedliche Dynamiken aufweisen.

Sowohl in der Wissenschaft als auch in der Praxis beschäftigen sich mehrere Studien und Projekte mit diesen durch Ortsveränderungen bzw. Verkehr ausgelösten Wirkungen auf räumliche Strukturen, sodass an dieser Stelle nicht näher darauf eingegangen, sondern auf die in Kapitel 2.2 angeführten Methoden und Modelle zur Abbildung räumlicher Dynamiken und Prozesse in Abhängigkeit von Verkehr und verkehrlicher Infrastruktur verwiesen wird.

3.2.2.2   Raumstruktur und -funktionalität

Die Struktur und Funktionalität des (Lebens)Raumes wird zunächst durch natürliche Einflüsse wie Geologie, Hydrografie, Klima etc. gebildet. Die aus den Daseinsgrundfunktionen resultierenden und im vorigen Kapitel angeführten räumlichen Wirkungen sind - neben normativen und infrastrukturellen Rahmenbedingungen wie beispielsweise Gesetzen, Verkehrswegen, Flächenwidmung etc. - für die durch den Menschen beeinflusste Ausbildung der Struktur und Funktionalität des Raumes maßgeblich.

In der Humangeographie werden menschliche Gruppen als die Träger der Funktionen und Schöpfer räumlicher Strukturen bezeichnet (Heineberg 2007, S. 29). Die Landschaft kann nach Wolfgang Hartke dabei als eine Art *Registrierplatte menschlichen raumbezogenen Handelns* angesehen werden (Werlen 2000, S. 165), womit eine Abkehr von der lange Zeit angenommenen deterministischen Rolle der Natur erfolgt. Beispielsweise sind noch heute verkehrliche Infrastrukturen aus der Römerzeit in der alpinen Landschaft erkennbar, selbst prähistorische Siedlungsplätze und Pfade sind trotz Jahrtausende langen Einwirkens von natürlichen wie anthropogenen Prozessen mit freiem Auge auffindbar.

Die aus den natürlichen anthropogenen Einflüssen gebildete Struktur des Raumes ist die Grundlage für die räumlichen Funktionalitäten. Unter den Raumfunktionen werden in diesem Zusammenhang Einflüsse des Raumes sowohl den Standort der Aktivität als auch den Weg dorthin betreffend verstanden. Diese können einerseits ökonomischer, aber auch sozialer und ökologischer Ausprägung sein (Abbildung 3.24).

Abbildung 3.24: räumliche Funktionen von Gebirgen

- Ökonomische Raumfunktionen: Land- und Forstwirtschaft, Industrie und Gewerbe, Dienstleistungen (u.a. Tourismus), Roh-
  stoffe, Infrastruktur etc.

- Ökologische Raumunktionen: Lebensraum für Pflanzen und Tiere,
  natürliche Lebensgrundlagen, Ökosysteme etc.

- Sozio-kulturelle Raumfunktionen: Siedlungs- und Erholungsraum,
  gesellschaftliche Kontaktpflege, Kulturraum etc.

Die räumliche Struktur und Funktionalität gibt Aufschluss darüber, in wel-
cher Art und Weise die Ausübung von Daseinsgrundfunktionen möglich
ist:

- Welche Gelegenheiten bieten sich im Raum für welche Aktivitä-
  ten?
- Wie sind diese im Raum verteilt?
- Welche Möglichkeiten sind vorhanden, um dorthin zu gelangen?

Verkehrliche Infrastrukturen wie beispielsweise das Straßennetz definieren – neben weiteren Standortfaktoren - die räumliche Lage und Verteilung
von Gelegenheiten.

Den zentralen Punkt für die gegenständlichen Thesen zur verkehrlichen
und räumlichen Entwicklung des Gebirgsraumes bildet die Verteilung der
Funktionen bzw. standörtlichen Gelegenheiten sowie der dazwischenliegenden Wege zum Wechsel des Standortes. Wie im weiteren Verlauf der
Arbeit noch näher beschrieben, sind die unterschiedlichen räumlichen
Funktionen und Standorte nicht zuletzt durch die unterschiedlichen Prioritäten hinsichtlich der Bedürfnisse und den daraus folgenden menschlichen Aktivitäten im zeitlichen Verlauf einem steten Wandel unterworfen.

3.2.2.3   Raumnutzung

Aus der Vielfalt der durch die Raumstruktur vorgegebenen räumlichen
Funktionen resultiert eine große Anzahl von Nutzungsmöglichkeiten (bzw.
damit einhergehender Nutzungskonflikte) zur Ausübung von Aktivitäten.

Der schwedische Geograph Torsten Hägerstrand bezeichnete führte im Rahmen der von ihm maßgeblich geprägten „Zeitgeographie" den Begriff der „capability constraint" ein: die Aktivitäten menschlicher Individuen werden durch die biologischen Bedürfnissen sowie den zur Verfügung stehenden Ressourcen (z.B. Verkehrswege und –mittel) und den hieraus resultierenden Möglichkeiten zur räumlichen Mobilität begrenzt. Er identifizierte drei für die Raumnutzung bzw. Verkehr wesentlichen Einflussgrößen (Hägerstraand 1970, S. 12–16):

- biologische und geistige Fähigkeit: sowohl die körperliche Verfassung als auch die geistige Fähigkeit zur Verwendung von Werkzeugen als Hilfsmittel sind maßgeblich für die Anzahl der zur Verfügung stehenden potentiellen Aktivitäten von Individuen.
- soziale Vernetzung: gewisse Aktivitäten wie Produzieren, Konsumieren oder Transferieren erfordern, dass sich Individuen zusammenschließen, Werkzeuge oder Materialien in Anspruch nehmen
- rechtliche Rahmenbedingungen: definieren Umfang und Ausmaß des Handlungsspielraumes von Individuen in abgegrenzten Räumen (z.B. Flächenwidmung)

Neben diesen von Hägerstraand definierten Einflussgrößen sind jedoch auch die infrastrukturellen Ausstattungen von entscheidender Bedeutung für die Art und Weise der Raumnutzung. Unter Infrastruktur wird hier einerseits Verkehrswegeinfrastruktur wie Straßen, Linien des öffentlichen Personenverkehrs etc. verstanden, andererseits aber auch Infrastruktur zur Daseinsvorsorge wie Supermärkte, Gemeindeämter, Ärzte, Apotheken, Bildungseinrichtungen, Vereinslokale etc.

Die Raumnutzung ist somit das Ergebnis einerseits der sich aus den Bedürfnissen abgeleiteten individuellen Aktivitäten im Rahmen von Daseinsgrundfunktionen („Nachfrage"), andererseits aber auch der Struktur und Funktionalität des Raumes („Angebot").

3.2.2.4   Gesellschaftliche Werte

Je mehr Handlungsoptionen zur Verfügung stehen, desto mehr Einfluss nehmen Werte und Einstellungen auf das Handeln (Hermann 2006, S. 94). Werte können somit als *Konzept der Motivation und Entscheidungsfindung* angesehen werden:

> *Damit der Mensch über seine aktuellen Bedürfnisse hinaus in die Zukunft planen kann, braucht er ein von den Bedürfnissen entkoppeltes Konzept der Motivation und Entscheidungsfindung. Dieses Konzept sind die Werte. Anders als Bedürfnisse sind Werte nicht Teil der erlebten und gefühlten Realität. Es sind keine Vorbedingungen des Denkens, sondern es sind Inhalte davon. (Hermann 2006, S. 26)*

Werte werden von Einzelnen, sozialen Gruppen oder einer Gesellschaft definiert und sind Ausgangsbasis für die Ableitung konkreter Vorschriften für das (soziale) Handeln. Sie können – müssen aber nicht - persönlichen Bedürfnissen widersprechen (Stichwort sittenstrenge Gesellschaft – Sexualmoral).

Diese individuellen bzw. gesellschaftlichen Normen sind jedoch einem ständigen Wandel unterworfen. Der tägliche „Überlebenskampf" zur Befriedigung der physiologischen Bedürfnisse ist heute in vielen Teilen der Erde nicht mehr erforderlich. Läuft das gesellschaftliche Leben wie beispielsweise in Europa weitgehend zivilisiert ab, müssen auch Nahrung, Familie und Wohnort nicht mehr verteidigt werden. Wie Hermann (Hermann 2006, S. 115) anmerkt, führt der fortschreitende Zivilisationsprozesses dazu, dass die Bedeutung von „harten" Werten (unteren zwei Ebenen der Bedürfnispyramide) zurückgestuft wird und sich weiche Werte besser entfalten können. Diese Feststellung ist insbesondere auch für das Erklären der historischen Abläufe zur Entstehung von Siedlungs- und Raumstrukturen bzw. den verkehrlichen Abläufen von entscheidender Bedeutung wie im weiteren Verlauf der Arbeit noch näher erläutert wird.

Neben dem bereits erwähnten Einfluss von Werten auf die Wertigkeit von Bedürfnissen und damit auf Aktivitäten menschlicher Individuen ergeben sich durch die dadurch beeinflusste Politik bzw. der von ihr gesetzten Rahmenbedingungen indirekte Einflüsse auf die Raumstruktur (z.B. Raumordnungs- und Verkehrspolitik), aber auch die Daseinsgrundfunktionen (z.B. Umweltbewusstsein).

3.2.3 räumliche Ebenen der Bedürfnisbefriedigung

Die von Weichhart (Weichhart 2009, S. 2) angeführte wechselweise Inanspruchnahme von Gelegenheiten an unterschiedlichen Orten ist nicht für alle Bedürfnisse auf ein und derselben räumlichen Maßstabsebene verortbar: der Einkauf von täglich benötigten Lebensmitteln erfolgt beispielsweise in der Regel im Umfeldbereich des Wohnstandortes, hingegen sind Urlaube meist mit größeren Entfernungen von zu Hause verbunden. Daraus ergibt sich eine räumliche Strukturierung der Bedürfnisse und damit verbunden auch der Aktivitäten bzw. des dadurch induzierten Verkehrs in mehreren Ebenen.

Die mit physiologischen Bedürfnissen verbundenen lebensnotwendigen Aktivitäten wie Schlafen, Essen, Trinken etc. erfordern eine ständige Befriedigung und damit Anordnung im unmittelbaren Wohnumfeld. Aus verkehrlicher Sicht resultiert daraus ein hoher Anspruch auf das Vorhandensein von Gelegenheiten im Nahbereich des Wohnumfeldes, sodass Wege im Rahmen der Daseinsvorsorge durch aktive Mobilitätsformen (zu Fuß gehen, Rad fahren) zurückgelegt werden können.

Ebenfalls im unmittelbaren bzw. mittelbaren Nahbereich des Wohnumfeldes gelegen erfordert auch die Befriedigung sozialer Bedürfnisse eine entsprechende Verkehrsinfrastruktur, um beispielsweise Kontakte zu Freunden und Verwandten wie auch Freizeit- und Erholungsaktivitäten ausüben zu können. Im Unterschied zu den physiologischen Bedürfnissen, deren Befriedigung für alle Menschen im mehr oder weniger gleichen

Ausmaß unabdingbar ist, wird die Notwendigkeit und das Ausmaß von Aktivitäten zur sozialen Bedürfnisbefriedigung vermehrt durch gesellschaftliche Werte und Lebensstile beeinflusst.

Deren Einfluss nimmt auf der Ebene der individuellen Bedürfnisse weiter zu, gleichzeitig steigen auch die Anforderungen an die für entsprechende Aktivitäten geeigneten Gelegenheiten (z.B. Qualifizierter Arbeitsplatz, höherrangige Bildungseinrichtungen, Orte zur Erholung etc.), sodass die Anzahl der tatsächlich in Frage kommenden Standorte bereits deutlich abnimmt und dadurch das Zurücklegen längerer Wegdistanzen erfordern.

Aktivitäten im Rahmen individueller Selbstverwirklichungen erfolgen meist unabhängig von Standortbindungen. Das Bedürfnis, seine eigenen Potentiale und Begabungen auszuleben kann entweder direkt am Wohnstandort erfüllt werden (beispielsweise Künstleratelier) oder erfordert weltweite Aktionsradien (z.B. Profisportler, Wissenschaftler, Politiker etc.).

Auch wenn die soeben angeführten Erläuterungen zur räumlichen Strukturierung von Bedürfnissen und Mobilität eine starre Gliederung in Ebenen suggerieren, muss angemerkt werden, dass eine exakte räumliche Abgrenzung der Aktionsradien und Tätigkeiten ebenso wenig möglich ist wie jene der Bedürfnisse. Vielmehr handelt es sich um eine dynamische Struktur, sodass die Interpretation der Abbildung folgende Aspekte zu berücksichtigen hat:

1. Die Zuordnung von Aktivitäten zu den angeführten räumlichen Maßstabsebenen erfolgt auch unter dem Einfluss weiterer Faktoren (Gesellschaft, Kultur, persönlicher Lebensstil, wirtschaftliche Verhältnisse etc.).
2. Der Übergang zwischen den Maßstabsebenen ist – anders als die Abbildung suggeriert – fließend und kann daher nicht in absoluten Entfernungen angegeben werden.
3. Je spezialisierter die Aktivität, desto größer sind die zurückgelegten Entfernungen: beispielsweise erfolgt die Grundausbildung in

der Regel im näheren Umfeld des (elterlichen) Wohnstandortes, für akademische Ausbildungen werden teilweise bereits größere Distanzen in Anspruch genommen.

Die Betrachtung von Mobilität bzw. Verkehr erfordert damit eine aus mehreren Ebenen aufgebaute Denkstruktur. Verkehr in seiner Gesamtheit – so wie er alltäglich erlebt wird – ist das Ergebnis der Überlagerung aller Ebenen. Im Alpenraum ist dieser Aspekt insofern von besonderer Relevanz, da je nach Ebene auch die damit verbundenen Verkehrsarten wie Alltagsverkehr, Freizeitverkehr, Berufsverkehr, Urlaubsverkehr etc. unterschiedlichen zeitlichen Rhythmen unterliegen und dadurch spezielle Charakteristiken aufweist.

3.2.4   Das Gedankenmodell

3.2.4.1   Bildlich

Die in den Kapiteln 3.2.1 bis 3.2.3 beschriebenen Wirkungszusammenhänge zwischen Bedürfnissen, Aktivitäten und Daseinsgrundfunktionen auf der individuellen Ebene sowie der Raumstruktur, räumlichen Wirkungen und Wertvorstellungen auf der gesellschaftlichen Ebene lassen sich wie folgt schematisch darstellen (Abbildung 3.25):

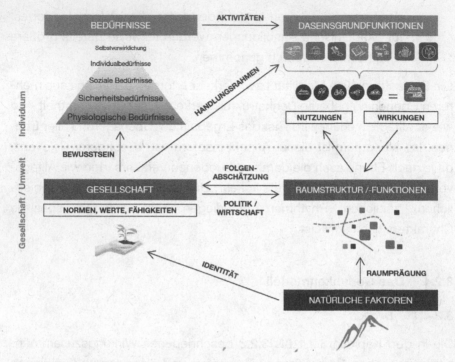

Abbildung 3.25: schematische Darstellung des Gedankenmodells zur Abbildung der wechselseitigen Wirkungen zwischen menschlichen Bedürfnissen, Aktivitäten sowie deren raumstrukturellen Wirkungen

Handelnde Akteure sind auf der Ebene „Individuum" einzelne menschliche Individuen oder Wirtschaftssubjekte[27] sowie auf der Ebene „Gesellschaft / Umwelt" die Gesellschaft.

3.2.4.2   Textlich

Mobilität hat ihren Ursprung in den Bedürfnissen von menschlichen Individuen. Neben lebensnotwendigen physiologischen sind auch soziale und

---

[27] Im Falle von Wirtschaftssubjekten sind Bedürfnisse und auch Daseinsgrundfunktionen einzuschränken bzw. neu zu definieren, die grundsätzliche Struktur wird jedoch beibehalten da auch Wirtschaftssubjekte Bedürfnisse haben und diese in Form von Aktivitäten und „Wirtschaften" ausüben.

individuelle Bedürfnisse sowie letztlich das Streben nach Selbstverwirklichung Grundlage und Motiv für menschliches Handeln und bildet die Grundlage für die Struktur und Funktion von Räumen.

Die Befriedigung der Bedürfnisse erfolgt in Ausübung von sogenannten Daseinsfunktionen (Wohnen, Arbeiten, Versorgen, Entsorgen, Bildung, Freizeit & Erholung, soziale Kontakte) an unterschiedlichen Standorten, setzt allerdings folgende Bedingungen voraus:

a) Es gibt Standorte, die aufgrund ihrer Ausstattung mit standörtlichen Gelegenheiten über ein entsprechendes Nutzungspotential (Gelegenheiten) verfügen.

b) Das menschliche Individuum besitzt die Möglichkeit, um Ortswechsel durchzuführen und diese Standorte zu erreichen.

c) Die Standorte sind so erreichbar, dass der subjektive Nutzen den Transportaufwand überwiegt. Übersteigen die Kosten der Distanzüberwindung den persönlichen Nutzen der dadurch erreichbaren Gelegenheit, bestehen grundsätzlich drei Handlungsmöglichkeiten: 1.) Wechsel des Verkehrsmittels 2.) Aufsuchen alternativer, näher am Wohn- oder Standort liegender Gelegenheiten bzw. 3.) Verlegung des (Wohn)Standortes (Migration). Diese drei Handlungsmöglichkeiten treffen dabei grundsätzlich sowohl auf einzelne menschliche Individuen als auch rational handelnde Betriebe zu. In beiden Fällen ist die Verlegung von Standorten mit weiteren raumwirksamen Prozessen verbunden.

Treffen alle Bedingungen zu, wird die räumliche Mobilität durch den Wechsel vom Standort A zum Standort B realisiert, es entsteht Verkehr. In der einfachsten und seit jeher bestehenden Form durch das zu Fuß gehen als Fußgeherverkehr, seit rund 150-200 Jahren oft zusätzlich durch Inanspruchnahme technologischer Verkehrsmittel.

Ausgehend vom jeweiligen Wohnstandort werden zunächst jene Gelegenheiten aufgesucht, die der Ausübung der auf den grundlegenden physiologischen Bedürfnissen basierenden Daseinsgrundfunktionen dienen, es folgen Aktivitäten zur Befriedigung sozialer und individueller Bedürfnisse. Sind diese Bedürfnisebenen weitgehend abgedeckt, erfolgt in der höchsten und lediglich von einem geringeren Bevölkerungsanteil ausgeübten Bedürfnisebene auch die Verwirklichung des eigenen Ich. Die Erreichbarkeit der Gelegenheiten orientiert sich dabei an den zur Verfügung stehenden Transportmitteln, aber auch den durch die jeweilige Nutzung entstehenden Aufwänden zur Distanzüberwindung.

Der durch die Bedürfnisbefriedigung entstehende Verkehr ist in seinen Wirkungen einerseits für die Umwelt wahrnehmbar (beispielsweise aufgrund von Emissionen). Er beeinflusst die Funktionen und Strukturen des Raumes durch das standörtliche Erreichbarkeits- und Nutzungspotential.

Die verkehrlichen Wirkungen äußern sich andererseits auch auf individueller Ebene durch den erforderlichen Aufwand, in erster Linie in Form von Kosten und Zeit. Dieser durch Mobilität entstehende Aufwand steht mit dem durch das Aufsuchen der Gelegenheiten entstehenden Nutzen in einem Verhältnis, sodass ständig – bewusst oder unbewusst – individuelle Kosten und individueller Nutzen gegeneinander abgewogen werden. Aufgrund persönlicher Wertvorstellungen und Lebensstile handelt es sich bei der Entscheidungsfindung zur Auswahl von Gelegenheiten bzw. des Verkehrsmittels nicht um eine starre Grenze, sondern einen Grenzbereich[28].

3.2.4.3   Fachlich

Im Gegensatz zu den klassischen Standorttheorien der Regionalwissenschaft ist das Gedankenmodell auf einer Zusammenführung mehrerer

---

[28] Trotz zahlreicher Theorien und wissenschaftlicher Untersuchungen zeigen jüngste empirische Studien, dass bislang noch keine Theorie zur umfassenden Erklärung der Verkehrsmittelwahl vorliegt. (Pripfl et al. 2010, S. 94)

Theorien verschiedenster Fachdisziplinen (Psychologie, Sozialgeographie, Verkehrsgeographie, Regionalwissenschaft, Raumplanung etc.) aufgebaut. Eine Ursachen- und Wirkungsforschung im Bereich von Mobilität, Verkehr und Raumstrukturen erfordert somit eine äußerst komplexe, multidisziplinäre Betrachtungsweise.

3.2.4.4 Methodisch

Die Definition der räumlichen, zeitlichen und inhaltlichen Systemgrenzen richtet sich nach dem Betrachtungsraum und dem Betrachtungszweck. Verkehr im Alpenraum ist nicht dem Alltagsverkehr der inneralpinen Bewohner gleichzusetzen. Auch der aus den umliegenden Räumen in oder über die Alpen führende Verkehr ist mit zu berücksichtigen. Um die Grenzen vor Beginn der Untersuchungen festzulegen, ist daher ein Screening bzw. Scoping zur exakten Abgrenzung wie bei ähnlichen Analysen jedenfalls obligatorisch.

3.3   Schlussfolgerung

Da sich das Mobilitätsverhalten von Bewohnern alpiner Regionen nicht signifikant von dem im Flachland wohnhafter Menschen unterscheidet kann generell nicht von „alpin-spezifischen" Ausprägungen von Mobilität, Verkehr bzw. Raumstrukturen gesprochen werden. Bei genauerer Betrachtung von Mobilität und Verkehr sind dennoch regionsspezifische Eigenheiten festzustellen, die einer räumlich und fachlich weiter gefassten Betrachtungsweise bedürfen. Zu nennen sind hierbei insbesondere die durch

a)   eingeschränkte Nutzbarkeit des Raumes für menschliche Aktivitäten,

b)   spezielle Netztypologie von verkehrlicher Infrastruktur und

c)   Wirkung von Verkehr auf Schutzgüter

entstehenden verkehrlichen wie räumlichen Wirkungen und zeitlichen Muster, die eine eigenständige Betrachtung des Gebirgsraumes auch für die Themenbereiche Mobilität, Verkehr und Raumstruktur erfordern.

Die detaillierte Auseinandersetzung mit den themenspezifischen Vorgängen zeigt zudem, dass die generellen wechselseitigen Wirkungen sowohl in der räumlichen wie auch zeitlichen Dimension vielschichtiger sind als in den gängigen Modellen und Theorien angenommen. Zusammen mit den raumstrukturellen und verkehrlichen Charakteristiken von alpinen Regionen ergibt sich damit die Notwendigkeit, die Systemzusammenhänge mit einem multidisziplinären Ansatz neu zu strukturieren.

Mit dem im Gedankenmodell vorgestellten Modellansatz werden die wechselseitigen Abhängigkeiten zwischen Verkehr und Raumstruktur den Wirkungszusammenhängen entsprechend um die auf den menschlichen Bedürfnissen beruhenden Grundlagen der Mobilität erweitert und zunächst auf einem abstrakten Gedankenmodell dargestellt. Das Modell soll insbesondere auch dazu dienen, die spezifischen Charakteristiken alpiner Regionen sowohl hinsichtlich des Verkehrs als auch der Raumstruktur und –funktionen in die Überlegungen miteinzubeziehen, ohne jedoch die grundsätzliche Anwendungsmöglichkeit nur auf Gebirgsräume einzuschränken. Die für alpine Regionen charakteristischen Merkmale sind dabei primär in folgenden Elementen des Gedankenmodells lokalisiert:

1. Verkehrliche und räumliche Wirkungen in der Ausübung von Daseinsgrundfunktionen
2. Raumstruktur und –funktionen
3. Raumprägung durch Einfluss bzw. Beeinflussung natürlicher Faktoren (u.a. Naturgefahren, Emissionen, Identität etc.)
4. Raumnutzungen (u.a. Tourismus)

4 TEIL C – RÄUMLICHE UND VERKEHRLICHE ENTWICKLUNG

In Teil C werden die historischen wie auch gegenwärtigen, raumprägenden Prozesse durch Anwendung des in Teil B formulierten Gedankenmodells beschrieben, um dadurch unter anderem auch die Aussagekraft des Modells zu überprüfen und erforderlichen Falls durch Präzisierungen zu schärfen.[29]

4.1 Historische Entwicklung

Die Einteilung der den Alpenraum prägenden geschichtlichen Entwicklungsphasen wurde im Rahmen der gegenständlichen Untersuchung hinsichtlich ihrer Relevanz für die Raum- und Verkehrsentwicklung vorgenommen.

Im Zuge der Recherchen zeigte sich, dass eine systematische und wissenschaftliche Aufarbeitung und Dokumentation der alpinen Siedlungsgeschichte in Bezug auf die Entwicklung von Mobilität und Verkehr im Alpenraum bis heute nur für einzelne Zeitepochen oder Verkehrsmittel vorhanden ist. Auch im Rahmen dieser Arbeit konnte nur eine auf das Gedankenmodell fokussierte, aber nicht ins Detail gehende historische Analyse durchgeführt werden um die inhaltliche Schwerpunktsetzung nicht zu verlassen.

---

[29] Im Zuge der Recherchen zeigte sich, dass eine systematische und wissenschaftliche Aufarbeitung und Dokumentation der alpinen Siedlungsgeschichte in Bezug auf die Entwicklung von Mobilität und Verkehr im Alpenraum bis heute nicht oder nur in Ansätzen vorhanden ist. Beispielsweise erscheint der Einfluss von Grenzen (Grundgrenzen, Verwaltungsgrenzen, Diözesangrenzen etc.) und deren Veränderungen auf die alltägliche Mobilität der Bewohner bis heute noch nicht näher erforscht zu sein.

4.1.1   Vor- und Frühgeschichte

4.1.1.1   Kurzbeschreibung

Die ersten Formen menschlicher Aktivitäten sind am Südwestrand der Alpen feststellbar. Zwar reichen die ältesten Funde von Menschen in den Alpen selbst etwa 100.000 Jahre zurück, jedoch dürften Eiszeiten eine dauerhafte Besiedlung auf den Alpenrand beschränkt haben. Erst die um ca. 5000 v. Chr. aus dem Vorderen Orient nach Europa kommenden ersten Bauerngesellschaften verdrängen am Alpensüd- und -ostrand die bis dahin lebenden Jäger- und Sammlergesellschaften. (Bätzing 2003, S. 44)

Das Bild einer rein bäuerlich geprägten und eher egalitären Gesellschaft während der Vor- und Frühgeschichte ist nicht länger haltbar. Vielmehr bestanden nicht zuletzt aufgrund der weit über den Alpenraum bekannten Rohstoffvorkommen (in erster Linie Kupfer, aber auch Salz) bereits in der Kupfer- und Bronzezeit (ab ca. 3500 v Chr.) überregionale Austauschbeziehungen. Der Bergbau war nicht nur arbeits- und personalintensiv, sondern erforderte auch eine Arbeitsteilung und damit eine Strukturierung der Gesellschaft. (Tomedi 2006, S. 41) Auch wenn viele Details insbesondere das alltägliche Leben betreffend bis heute nicht näher erforscht sind, dürfte der Bergbau und das damit verbundene Erfordernis zur Produktion über den Eigenbedarf hinaus für die Entwicklung des Raumes von entscheidender Bedeutung gewesen sein.

Bedingt durch das große Bedrohungspotential (Naturgefahren ebenso wie durch den Menschen selbst herbeigeführtes Gefahrenpotential) standen für Siedlungstätigkeit geeignete Flächen nur an wenigen Standorten zur Verfügung. Tallagen wurde dabei meist aufgrund des großen Überschwemmungsrisikos, des schlechten Bauuntergrundes, aber auch der Eignung für den Ackerbau von dauerhaften Siedlungen freigehalten, sodass Siedlungsplätze meist in Hanglage oder auf Mittelgebirgsterrassen errichtet wurden. Da die dort befindlichen halbwegs ebenen Flächen ebenfalls für den Ackerbau bzw. die Viehzucht genutzt werden mussten, wurden die Verkehrswege meist an den Hangkanten entlanggeführt.

Die Lage von größeren Siedlungen wie jene an der bronzezeitlichen Kultstätte am Goldbichl oberhalb von Igls im Tiroler Mittelgebirge wurde unter folgenden Gesichtspunkten gewählt:

- strategische und verkehrsgeographische Lage: Einmündung des in Nord-Süd-Richtung orientierten Wipptales in das in West-Ost-Richtung erstreckende Inntal, gute Übersicht
- Schutz vor Naturgefahren: keine Überschwemmungsgefahr durch Lage am Talboden, geringe Lawinengefahr und Felssturz
- klimatische Faktoren: im Gegensatz zu Tallagen günstigere Besonnung insbesondere in den Wintermonaten

Kleinere und größere befestige Höhensiedlungen dienten in der frühen Bronzezeit auch als Abschirmung bedeutender Rohstoffvorkommen (Kupfer, Salz etc.) und erlaubten durch die Lage an Hauptrouten die Kontrolle von Handel und Verkehr. (Tomedi 2006, S. 39)

Hinsichtlich der Raumfunktionen erfolgte der erste radikale Funktionswandel mit der Besiedlungen des Gebirges: die vormals rein ökologische Funktion wurde durch sozio-kulturelle Funktionen und - wie das Beispiel des Bergbaues zeigt - ebenso bedeutender ökonomischer Funktionen ergänzt. Der Gebirgsraum erlaubte dadurch nicht nur die Befriedigung grundlegender, physiologischer und sozialer, sondern in gewissem Maße individueller Bedürfnisse.

Aus den Prioritäten der Bedürfnisbefriedigung und den zur Verfügung stehenden infrastrukturellen Möglichkeiten ergeben sich folgende Schlussfolgerungen hinsichtlich der in der Vor- und Frühgeschichte vorherrschenden Alltagsmobilität:

Trotz zahlreicher Bergbauaktivitäten ist anzunehmen, dass der Großteil der Bewohner des Alpenraumes zunächst auf die Befriedigung der grundlegenden physiologischen konzentriert war. Die Ziele der täglichen Aktivitäten fanden somit im Rahmen der Ver- und Entsorgung mit Nahrungsmitteln (Ackerbau, Jagd, Fischerei). Einzig die Pflege sozialer Kontakte erforderte das Zurücklegen größerer Wegdistanzen meist bis zum nächstgelegenen regionalen Zentrum.

Erwähnenswert erscheint in diesem Zusammenhang, dass bereits in vorrömischer Zeit die Länge des Weges eine größere Bedeutung hatte als die Höhe des zu überwindenden Passes. Erst mit der Errichtung Straßen und Fahrwegen über die Pässe durch die Römer wurden die Wegverläufe gebündelt. (Winckler 2010, S. 99)

Da vor der römischen Okkupation im Alpenraum nur Pfade und Wege zur Fortbewegung zur Verfügung standen ist anzunehmen, dass Distanzen ausschließlich zu Fuß - ggf. unter Zuhilfenahme von Lastentieren - zurückgelegt werden konnten. (Walde 2006, S. 47) In gewisser Weise führte dies jedoch auch zu einer Flexibilität der Bewohner bezogen auf topografische Barrieren, da zu Fuß auch große Steigungen überwunden werden konnten und dadurch gesellschaftliche und wirtschaftliche Beziehungen zu Nachbartälern vermutlich weitaus gebräuchlicher waren als bislang angenommen. Die Vermutung bestätigt sich bei einer Betrachtung früherer Grenzverläufe bzw. Gebietsabgrenzung:

„Die lokalen Grenzen in den Alpen lagen an den Talausgängen der wichtigen Pässe – im Gegensatz zu den heutigen Grenzen, die auf den Passhöhen liegen." (Winckler 2010, S. 73)

Die Auswirkungen dieser seinerzeitigen Grenzziehungen sind bis in die politische Gegenwart sichtbar. Prominentestes Beispiel hierfür ist die Trennung von Nord- und Südtirol nach dem Ende des ersten Weltkrieges:

„Kultur und Sprache der alpinen Bevölkerung erstreckten sich in den meisten Fällen über eine Gebirgskette hinaus in das dahinter liegende Tal, was zeigt, dass die Anrainer selber das Gebirge nicht als etwas Trennendes wahrnahmen." (Winckler 2010, S. 74)

Ein weiteres anschauliches Beispiel zur Grenzziehung über Gebirgskämme hinweg findet sich im hinteren Ötztal. So wurde der heute zur Gemeinde Sölden zählende Ortsteil Vent erst 1854 vom ursprünglichen
Gericht Kastelbell im Vinschgau nach Sölden eingemeindet. Teile des
Söldener Gemeindegebietes waren noch bis zur Abspaltung von Südtirol
ein Teil der Gemeinde von Schnals. Und bis heute besitzen Bauern aus
dem Schnalstal[30] Weiderechte auf der nördlichen und damit österreichischen Seite des Alpenhauptkammes.

4.1.1.2   Zusammenfassung der Wirkungszusammenhänge

Während der betrachteten Zeitepoche dominierten die sich aus den unteren Ebenen der Bedürfnisbefriedigung ergebenden Aktivitäten (Nahrungsbeschaffung, Sicherheit) den Alltag eines Großteils der Bewohner im
Alpenraum. Da lediglich das zu Fuß gehen als Fortbewegungsart zur Verfügung stand, mussten die Aktivitäten im Nahbereich des Wohnumfeldes
erfolgen oder erforderten eine zumindest temporäre Verlegung des Wohnsitzes (z.B. während der Sommermonate in Hochlagen zur Beaufsichti-
gung des Weideviehs, Abbau von Rohstoffen in höher gelegenen
Bergwerken etc.).

Durch das zu Fuß gehen war es jedoch möglich, große Höhenunter-
schiede zu überwinden und dadurch Umwege zu vermeiden. Widerstände
bei der Raumüberwindung wurden durch Naturgefahren definiert
(Schluchten, Überschwemmungsgebiete, Massenbewegungen wie Stein-
schlag, Vermurungen oder Lawinen etc.).

Die Raumstruktur und –funktion wurde daher neben natürlichen Faktoren
wie Rohstoffvorkommen sowie Naturgefahren durch anthropogene Ein-

---

[30] Zahlreiche weitere derartige Beispiele finden sich im Dreiländereck Osttirol, Salzburg und
Südtirol.

flussfaktoren wie beispielsweise durch die Notwendigkeit fußläufiger Erreichbarkeiten, Sicherheit (Verteidigung gegen Angriffe, Fernsicht etc.) und kompakter Siedlungseinheiten definiert.

4.1.2   Antike

4.1.2.1   Kurzbeschreibung

Vom alltäglichen Leben und den gesellschaftlichen Strukturen im Alpenraum während der Antike ist insbesondere außerhalb römischer Siedlung bislang nur wenig bekannt. Dennoch dürfte das folgende Zitat aus einer Dissertation angesichts des bereits in vorrömischer Zeit durch den Bergbau bedingten, über den Alpenraum hinaus reichender verkehrlicher Beziehungen kritisch zu hinterfragen sein:

„In den Alpen stellt sich zusätzlich das Problem, dass große Teile des Gebirges keine Räume waren, die für die umliegenden Reiche von Interesse war. Wirtschaftlich hatten die Alpen zunächst noch wenig zu bieten. Die großen Alpenübergänge und Zubringertäler dazu hingegen waren von größter Wichtigkeit. Dieser Situation entspricht die Überlieferungslage: die politische Zugehörigkeit der Hauptverkehrsachsen kann gut rekonstruiert werden und die Grenzpunkte sind recht deutlich zu erkennen, während die Nebenachsen vor allem durch diffuse Grenzräume und magere Quellenlage gekennzeichnet sind." (Winckler 2010, S. 72)

Es ist anzunehmen, dass der bereits in der Kupfer- und Bronzezeit im Alpenraum vielfach betriebene Bergbau insbesondere unter römischer Herrschaft intensiviert wurde wie zahlreiche archäologische Funde ehemaliger Abbaustätten belegen[31].

Auch wenn bereits in vorrömischer Zeit die oftmals angenommene egalltäre Gesellschaft nicht existiert haben dürfte, verstärken sich in der Antike erstmals die räumlichen wie gesellschaftlichen Disparitäten. Diese bestehen insbesondere zwischen den rein von der Subsistenzwirtschaft dominierten, abgelegenen Seitentälern und den durch römische Verkehrswege gut erschlossenen Haupttälern. In diesen lagen auch die mit dem lateinischen Begriff *civitas* bezeichneten zentralen Orte, die neben den Wohnsiedlungen auch Gerichts- und Marktort, Steuersammelpunkt den administrativen Mittelpunkt einer Verwaltungseinheit bildeten. Mit den Begriffen „vicus" und „ „castellum" wurden Orte in den ländlichen Bereichen bezeichnet wenngleich die für die Unterscheidung wesentlichen Kriterien auch heute noch nicht restlos geklärt sind. (Winckler 2010, S. 209–210)

Hauptgrund für das Entstehen der Disparitäten waren nicht zuletzt die Wirkungszusammenhänge zwischen den sich überlagernden Verkehrsarten (Fernverkehr in Folge des in der Antike aufkommenden Austausches von Waren zwischen den Metropolen südlich und nördlich der Alpen, Nahverkehr durch lokale Bevölkerung). Dort, wo römische Straßen errichtet wurden[32], führte der erheblich herabgesetzte Wegwiderstand zum Entstehen zahlreicher straßenbegleitender Infrastrukturen (Gasthäuser, Werkstätten,

---

[31] Vereinzelt deuten auch noch Ortsnamen auf einen früheren römischen Bergbau hin, z.B. „Favèr" östlich vom Calisberg bei Trient (abgeleitet von der Bezeichnung „Villa Fabri", dem „Haus des Schmiedes")

[32] Mit der römischen Okkupation weiter Gebiete des Alpenraumes wurden erstmals Straßenanlagen systematisch gebaut und angelegt. Dies erfolgte jedoch unter Zugrundelegung militärischer (Truppenverlegungen) und bürokratischer (Verwaltung) Bedürfnisse. Die Straßen sollten möglichst geradlinig und mit mäßiger Steigung und wenigen Kurven trassiert werden, der Bewuchs wurde aus Sicherheitsgründen beidseitig großflächig entfernt und ein Bebauungsverbot im Nahbereich erlassen. Walde 2006, S. 47

Unterkünfte), die ihrerseits wiederum die Alltagsmobilität der lokalen Bevölkerung beeinflusste. Es ist anzunehmen, dass – ähnlich wie im Bergbau – es zu einer verstärkten Arbeitsteilung und Verschiebungen hinsichtlich der Aktivitäten (Einkauf von Waren, Reparatur von Geräten und Gespannen etc.) und ausgeübter Daseinsgrundfunktionen (Arbeiten) kam.

Die neuen Straßen führten auch dazu, dass Händler erstmals Produkte lieferten, die nicht nur rein physiologischen Bedürfnissen (Befriedigung von Hunger und Durst), sondern auch dem Genuss dienten (Olivenöl, Wein, Muscheln, aber auch Seidenstoffe). Umgekehrt wurde auch der Export eigener Erzeugnisse wie insbesondere Käse ermöglicht. (Walde 2006, S. 48–49)

Dennoch ist über die Alltagsmobilität der Bewohner zur Zeit der Antike im Alpenraum bislang wenig überliefert. Es ist jedoch anzunehmen, dass das Hauptmotiv für Ortsveränderungen abseits der beschriebenen Orte an Hauptrouten weiterhin in der Befriedigung von physiologischen Grundbedürfnissen und den daraus folgenden Aktivitäten wie Ackerbau, Viehzucht, Brennholzbeschaffung etc. begründet war.

Ein Wechsel des Wohnstandortes wurde (abgesehen von der durch die Jahreszeit beeinflussten Viehwirtschaft in Hochlagen) in erster Linie durch Sicherheitsaspekte (beispielsweise in Folge kriegerischer Auseinandersetzungen, Verfolgung, Naturkatastrophen etc.) erforderlich.

4.1.2.2   Zusammenfassung der Wirkungszusammenhänge

Anhand der dargelegten Kurzbeschreibung der Antike kann davon ausgegangen werden, dass die im Gedankenmodell (Teil B) schematisch dargestellten Wirkungszusammenhänge im Alpenraum mit Ausnahmen der an Hauptrouten gelegenen Orte keine signifikanten Unterschiede zur Zeitepoche der Vor- und Frühgeschichte aufweisen.

Für die entlang römischer Handelsrouten gelegenen Räume ist die oben abgebildete Darstellung insofern zu erweitern, als einerseits die Bedürfnisse der dort lebenden Menschen vermehrt auch die soziale und individuelle Ebene umfassen und Aktivitäten bzw. die Ausübung von Daseinsgrundfunktionen durch Arbeitsteilung beeinflusst werden. Die Raumstruktur und –funktionen sind deutlich intensiver durch anthropogene Faktoren (Verkehrswege, standörtliche Gelegenheiten) geprägt als in den abgelegenen Seitentälern.

4.1.3   Mittelalter

4.1.3.1   Kurzbeschreibung

Das gesellschaftliche Leben im Mittelalter unterschied sich inneralpin kaum von dem im Flachland. Für das tägliche Leben prägend war der durch die Religion dominierte kulturelle Einfluss:

In dieser Gesellschaftskonstellation war das Individuum weitgehend in die Gemeinschaft eingebettet. Die einzelnen Gesellschaftsmitglieder waren untrennbar mit dem, durch eine allmächtige Kirche vorgegebenen, gemeinschaftlichen Werte- und Normensystem verbunden. (Hermann 2006, S. 107)

Im Vergleich zur Antike waren im Mittelalter selbst die reichsten Menschen und Hochadeligen relativ arm. Dieser Umstand ist u.a. an den durch Ausgrabungen belegbaren materiellen Gegenständen, aber auch Wohnbauformen belegbar. War in der Antike das Hochgebirge noch aufgrund der dort lebenden Räuber und Geächteten gefürchtet, finden sich im Mittelalter hierzu keine entsprechenden Aufzeichnungen wider. (Winckler 2010, S. 238)

Die Wahrnehmung der Alpen als besonders menschenfeindlicher Raum, der mit Mühen überwunden werden kann, ist ein Topos, der in der Antike aber auch im späten Mittelalter und der Neuzeit gefunden werden kann. (Winckler 2010, S. 99)

Die lokale Wirtschaft wurde durch Landwirtschaft und Bergbau dominiert. Die Bergbauern versuchten dabei in erster Linie, sich selbst bzw. Gutsbesitzer zu versorgen. Exportiert wurden jedoch ab dem 12./13. Jahrhundert Milchprodukte, insbesondere Käse. (Winckler 2010, S. 241)

Bereits der Name „Innsbruck" deutet auf die aus verkehrlicher Sicht bedeutende Lage der heutigen Landeshauptstadt hin. Die Stadt ist - nach heutigem Wissensstand - einer der ältesten Orte im Inntal, für den eine verkehrswirtschaftliche Entwicklung durch Quellen belegbar ist. Die Innbrücke bildete dabei das zentrale Element der Nord-Süd-Verbindung „strata publica", doch handelte es sich bei Innsbruck im Mittelalter aufgrund der Größenordnung weniger um eine Stadt als um einen größeren Ort.

Interessant in diesem Zusammenhang ist das Fehlen von zentralen Orten während der Antike im Inntal bzw. gesamten inneralpinen Bereich der Ostalpen. Zwar ist bekannt, dass es sich beispielsweise beim Unterinntal zu dieser Zeit um einen kaiserlichen Bergwerksbezirk handelte. Warum jedoch dennoch mit wenigen Ausnahmen keine zentralen Orte entstanden, ist bis zum gegenwärtigen Zeitpunkt in der Geschichtsforschung noch nicht eingehend untersucht worden. (Winckler 2010, S. 213)

Eine mögliche Erklärung hierfür beruht auf der starken Abhängigkeit der mittelalterlichen Stadt von dem sie unmittelbar umgebendem Umland. Eine rund 10.000 – 15.000 Einwohner umfassende Stadt benötigte eine entsprechend groß dimensionierte Anbaufläche zur Ernährung.

Mangels alternativer Fortbewegungsmittel waren die an einem Tag zurücklegbaren fußläufigen Distanzen auf etwa 20-30km limitiert. Daraus resultierten zwei Radien: ein innerer Erschließungskreis mit einem Radius von ca. 10-15km markierte jene Grenze, innerhalb derer ein menschliches

Individuum Aktivitäten setzen konnte, ohne außerhalb der eigenen Behausung übernachten zu müssen. Ein weiterer Kreis mit einem Radius von ca. 30km lieferte den Abstand zur nächstgelegenen Siedlung bzw. Unterkunft, welche innerhalb einer Tagesetappe erreicht werden konnte.

Da die mittelalterliche Stadt innerhalb der Stadtmauern entsprechend dicht bebaut war und somit wenig Fläche beanspruchte, verblieb insbesondere im Flach- und Hügelland bei einem Radius von bis zu 15km rund um die Stadt ausreichend Acker- und Weideland zur Versorgung der Stadt mit Gütern des täglichen Bedarfs. Außeralpin gelegene Städte konnten daher bis zu rund 20.000 Einwohner mit Gütern des täglichen Bedarfs aus dem Umland versorgen.

Inneralpin schränkte jedoch die Topografie das zur Versorgung der Stadt mit Lebensmitteln essentielle landwirtschaftliche Gebiet deutlich ein, sodass einerseits die Versorgung von auswärtigen Importen abhängig war und andererseits die Stadt in ihrer Größe limitierte.

Eine der wenigen Ausnahmen für einen inneralpin gelegenen zentralen Ort bildete die heutige Gemeinde Schwaz im Unterinntal. Am Höhepunkt des Bergbaues zählt Schwaz rund 17.000 Einwohner (ca. um 1500), allerdings sank mit der stagnierenden wirtschaftlichen Entwicklung in den kommenden drei Jahrhunderten auch die Zahl der Bewohner wieder stark auf nur mehr rund 4.100 Einwohner um 1800. (Winckler 2010, S. 235)

Mit Ausnahme der erwähnten Siedlungen in den großen Haupttälern bzw. entlang von Hauptverkehrswegen gab es nur sehr dispers verteilte Siedlungen. Forschungen bzw. wissenschaftlich fundierte Aussagen zu diesen inneralpinen, ländlichen Siedlungsstrukturen im Frühmittelalter sind so gut wie nicht vorhanden. Der Grund dafür dürfte vor allem in einer geänderten Baukultur bzw. Siedlungsverhalten liegen: einfache Häuser wurden häufig aus Holz errichtet und relativ oft lokal verlagert, um die spärlichen Ackerflächen optimal ausnutzen zu können. Einziger Fixpunkt war die Kirche im Zentrum rotierender Siedlungsbauten. Möglicherweise erklärt dies auch,

warum inneralpin selbst heute noch Kirchen teilweise abseits des Ortsze-
ntrums liegen. (Winckler 2010, S. 227)

Zum Mobilitätsverhalten der Bewohner im Mittelalter fehlen nähere Untersuchungen. Es ist jedoch anzunehmen, dass die meisten Wege in erster
Linie der Bewirtschaftung von Feldern, Wiesen bzw. Viehzucht und Jagd
gewidmet waren und somit der Befriedigung des Ver- und Entsorgungs-
bedürfnisses dienten. Sämtliche Tätigkeiten waren rund um die Siedlungen fußläufig erreichbar, sodass längere Wegstrecken in die inneralpin nur
sehr spärlich vorhandenen größeren Orte nur in Ausnahmefällen zurückgelegt wurden.

Im Fernverkehr dominierten Pilger, Heere und der Handelsreisende
(Winckler 2010, S. 309), in der Raumstruktur und den –funktionen äußerste
sich dies unter anderem in der Errichtung von Unterkünften, Gasthäusern,
Werkstätten und auch Zollstationen (z.B. Altfinstermünz nahe dem Reschenpass).[33]

Der Verfall des römischen Straßennetzes führte zu einer größeren Flexibilität bezüglich der Routenwahl, da durch den höheren Reibungswider-
stand auf den Verkehrswegen der Wegdistanz größere Bedeutung
zugemessen wurde. An Stelle des in der Antike noch üblichen Karrens
nutzten Händler und Reisende im Mittelalter vorwiegend den eigenen Rü-
cken oder jenen von Esel, Maultier und Pferd für den Güter- und Gepäck-
transport[34]. Damit konnten Wege und Pfade abseits der immer mehr
verfallenden römischen Straßen begangen werden, sodass für Verbindungen zunehmend über hohe Pässe führende, aber deutlich kürzere Routen
gewählt wurden. Beispielsweise führte der schlechte Erhaltungszustand

---

[33] Auch die Entstehung der sogenannten „Tauernhäuser" geht auf diese Zeitepoche zurück,
als vermehrt Reisende Übergänge über den Alpenhauptkamm mit Saumtieren begangen
und dadurch die Etappen zwischen den beiderseits gelegenen Ortschaften nicht in einem
Tag zurückgelegen konnten.

[34] *„Der normale Reisende griff im frühen Mittelalter nicht mehr zum Karren sondern zum Esel"*
Winckler 2010, S. 101

der römischen Straßenanlagen durch die Eisackschlucht zu einer Verlagerung des Verkehrs auf den Jaufen- und Reschenpass. (Winckler 2010, S. 308–309)

Doch finden sich in den Quellen unterschiedliche Angaben zur Bedeutung der Routen über den Reschen- bzw. Brennerpass. Stolz führt in seinem Artikel an, dass auch im 13. bzw. 14. Jahrhundert die Straße über den Brenner bzw. in weiterer Folge über Scharnitz nach Deutschland die eindeutig größere Bedeutung für den Fernverkehr zwischen den Städten Deutschlands und Italien hatte als jene über Reschen- und Fernpass:

"Doch war stets die untere Straße, das heißt jene über den Brenner um ein Mehrfaches stärker besucht als die obere über den Reschen." (Stolz, S. 97)

Vermutlich dürfte die Angabe des in den Quellen angeführten Bezugszeitraumes eine nicht unwesentliche Rolle spielen, da die Straße durch das Eisacktal nach längerer Zeit des Verfalls wieder reaktiviert und neu angelegt wurde. Deren „Wiedereröffnung" dürfte zu einer Verlagerung des Verkehrs auf die insbesondere im Fernverkehr kürzere Route über den gegenüber dem Reschenpass auch niedrigeren Brennerpass geführt haben.

Interessant erscheint in diesem Zusammenhang, dass die Hauptreisezeit nicht wie fälschlicherweise oft angenommen im Sommer, sondern die meisten Wege bzw. Fahrten im Winter zurückgelegt wurden. Ausschlaggebend hierfür waren vor allem 2 Gründe:

- Die örtliche Bevölkerung wurde vielfach als Hilfskräfte für die Transporte benötigt, im musste im Sommer jedoch selbst ihrer landwirtschaftlichen Tätigkeit nachgehen.
- Im Frühjahr bzw. Herbst erlaubte die Beschaffenheit der Weganlagen oftmals keine schwereren Lastentransporte mit Wägen, da diese im weichen Untergrund einzusinken drohten.

Die Schneemengen dürften auch im Mittelalter an den Alpenpässen wie Brenner oder Reschenpass nicht allzu hoch gewesen sein. Bei entsprechend günstigen Verhältnissen konnten auch Schlitten zum Einsatz kommen und dadurch den Transport entsprechend erleichtern.

Die im 14. Jahrhundert zunehmende Bedeutung des Inn als Verkehrsweg Richtung Norden ist in diversen Quellen gut belegt. Geleitzusicherungen und Zollbefreiungen beispielsweise für die Stadt Hall sollen den Handel sicherer gestalten und erleichtern. In den Passauer Mautbüchern von 1400 / 02 finden sich demnach zahlreiche Einträge über den Handel mit Wein und Südfrüchten, die vom heutigen Italien über den Inn und Passau Richtung Böhmen gelangten. Im Gegenzug wurden Metalle und tierische Produkte vom Norden in den Süden befördert. (Stolz, S. 93)

"Der Verkehr durch das Inntal stand im 13. und 14. Jahrhundert weitaus überwiegend im Rahmen des Nord-Süd-Verkehrs von Deutschland nach Italien und entgegengesetzt." (Stolz, S. 97)

Stolz kommt in seinem Artikel zum Schluss, dass das Inntal "*...irgendwie als Zugang zum Brenner und zum Reschen in Betracht zu ziehen ist.*" Bedeutender sind jedoch nach seinen Recherchen die vom Oberen Inntal westlich von Innsbruck Richtung Augsburg, Kempten, Ulm, München und Regensburg führenden Wege. Die Routen zu diesen wichtigen Handelsplätzen erhalten bereits Anfang des 14. Jahrhunderts eigene Namen und infrastrukturelle Ausstattungen wie Niederlags- und Raststätten, Zollstellen und Straßenbauten. (Stolz)

4.1.3.2 Zusammenfassung der Wirkungszusammenhänge

Die überwiegende Mehrheit der im Alpenraum lebenden Bevölkerung ist mit Aktivitäten zur Befriedigung von physiologischen und sicherheitsrelevanten Bedürfnissen beschäftigt. Der während der Antike rege (Fern)Handel nimmt an Bedeutung ab, die Subsistenzwirtschaft dominiert in weiten Teilen des Gebirges. Da das zu Fuß gehen die einzige Möglichkeit zur

Raumüberwindung darstellt, verkürzen sich die Distanzen zwischen den für die Ausübung von Daseinsgrundfunktionen erforderlichen Gelegenheiten. Eine höhere Dichte an Gelegenheiten findet sich nur entlang von Fernverkehrsrouten, die wie fremdartige Bänder die nördlich und südlich des Alpenraumes gelegenen Städte durchschneiden.

Lediglich die durch den Rohstoffabbau wie –handel profitierenden Regionen (beispielsweise Hall / Tirol, Hallstadt in Oberösterreich etc.) lassen ein um soziale und individuelle Bedürfnisse erweitertes Aktivitätsspektrum erwarten.

4.1.4   Mitte 18. Jahrhundert – Mitte 19. Jahrhundert

4.1.4.1   Kurzbeschreibung

Mit der Regierungszeit Maria Theresias wurden auch etliche innere Reformen im damaligen Habsburgerreich eingeleitet. Staatsreform, Bildungsreform, Wirtschaftsreformen und auch auch der insbesondere in der Regierungszeiten Maria Theresias bzw. Josephs II. vorherrschende Merkantilismus[35] hatte entsprechende Auswirkungen auf den von Österreich regierten Teil des Alpenraumes. Neben der gewünschten Steigerung der Bevölkerungszahlen bzw. Sicherung der Grundversorgung war es das Ziel, durch verstärkten Handel und neue Berufe sowie Bildung (u.a. Einführung der Schulpflicht) die Staatseinnahmen zu steigern um damit nicht zuletzt die beachtlichen Militärausgaben finanzieren zu können.

Dies bedingte auch eine Bedeutungsänderung von Verkehrsinfrastruktur. Straßen wurden als verbindende Elemente zwischen den verschiedenen

---

[35] lateinisch *mercari* (Handel treiben)

Landesteilen angesehen. Einerseits, um militärischen Bedürfnissen wie raschen Truppenverlegungen zu entsprechen und andererseits um Fernverkehr möglichst durch das eigene Staatsgebiet zu lenken.

Für den Straßenbau insbesondere in den Alpenregionen des Kaiserreiches bedeutete dies einen enormen Aufschwung. Neben der Neutrassierung kam es auch zu baulichen Innovationen wie der Berücksichtigung von Entwässerungserfordernissen beim Straßenoberbau durch Erhöhung des Oberbaues bzw. der Anlage von Straßengräben.

Ein weiterer, für die gegenständlichen Betrachtungen jedoch wesentlicher Effekt betraf die dadurch induzierten Auswirkungen auf die Ausübung von Daseinsgrundfunktionen. Allein die Bildungsreformen mit Einführung der allgemeinen Schulpflicht waren insbesondere im Alpenraum mit den bislang abgelegenen Weilern und Höfen von teils erheblicher Bedeutung, da Kinder von Bergbauernfamilien davor vermutlich nur zeitweise – wenn überhaupt – einen Schulunterricht besuchen konnten und Bildung daher den im Talboden bzw. in den größeren Zentren lebenden Bewohnern vorbehalten war. Bis heute existieren jedoch keine entsprechend fundierten Aufarbeitungen über den Einfluss der Theresianischen Reformen auf die Alltagsmobilität der Bewohner der Alpenbewohner.

4.1.4.2 Zusammenfassung der Wirkungszusammenhänge

Die durch die eingeleiteten Reformen ausgelösten Änderungen im Alltag auch der im Gebirge lebenden Bevölkerung des Habsburgerreiches lassen eine entsprechende Adaptierung der Aktivitäten und daraus resultierender Daseinsgrundfunktionen (z.B. wird die Funktion „Bildung" für eine breite Bevölkerungsschicht relevant) erwarten. Da nach wie vor das zu Fuß gehen die einzige Möglichkeit zur Raumüberwindung im Gebirge darstellt, müssen entweder die Verkehrswege ausgebaut oder die Gelegenheiten räumlich disperser verteilt werden (z.B. Schulbauten in abgelegenen Dörfern, Weilern).

4.1.5 Mitte 19. Jahrhundert – Mitte 20. Jahrhundert

4.1.5.1 *Kurzbeschreibung*

Steigende Bevölkerungszahlen führten in den zu diesem Zeitpunkt noch fast ausschließlich agrarisch geprägten Bergbauerngebieten aufgrund der nur eingeschränkt nutzbaren Landfläche zum Erreichen der agrarischen Tragfähigkeit bzw. ökonomischen Existenz und damit geringeren Verdienstmöglichkeiten.

Ab etwa 1870 kam es in Folge zu einer ersten Bergbauernkrise und damit einhergehender Höhenflucht. Die Haupttäler profitierten vom fortschreitenden Bahnbau durch preisgünstigere Industrieartikel und billigere Agrarprodukte, sodass eine teils massive Abwanderung aus den Seitentälern in die Haupttäler und deren regionale Zentren erfolgte.

Die Auswirkungen auf die Versorgung der verbliebenen Bevölkerung mit infrastrukturellen Einrichtungen wie Schulen oder medizinischer Betreuung blieben zunächst noch ohne größere Auswirkungen, da die Zusammenlegung beispielsweise von (Kleinst)Schulen meist noch innerhalb der Gemeinde bzw. Ortsteile erfolgte und durch verbesserte Wege kaum mit höheren Wegaufwänden verbunden war (Meusburger Peter 2006, S. 289–291).

Im Gegensatz zu den früheren zeitlichen Epochen wurde der gesellschaftlichen Wandel auch in einem Wertwandel und damit geänderten Prioritätensetzungen in der Befriedigung von Bedürfnissen sichtbar.

In der zweiten Hälfte des 19. Jahrhunderts treten mit dem Aufkommen des Begriffes „Sommerfrische"[36] erstmals die Bedürfnisse Freizeit und Erholung in Erscheinung. Die aus heutiger Sicht teils katastrophalen Lebensbedingungen in den rasch wachsenden europäischen Städten, aber auch

---

[36] Lt. Wörterbuch der Gebrüder Grimm wurde der Begriff mit „Erholungsaufenthalt der Städter auf dem Lande zur Sommerzeit" definiert

bescheidener Wohlstand führten zu einem vermehrten Erholungsbedürf-
nis der städtischen Einwohner. Das rasch auch im Alpenraum expandie-
rende Eisenbahnnetz ermöglichte es dabei erstmals, entsprechend
attraktive Lagen im Gebirge in kurzen Reiszeiten und unter für damalige
Verhältnisse äußerst komfortablen Reisebedingungen zu erreichen.

Verkehrswege sind - insbesondere dort, wo sie nur spärlich vorhanden
sind - auch von nicht unerheblichem Einfluss auf soziale Bindungen.[37] Die
Abkehr vieler Menschen in den inneralpinen Tälern von der reinen Subsistenzwirtschaft äußerte sich in der beschriebenen Migration von den peripher gelegenen Tälern in die inneralpinen Zentralräume. Als Folge
verstärkten sich – ausgehend von den unterschiedlichen Raumfunktionen
- die räumlichen Disparitäten zwischen den wirtschaftlich aufstrebenden
Verdichtungsräumen wie beispielsweise Innsbruck und den abgelegenen
Seitentälern.

Hinsichtlich der wirtschaftlichen Raumfunktionen erscheint in der betrachteten Zeitperiode insbesondere die touristische Entwicklung interessant:

Zunächst waren es die für die Zeitepoche typischen Sommerfrischeorte,
die vom aufkommenden Fremdenverkehr profitieren konnten. Diese waren jedoch auf das Vorhandensein entsprechender verkehrlicher Infrastrukturen angewiesen und etablierten sich dadurch bevorzugt an
Bahnlinien (z.B. Arlberg, Semmering, Meran, Bad Gastein, St. Moritz etc.).
Spätestens ab dem Ende der 1950er Jahre setzte dank des aufkommenden Wintertourismus in den teils äußerst peripher gelegenen Ortschaften
in den hinteren, äußerst peripheren Tallagen eine sprunghafte touristische

---

[37] Beispielsweise konnte festgestellt werden, dass die ehelichen Verbindungen in den am
Eingang des Wipptales gelegenen Orten von Igls und Patsch zu den Gemeinden des mittleren Wipptales und dessen Seitentälern durch die alte Ellbögener Salzstraße begünstigt
wurden. Umgekehrt fehlen eheliche Kontakte zwischen den auf der gegenüberliegenden
Seite des Wipptales befindlichen Gemeinde Natters und dem Stubaital völlig Kammer der
gewerblichen Wirtschaft 1973, S. 57

Entwicklung ein, die nicht mehr von der schienengebundene Erreichbarkeit abhängig war. Innerhalb weniger Jahrzehnte vollzog sich in einzelnen, vormals rein von der Landwirtschaft dominierten Gemeinden ein radikaler und teils bis in die Gegenwart andauernder wirtschaftlicher Strukturwandel.

Die Einführung neuer Transportmöglichkeiten auch im Alpenraum beeinflusste jedoch unbestritten die Lebensweise der Bewohner durch die Veränderung von Erreichbarkeiten und dadurch oftmals beinahe sprunghafte Veränderung von erreichbaren Gelegenheiten und Alternativen zur Bedürfnisbefriedigung.

Bis zum Beginn des 20. Jahrhunderts war es vor allem der stetige Ausbau der Bahnverbindungen im Alpenraum, der hinsichtlich der räumlichen Wirkungen nicht ohne Folgen blieb und die Disparitäten zwischen angebundenen Gunstlagen und abseits gelegenen Standorte massiv beeinflusste.

1918 besaß Tirol einschließlich der im Krieg erbauten erbauten Grödnerbahn und Fleimstalbahn und einschließlich des Straßenbahnnetzes von Innsbruck, Bozen und Meran insgesamt 26 Lokal- und Kleinbahnen verschiedener Spurweite mit einer Gesamtbetriebslänge von 577 km (...). (Zwanowetz 1986, S. 44)

Erst der flächendeckende Ausbau der Straßeninfrastruktur konnte die regionalen Unterschiede in der Erreichbarkeit zunächst wieder nivellieren.

4.1.5.2   Zusammenfassung der Wirkungszusammenhänge

Die Befriedigung physiologische Bedürfnisse tritt insbesondere in den bereits dichter besiedelten großen Alpentälern mehr und mehr in den Hintergrund, sodass in diesen Räumen die Funktionsteilung innerhalb der Gesellschaft zunimmt und damit vermehrt auch weitere Bedürfnisebenen Bedeutung für eine deutlich größere Bevölkerungsschicht erlangen. Die Erholung von Industriearbeit und schlechten Wohnverhältnissen in den Städten tritt in Form der Daseinsgrundfunktion Freizeit und Erholung raumwirksam in Erscheinung: die Eisenbahn reduzierte Distanzen in einem bislang unbekannten Ausmaß und führte entlang der Haltepunkte zu sprunghaften räumlichen Wirkungen durch Konzentation von Gelegenheiten (Hotels, Dienstleistungen etc.). Sie ermöglichte aber gleichzeitig mit verbesserten Anbaumethoden die Landwirtschaft bei gleichzeitig abnehmendem Personaleinsatz zu intensivieren, sodass zeitliche und räumliche Bindungen mehr und mehr aufgelöst wurden.

4.1.6   Mitte 20. Jahrhundert – Gegenwart

4.1.6.1   *Kurzbeschreibung*

Die demographische Entwicklung in Tirol zeigt einen bereits seit der zweiten Hälfte des 19. Jahrhundert merklichen Anstieg der Bevölkerungszahlen insbesondere in den Haupttälern (Inntal, Eisacktal). Eine noch höhere Steigerungsrate ist allerdings in der 2. Hälfte des 20. Jahrhunderts nicht zuletzt in Folge des wirtschaftlichen Aufschwunges festzustellen.

Unmittelbar nach dem Ende des zweiten Weltkrieges dominierte der vielfach zitierte „Kampf ums Überleben" und damit die Befriedigung der grundlegenden, lebensnotwendigen Bedürfnisse die alltäglichen Aktivitäten der Bewohner Tirols. Allerdings führte der demographische und wirtschaftliche Strukturwandel in Folge des wirtschaftlichen Aufschwunges auch im Alpenraum bald zu einem verstärkten Drang nach höherer Bildung, beruflichen Perspektiven und wirtschaftlichem Erfolg in einer deutlich breiten Bevölkerungsgruppe.

Diese - unter anderem auch von einem generellen gesellschaftlichen Wertewandel begleitete - Entwicklung beeinflusste die individuelle Bedeutung der Bedürfnisebenen (z.B. stärkere Schwerpunktsetzung auf individuelle Bedürfnisse, ebenso wie die Aktivitäten und Daseinsgrundfunktionen. Dadurch änderte sich auch das Mobilitätsverhalten einer breiten Bevölkerungsschicht erheblich und beeinflusste zusammen mit Investitionen in die Verkehrsinfrastruktur (sowohl auf individueller Ebene durch Anschaffung von Kraftfahrzeugen als auch auf gemeinschaftlicher Ebene durch die Errichtung von Verkehrswegebauten) die Raumstruktur. Bereits in den 1950er Jahren wurde ein Einfluss der verbesserten Erreichbarkeit auf die Raumstruktur erkannt:

Die mehrfach vorhandenen öffentlichen Verkehrsmittel und die große Zahl der eigenen Fahrzeuge begünstigen natürlich das Pendlerwesen. Die Pendelwanderung in die Landeshauptstadt blieb aber auch auf die Struktur der ehemals reinen Landgemeinden nicht ohne Einfluss. Der früher überwiegend bäuerlichen Bevölkerung stehen somit mehr Möglichkeiten offen, nichtlandwirtschaftliche Berufe zu ergreifen. (Kammer der gewerblichen Wirtschaft 1973, S. 67)

Die Landeshauptstadt mit ihren vielfältigen standörtlichen Gelegenheiten wirkte deutlich attraktiver zur Ausübung von Aktivitäten im Rahmen von Daseinsgrundfunktionen. Zudem führten steigende Einkommen und der wirtschaftliche Wandel von der Agrar- zur Dienstleistungsgesellschaft zu einer Verschiebung der Bedürfnisse hin zu immer stärker ausgeprägten individuellen Bedürfnissen bzw. dem Drang nach Selbstverwirklichung. Früher scheinbar unerschwingliche Güter und Dienstleistungen wurden leistbar, zeitliche Unabhängigkeit (von Hof und Jahreszeiten) erlaubt beispielsweise auch ein geändertes Freizeit- und Urlaubsverhalten mit entsprechenden räumlichen Wirkungen (z.B. Errichtung von Schiinfrastruktur etc.).

Mit dem fortschreitenden Motorisierungsgrad der Haushalte und dem Ausbau der Straßenverkehrsinfrastruktur setzte sich die Entwicklung jedoch über die Jahrzehnte auch in zunehmend von den Verdichtungsräumen entferntere Gemeinden fort. Die raumstrukturelle Entwicklung wurde jedoch nicht mehr länger in erster Linie durch das lokal bedingte Wirkungsgefüge von Verkehr und Raum geprägt, sondern durch die Überlagerung mit den sich durch die insbesondere auch im benachbarten

Ausland (Deutschland, Italien) steigende Motorisierung des Verkehrs und dem aufkommenden Tourismus. Die dadurch bedingten Wirkungen im Raum sind insbesondere gut an den demographischen Daten ablesbar.

Auffallend sind dabei weniger der in diesem Zeitraum weiter fortschreitende Zuzug in die Landeshauptstadt (Bevölkerungszuwachs in Innsbruck zwischen 1951 und 1991 rund 25%), sondern die deutliche Einwohnerzunahme in den Umlandgemeinden mit Werten von fast 600%.[38] Auch in einzelnen, am Ende großer Seitentäler gelegenen Gemeinden ist aufgrund des boomenden Tourismus eine im Vergleich zu Gemeinden in ähnlich peripherer Lage ohne Tourismus hohe Bevölkerungszuwachsrate zu verzeichnen (z.B. Sölden +65%).

Die Euphorie über die durch den Straßenbau bedingten neuen, sich für viele Bewohner fast plötzlich ergebenden Möglichkeiten zur Erreichbarkeit von alternativen Gelegenheiten äußerste sich auch in der – aus heutiger Sicht oftmals undifferenzierten - Betrachtung der verkehrlichen Wirkungen:

Um die (...) Gefahr einer Umfahrung Tirols zu bannen entschloss man sich in der zweiten Hälfte der fünfziger Jahre, die bedeutendste Verkehrsverbindung im europäischen Straßennetz - die Brennerstrecke - entsprechend auszubauen (Zwanowetz 1986, S. 107).

Fast unbemerkt blieb, dass durch den Bau immer hochrangigerer Straßenverkehrsinfrastruktur (Autobahnen und Schnellstraßen) und aufwändiger Verkehrsbauwerke (Tunnel) zur Sicherstellung einer – unabhängig vom Naturgefahrenpotential – ganzjährigen Erreichbarkeit von Orten regionale Erreichbarkeitsunterschiede in Folge sich mittel- bis langfristig ändernder standörtlicher Gelegenheiten verstärkt wurden.

---

[38] Anstieg der Wohnbevölkerung in der Gemeinde Völs von 1027 Einwohner im Jahr 1951 auf 7079 Einwohner im Jahr 1991; Datenquelle: Land Tirol - data.tirol.gv.at

Alte Pfade und Karrenwege die einst zur Erschließung hoch über dem Tal liegender Wiesenflächen oder heute nicht mehr bewirtschafteter Almen dienten sind – sofern nicht als Wanderweg genutzt – dem Verfall preisgeben und symbolisieren auf diese Weise auch den vollzogenen Wandel im Mobilitätsverhalten und der Nutzung des Gebirgsraumes.

4.1.6.2   Zusammenfassung der Wirkungszusammenhänge

Das 20. Jahrhundert zeigt wie kaum eine Zeitepoche davor auf eindrucksvolle Weise die Wirkungszusammenhänge gemäß des in Teil B beschriebenen Gedankenmodells.

Erstmals erlangen die oberen Ebenen der Bedürfnispyramide hohe Bedeutung als Grundlage für Aktivitäten einer breiten Bevölkerungsschicht. Die zunehmende Massenmotorisierung führt zu einer rasanten Zunahme der Entfernungen mit entsprechenden räumlichen Wirkungen: die Konzentration von Gelegenheiten an wenigen Standorten nimmt zu, ebenso die Verlegungen der Wohnsitze aus peripher gelegenen Lagen in deren Umfeld. Die räumlichen Disparitäten steigen – trotz oder gerade wegen – Investitionen in den weiteren Ausbau der Verkehrswege an.

4.1.7   Zusammenfassung und Schlussfolgerung

In den vorangegangenen Kurzbeschreibungen zur räumlichen wie verkehrlichen Entwicklung des Alpenraumes am Beispiel Tirol wurde das in Teil B beschriebene Gedankenmodell zur Erklärung der Wirkungszusammenhänge von individuellen Bedürfnissen, Verkehr und Raumstruktur anhand belegbarer historischer Entwicklungen hinsichtlich der Eignung und Aussagekraft überprüft. Zusammenfassend lassen sich daraus für den Alpenraum folgende Erkenntnisse ableiten:

- Bedürfnisse: die Bedeutung der Bedürfnishierarchien verlagert sich im Alpenraum durch den gesellschaftlichen und wirtschaftlichen Wandel im letzten Jahrhundert in die oberen Ebenen: die

Befriedigung grundlegender physiologischer Bedürfnisse tritt zunehmend zugunsten individueller Bedürfnisse bzw. persönlicher Selbstverwirklichung in den Hintergrund. Damit steigen auch die Anforderungen an die qualitative Ausstattung von Standorten für Gelegenheiten, gleichzeitig sinkt die Anzahl potentiell geeigneter Gelegenheiten.

- Daseinsgrundfunktionen: die technologische Entwicklung führte – mit zeitlichen Verzögerungen im Vergleich zu außeralpinen Regionen Mitteleuropas – zu immer größeren Distanzen zwischen den Standorten zur Ausübung von Daseinsgrundfunktionen.[39] Mit dem Bau der ersten in das Gebirge führenden Schieneninfrastruktur wurde der Alpenraum fast sprunghaft eine Gelegenheit zur Ausübung von Freizeit- und Erholungsaktivitäten für Bewohner der am Alpenrand gelegenen, schnell wachsenden Städte.

- Verkehr im Gebirge ist dadurch immer schon mehr als die Summe des rein inneralpinen („hausgemachten") Verkehrs, da auch Aktivitäten von außeralpin gelegenen Regionen für den Gebirgsraum von Relevanz sind. In früheren Geschichtsepochen sind es der Handel zwischen den beidseitig eines Gebirges gelegenen Regionen, oft auch auf religiöse Ursachen zurückzuführende Reisen (von Pilgerfahrten nach Rom bis zur Ausbildung an hochrangigen kirchlichen Ausbildungsstätten etc.). Mit dem Bau der ersten hochrangigen Verkehrsverbindungen setzte dort, wo entsprechende Zugangsmöglichkeiten – beispielsweise in Form von Bahnhöfen - bestanden, auch die ersten touristischen Entwicklungen ein.

- Wenn die Aussage *„the amount of daily travel of a person is determined by an individual's bio-physical energy budget, and the time spent in travelling is proportional to the mode of transport*

---

[39] Unter der Voraussetzung der Mobilitätskonstanz werden höhere Reisegeschwindigkeiten in längere Wege umgesetzt (Mailer 2002, S.8)

used for these travelling activities" (Kölbl 2000, S. i) auch im Gebirgsraum Gültigkeit besitzt, muss unter Zugrundelegung der insbesondere in früheren Zeiten zu Fuß zurückgelegten horizontalen und vertikalen Distanzen das Körperenergiebudget von im Gebirge lebenden Menschen größer sein als jenes der übrigen Bevölkerung. Das fußläufige Wegenetz verlief seit den frühsten Aufzeichnungen menschlicher Aktivitäten im Alpenraum in erster Linie an den Hängen und über die Bergkämme hinweg und nicht wie bei heutigen inneralpinen Verkehrsinfrastrukturen üblich in den Tälern.

- Erst die Überwindung von Distanzen mit motorisierten Verkehrsmitteln konzentrierte die räumliche Entwicklung sukzessive auf jene inneralpinen Regionen, die über entsprechende infrastrukturelle Voraussetzungen verfügten. Dies waren im Alpenraum zunächst die großen Haupttäler, ab den 1960er Jahren folgten zusätzlich die intensiv genutzten Tourismusorte. Eine ähnliche Entwicklung lässt sich auch gegenwärtig in weiteren Gebirgsräumen der Welt feststellen (Tischler 2002, Tischler 2014).

Es konnte damit aufgezeigt werden, dass die je Zeitepoche spezifischen Zusammenhänge durch das Modell erfasst und daraus auch die zentralen, sich oftmals gegenseitig bedingenden Wechselwirkungen ersichtlich gemacht werden. Die Anwendung erfordert jedoch die Berücksichtigung folgender Aspekte:

1. Im Betrachtungsraum auftretende Überlagerungseffekte von verkehrlichen und räumlichen Wirkungen, die nur teilweise aus der im Betrachtungsraum lebenden Bevölkerung mit ihren Daseinsgrundfunktionen resultiert. Die inneralpine Raum- und Verkehrsentwicklung ist durch die infrastrukturelle Vernetzung mit den umliegenden, außeralpinen Regionen immer das Ergebnis der Bedürfnisse und Aktivitäten von Menschen in und außerhalb der Gebirge.

2. Außerhalb des Betrachtungsraumes befindliche anthropogene Einflussfaktoren (z.B. globale Wirtschaftsentwicklung), die ihrerseits jedoch ebenfalls letztlich wieder mit dem Modell erklärbar sind. So wurde bereits bei der Beschreibung des Gedankenmodells darauf hingewiesen, dass die Ebene des „Individuums" grundsätzlich auch für Wirtschaftssubjekte adaptiert werden kann, ohne die generelle Struktur und Aussagekraft des Modells in Frage zu stellen.

Beide Aspekte erfordern jedenfalls immer eine hinreichend genaue Definition der Systemgrenzen unter Beachtung der Vielschichtigkeit räumlicher und verkehrlicher Systeme. Diese Feststellung lässt sich insbesondere in Gegenden überprüfen, die bis vor kurzem nicht für motorisierte Verkehrsmittel zugänglich gemacht wurden. In einer mehrmonatigen Projektarbeit im Tal des Río Loco in der Cordillera Negra in Perú konnten die Folgen der Neuerschließung der bislang nur auf dem Fußweg erreichbaren Dörfer zeitnah zur Errichtung der Straße untersucht werden. Die bereits durch eine Straße erschlossenen Dörfer verzeichneten eine massive Abwanderung insbesondere der jüngeren Bevölkerung in das nahegelegene regionale Zentrum Moro bzw. die Distrikthauptstadt Chimbote und letztlich Líma. Als Hauptmotive wurden in den zahlreichen Interviews immer wieder die besseren beruflichen Chancen genannt. Bis zur Straßenanbindung dominierte die Subsistenzwirtschaft, mit Eröffnung der Straße konnten einerseits Nahrungsmittel von fahrenden Händlern bzw. am regionalen Markt in Moro erworben werden. Umgekehrt setzte in der Berglandwirtschaft ein Umstrukturierungsprozess ein, der viele Arbeitskräfte freisetzte (Tischler 2002, S. 17–28).

Eine ähnliche Darstellung konnte 2014 in einem Interview mit Naseer Uddin in Pakistan für den Ort Shimshal in Erfahrung gebracht werden. Auch hier setzte nach der Eröffnung der Straße durch das untere, äußerst unzugängliche Shimshal-Tal eine Abwanderung insbesondere der jungen

Bevölkerung in die Zentren Gilgit bzw. Rawalpindi und Karachi ein (Tischler 04.09.2014).

4.2 Gegenwart, Trends und Prognosen

In diesem Kapitel soll ein Überblick über die gegenwärtigen Entwicklungen sowie eine Darlegung vorhandener, künftiger Prognosen und Einschätzungen jener Aspekte erfolgen, die gemäß den im Teil B erläuterten Gedankenmodell unmittelbaren Einfluss auf das Mobilitätsverhalten bzw. das Verkehrsaufkommen und damit letztlich wiederum die Raumstruktur besitzen. Aufgrund der Vielzahl an gegenseitigen Wechselwirkungen und Einflussfaktoren muss dabei bewusst eine Konzentration auf die im Modell etablierten Größen und Mechanismen erfolgen, sodass beispielsweise eine Fokussierung auf den Personenverkehr, nicht aber auf den Güterverkehr erfolgt.

4.2.1 Natürliche Einflussfaktoren

Der fortschreitende Klimawandel ist – unabhängig von Debatten um den Einfluss des Menschen - global messbar, die Auswirkungen insbesondere in topografisch exponierten Lagen weltweit bereits feststellbar. In Gebirgsregionen wie dem Alpenraum sind mit dem steigenden Temperaturanstieg und der Zunahme von Extremwetterereignissen in absehbarer Zeit bezogen auf die Raumstruktur und die darin befindlichen verkehrlichen Infrastrukturen eine Zunahme von Schadensereignissen (steigende Eintrittswahrscheinlichkeit und steigendes Schadensausmaß) zu erwarten:

In the European Alps, the frequency of rock avalanches and large rock slides has apparently increased over the period 1900 - 2007. The frequency of landslides may also have increased in some locations. Mass movements are projected to become more frequent with climate change, although several studies indicate a more complex or stabilizing response of mass movements to climate change. (Intergovernmental Panel on Climate Change 2014a)

Auf diesen Aspekt wird daher insbesondere in Teil D noch detaillierter eingegangen, da eine zukunftsfähige Raum- und Verkehrsplanung für den Alpenraum auch die Folgen des Klimawandels für die Raumstruktur und die darin befindlichen räumlichen Funktionen beinhalten muss.

4.2.2 Raumstruktur und –funktionen

Die Siedlungsstruktur der Alpen weist gegenwärtig lediglich sechs größere Stadtregionen mit mehr als 200.000 Einwohnern auf[40], alle größeren urbanen Zentren liegen am Rand des Alpenbogens (Wien, München, Mailand, Zürich, Turin, Brescia, Maribor, Graz, Turin etc.). Während die Anzahl und Größe zentraler Orte mit rund 10.000 Einwohnern und mehr im Alpenraum generell stagniert, bilden sich in größeren Alpentälern wie dem Tiroler Inntal bandförmige Siedlungs- und Gewerbestrukturen mit städtischer Verdichtung, aber uneinheitlicher administrativer Verwaltung.

Neben der fortschreitenden Verbauung von ursprünglich meist landwirtschaftlich genutzten Flächen im Talboden im Rahmen der Ausweitung von Wohn- und Gewerbegebieten führen auch die durch den Verkehr beanspruchten Flächenanteile zu einer zunehmenden Zerschneidung bzw. gänzlichen Veränderung einst natürlicher Landschafts- und Lebensräume.

---

[40] Klagenfurt-Villach, Innsbruck, Trient und Bozen, Grenoble, Annecy-Chambéry

Die Flächeninanspruchnahme für Verkehrsinfrastruktur beträgt in Tirol im Jahr 2010 rund 1,3% der gesamten Landesfläche. Für Siedlungszwecke werden rund 1,6% in Anspruch genommen. (Tiroler Landesregierung 2013, S. 115)[41]

Seit 1961 hat sich im Bundesland Tirol die Anzahl der Häuser verdreifacht, die Anzahl der Kraftfahrzeuge verneunfacht. Wie die folgende Abbildung zeigt, ist die Zunahme des Flächenverbrauches für Siedlungstätigkeit insbesondere im suburbanen Bereich deutlich zu erkennen. Die als „Zersiedelung" bezeichnete flächenhaft rasante Expansion der Siedlungsgebiete setzte bereits unmittelbar nach dem Ende des 2. Weltkrieges durch das disperse Ausweisen von neuem Bauland ein. In den letzten Jahren konzentrierte sich die Siedlungstätigkeit vor allem auf die bereits als Bauland gewidmeten Grundstücke zwischen den verstreuten Siedlungsteilen, sodass sukzessive durchgängige Siedlungsbänder entstanden.

Grundlage für die Verlagerung der Siedlungstätigkeit abseits bestehender Ortskerne und die Entstehung der Suburbanität bzw. Periurbanität bildete jedoch einmal mehr der seit der Nachkriegszeit auch im Alpenraum stetig steigende Motorisierungsgrad der Haushalte sowie der parallel dazu stattfindende Neu- und Ausbau von Verkehrswegen in die regionalen Zentren bzw. die Landeshauptstadt. Der Trend zur Suburbanisierung im Umland von Innsbruck hält bis heute an, greift jedoch seit ca. ein bis zwei Jahrzehnten auch auf weiter entfernt liegende Gemeinden in periurbanen Lagen über. Borsdorf sieht in dieser Entwicklung eine Bestätigung, dass die Theorie der zentralen Orte im Alpenraum ausgedient hat (Borsdorf, S. 84).

---

[41] Eine Interpretation dieser Werte muss in Gebirgsräumen immer vor dem Hintergrund des zur Verfügung stehenden Dauersiedlungsraumes erfolgen (in Tirol beträgt der Anteil 12% an der gesamten Landesfläche).

Arzl, Rum - 1940

Arzl, Rum - 2005

Abbildung 4.1: Siedlungsgrenzen 1940 und 2005 am nordöstlichen Stadtrand von Innsbruck; dunkel scharffierte Bereiche markieren historische Siedlungskerne (vor 1945); Luftbilder: Amt der Tiroler Landesregierung - Daten-Verarbeitung-Tirol GmbH (Hg.) (2014)

Während die urban geprägten Verdichtungsräume wie beispielsweise im Tiroler Unterinntal bis heute von einer dynamischen Siedlungsentwicklung geprägt sind, stagniert diese in ländlich geprägten Gemeinden in peripheren Lagen. Die Folge ist eine Zunahme regionaler Disparitäten, die Bätzing wie folgt beschreibt:

Die räumlichen Disparitäten, die sich mit der modernen Entwicklung herausbilden, sind aber keineswegs bloß Indiz für unterschiedliche Nutzungsintensitäten (so wie noch in der Agrargesellschaft), sondern Ausdruck der völlig gegensätzlichen Entwicklung von Nutzungsmaximierung auf der einen und Nutzungseinstellung auf der anderen Seite, was zu den Prozessen von Verstädterung bzw. Vervorstädterung und Endsiedelung führt. (Bätzing 2003, S. 316–317)

Die Raumstruktur und –funktionen werden jedoch auch weiterhin durch das Verkehrswegenetz maßgeblich beeinflusst. So umfasst das Straßennetz des Bundeslandes Tirol (Landesstraßen B und L, ohne Gemeindestraßen) zum gegenwärtigen Zeitpunkt eine Streckenlänge von 2.235 km mit 138 Tunnel und 1.912 Brücken. Zwar stagnieren die jährlichen Gesamtausgaben für den Straßenbau durch leicht rückläufige Investitionen in den Neu- und Ausbau des Straßennetzes, hinsichtlich der baulichen Erhaltung ist jedoch aufgrund der in den letzten Jahren vielfach errichteten aufwändigen Infrastrukturen (u.a. Tunnel, Galerien, Brücken etc.), aber auch gestiegener Anforderungen an den Winterdienst (Salzstreuung) tendenziell von steigenden Kosten auszugehen.[42]

Der Hauptzweck des auf die Straße fokussierten Verkehrswegebaues liegt heutzutage nicht mehr in der Neuerschließung, sondern im meist lokal beschränkten Ausbau der bestehenden Verkehrswegeinfrastruktur (insbesondere Kapazitätserweiterung, Erhöhung der Verkehrssicherheit,

---

[42] Siehe hierzu u.a.: Straßenbau Budget Bundesland Tirol 2008 – 2012; in: Rechnungshof (2013), Bericht des Rechnungshofes, Bauliche Erhaltung von Landesstraßen, Tirol 2013/2, Wien

Entlastung von Ortskernen vom Durchzugsverkehr). Die Errichtung neuer hochrangiger Verkehrswege ist im Hinblick auf die seit etwa 30 Jahren in Umweltbelangen stark sensibilisierte Bevölkerung, aber auch den durch zunehmende Siedlungsdichten entstehenden Nutzungsdruck gegenwärtig gesellschaftspolitisch nicht oder nur sehr schwer realisierbar.

Im Schienenverkehr erfolgt die Schwerpunktsetzung auf den Ausbau von Fernfernverkehrsverbindungen sowohl für den Personen- als auch den Güterverkehr. Dadurch sollen einerseits die Geschwindigkeiten erhöht, andererseits die negativen Umweltwirkungen durch eine Erhöhung des Tunnelanteiles reduziert werden (z.B. Brenner-Basistunnel inklusive Zulaufstrecken Richtung Bayern bzw. nach Verona etc.). Im Personennahverkehr erfolgt ein Ausbau der Verbindungen in den verdichteten Räumen, gleichzeitig werden Angebote im schienengebundenen öffentlichen Verkehr in den peripheren Regionen ohne Tourismusfunktion reduziert (beispielsweise Auflassung der Haltestellen zwischen Landeck und St. Anton / Arlberg).

4.2.3   Daseinsgrundfunktionen

Wie im vorangegangenen Kapitel dargelegt, konzentrieren sich Gelegenheiten immer mehr auf einzelne, wenige Standorte. Die Ausübung von Daseinsgrundfunktionen abseits dieser Standorte ist dadurch an immer höhere zeitliche wie finanzielle Aufwände zur Raumüberwindung gebunden, sodass einerseits Investitionen in die Verkehrswegeinfrastruktur höhere Geschwindigkeiten und damit geringere Zeitaufwände ermöglichen sollen, andererseits aber dennoch erhebliche Abhängigkeiten von der Verfügbarkeit eines (einzigen) Verkehrsmittels geschaffen werden die langfristig zu einem Wechsel des Wohnstandortes in Richtung der Zentren führen.

Diese Entwicklungen spiegeln sich unter anderem in den statistischen Kennzahlen zu Mobilität und Verkehr wieder, die im Folgenden exemplarisch anhand einzelner Aspekte aufgezeigt werden sollen.

4.2.3.1   Pendlerstatistik

Im Zuge der österreichischen Registerzählung 2011 konnte für das Bundesland Tirol ein Anstieg der Auspendler seit der letzten Volkszählung im Jahr 2001 um über 16% festgestellt werden. Auffallend dabei ist die deutliche Zunahme jener Pendler, die von der jeweiligen Wohngemeinde in Gemeinden eines anderen Bezirkes (25,7%) auspendelten. Gleichzeitig sank der Anteil jener Erwerbstätigen um 4,5%, die innerhalb der Wohngemeinde einer Beschäftigung nachgehen (Amt der Tiroler Landesregierung - Sachgebiet Landesstatistik und tiris 2014, S. 65–69).

Von allen Erwerbstätigen arbeiten rund 10% an ihrem Arbeitsplatz zu Hause. 30% pendeln innerhalb der Wohngemeinde, 60% pendeln zu einem Arbeitsplatz außerhalb der Wohngemeinde (Amt der Tiroler Landesregierung - Sachgebiet Landesstatistik und tiris 2014, S. 65–69).

Von allen Bezirken im Bundesland Tirol weist lediglich Innsbruck einen positiven Index des Pendlersaldos auf (161,5), d.h. die Zahl der Einpendler überwiegt die Zahl der Auspendler um das 1,6fache. Der gegenteilige Effekt zeigt sich mit einem Saldo von 74,2 am deutlichsten im Bezirk Innsbruck-Land, gefolgt von den Bezirken Imst (79,7) und Landeck (85,7) (Amt der Tiroler Landesregierung - Sachgebiet Landesstatistik und tiris 2014, S. 67).

4.2.3.2   Änderungen im Mobilitätsverhalten

Eine auch nur halbwegs präzise Vorhersage zur künftigen Entwicklung von Mobilität und Verkehr erscheint angesichts der Vielzahl an Einflussfaktoren nicht möglich, denn zu sehr bestimmen globale Entwicklung und Trends die maßgeblichen Rahmenbedingungen (Ahrens 2011, S. 3). Eine interessante These zur Erklärung der gegenwärtigen und zukünftigen Entwicklung des Mobilitätsverhaltens liefert das folgende Zitat des Zukunftsforschers Horst Opaschowski:

Weder der Drang ins Grüne oder Freie noch der Wunsch nach Orts-oder Tapetenwechsel motiviert die Menschen am meisten zu massenhafter Mobilität. Was nach Meinung der Bevölkerung dieses Mobilitätsbedürfnis am ehesten erklärt, ist die "Angst, etwas zu verpassen" (Opaschowski 2015)

Neben den bereits erwähnten demographischen Trends und ökonomischer Rahmenbedingungen kommt insbesondere dem gesellschaftlichen Wertewandel für die künftige Entwicklung des Mobilitätsverhaltens eine entscheidende Rolle zu. Beispielsweise zeigen mehrere Studien u.a. auch in Deutschland, dass in den letzten Jahren die Nutzung des - aber auch der Besitz eines – eigenen Personenkraftwagens abgenommen hat (Ahrens 2011, S. 20).

Während für die Altersgruppe der Senioren in der Vergangenheit eine Zunahme der Pkw-Affinität beobachtet werden konnte und infolge des Kohorteneffektes auch eine Fortsetzung dieser Entwicklung erwartet wird, weisen aktuelle Untersuchungen darauf hin, dass vor allem bei jungen Menschen das Auto seinen bisherigen Stellenwert verliert (Ahrens 2011, S. 21).

Ähnliche Trends zur verstärkten Nutzung des öffentlichen Personenverkehrs und des Fahrrades durch die jüngere Bevölkerung lassen sich in städtischen Verdichtungsräumen auch in den Mobilitätserhebungen der Jahre 2008 und 2011 des Amtes der Tiroler Landesregierung erkennen. Interessant erscheint dieser Aspekt insofern, als Autobesitz fast unweigerlich auch mit Autonutzung verbunden ist:

Wer ein Auto besitzt, nutzt es auch - und das intensiv und selbst für kurze Wege. Rund die Hälfte aller Verkehrsteilnehmer sind einer deutschen Studie zufolge in der gesamten Woche fast ausschließlich "monomodal" mit dem PKW unterwegs (Ahrens 2011, S. 25).

Der Trend zur verstärkten Nutzung des öffentlichen Personenverkehrs ist auch im Alpenraum feststellbar. So sind etwa die Fahrgastzahlen der Innsbrucker Verkehrsbetriebe im innerstädtischen Linienverkehr seit Jahren stetig steigend (Tabelle 13).

Tabelle 13: Verkehrsaufkommen im innerstädtischen Linienverkehr (Innsbrucker Verkehrsbetriebe und Stubaitalbahn GmbH 2013, S. 36)

	2012	2011	2010	2009
Beförderte Personen	42.422.079	40.168.860	39.491.265	38.747.757
Kilometer	6.197.338	5.695.603	5.492.145	-
Stunden	424.404	401.289	376.892	-

Das Deutsche Institut für Mobilitätsforschung hat bereits mehrfach unter Berücksichtigung ökonomischer, gesellschaftlicher, politischer, technologischer, ökologischer und verkehrsträgerbezogener Entwicklungen Analysen zur künftigen Entwicklung der Mobilität von Personen und Gütern erstellt. Mit Hilfe der Szenarientechnik wurde dabei versucht, die Unsicherheiten einzugrenzen und dadurch mögliche Zukunftsbilder aufzuzeigen, die letztlich auch zur Konzeption von Entwicklungspfaden dienen. Eine Übertragbarkeit der auf Deutschland bezogenen Ergebnisse auf die Verhältnisse in Österreich bzw. in weiterer Folge Tirol erscheint insofern gegeben zu sein, als die bisherigen Trends insbesondere für die urbanen und suburbanen Räume auch im Gebirge große Übereinstimmungen zeigen (siehe hierzu u.a. Kapitel 3.1.1).

Anhand von 3 Szenarien wurden mögliche Veränderungen in den Mobilitätskenngrößen bis 2030 analysiert. Zwar bezieht sich die Untersuchung auf die Bundesrepublik Deutschland, die Trends lassen sich jedoch Rückschlüsse auf den gesamten west- und mitteleuropäischen Raum und damit auch den Alpenraum zu. Zusammenfassend lassen sich bezogen auf das Mobilitätsverhalten aus allen Szenarien folgende Trends ableiten:

- Der Stellenwert des motorisierten Individualverkehrs ist rückläufig. Stärker im urbanen Raum, aber zunehmend auch in sub- und periurbanen Räumen.
- Dennoch gehen einschlägige Studien davon aus, dass der Motorisierungsgrad in Europa weiter steigen wird, da der sinkende PKW-Anteil unter den jüngeren Bevölkerungsgruppen kurz- und mittelfristig durch den steigenden Anteil bei Senioren mehr als kompensiert wird (Ahrens 2011, S. 52). Es kann davon ausgegangen werden, dass dieser Trend auch in den inneralpinen Verdichtungsräumen ähnlich gelagert sein wird. Der Trend zum Autoverkehr ist u.a. auch im Alpenzustandsbericht durch Zahlen aus der Schweiz angeführt (Alpenkonvention 2007, S. 28).
- Ansätze zur Re-Urbanisierung – der Rückkehr aus den suburbanen Räumen in die Kernstädte – sind in größeren Metropolen bereits vorhanden und dürften künftig stärker ausgeprägt sein als bisher. Inwieweit diese Entwicklung auch inneralpine Städte und Zentralräume betrifft lässt sich daraus jedoch nicht mit Sicherheit ableiten.
- Der öffentliche Verkehr wird seinen Anteil ausbauen können. Die Entwicklung des für den Alpenraum eher von untergeordneter Bedeutung erscheinenden Flugverkehrs ist je nach Szenario unterschiedlich.
- Im Güterverkehr werden in allen Szenarien Zuwächse prognostiziert, wobei diese meist im Straßengüterverkehr erfolgen.

4.2.3.3 Verkehrsprognose 2025+

Als Grundlage für die Bewertung künftiger Infrastrukturausbauvorhaben wurde in einem sechsjährigen Erstellungsprozess zwischen 2003 und 2009 durch das Bundesministerium für Verkehr, Innovation und Technologie die Erstellung der „Verkehrsprognose 2025+" durch ein interdisziplinäres Team[43] beauftragt.

Grundlage bildeten unter anderem Daten zur Bevölkerungsentwicklung, geplante Änderungen beim Straßen- und Schienennetzausbau sowohl im In- als auch im Ausland, Erhöhung der Lkw-Maut sowie geänderte Einschätzungen zur Kostenentwicklung. Auffallend ist, dass Änderungen im Mobilitätsverhalten bzw. der Raumstruktur nicht in den Verkehrsmodellen Berücksichtigung fanden, sondern die Prognosen lediglich auf Netzveränderungen bzw. der Variation sozio-ökonomischer Daten (Bevölkerungs- und Wirtschaftsentwicklung) aufbauen. Dies wurde auch im Bericht seitens der Autorenschaft angemerkt:

Unter Berücksichtigung dieser Aspekte wäre es sicher von Vorteil gewesen, für die Erstellung der Verkehrsprognose 2025+ neue Mobilitätsdaten zu erheben, wie es seitens des Bearbeitungsteams angeboten wurde. Dieser Weg stand jedoch aufgrund der beschränkten Ressourcen nicht offen, weshalb für die Modellierung des Personennachfragemodells (siehe Kapitel 3.3) auf die A3H-Wegedatenbank (BMVIT 1995) zurückgegriffen werden musste. Die aus der Erhebung 1995 abgeleiteten Mobilitätskennziffern wurden dabei innerhalb der verhaltenshomogenen Gruppen unverändert auf das Jahr 2002 sowie auf die Prognosehorizonte übertragen (Autorenteam VPÖ2025+ 2009, S. 3).

---

[43] Büro TRAFICO (Projektleitung), Institut für Volkswirtschaftslehre der Universität Graz, Pan-mobile, Institut für Verkehrsplanung und Transportsysteme der Eidgenössischen Technischen Hochschule Zürich, Joanneum Research, Österreichisches Institut für Wirtschaftsforschung

Die Ergebnisse der Verkehrsprognosen für den Bereich des Personenverkehrs lassen sich wie folgt zusammenfassen:

- Reisezweck: die höchsten Zuwachsraten werden für die Reisezwecke "Freizeit" und "Einkauf" prognostiziert (Autorenteam VPÖ2025+ 2009, S. 25–27)
- Tagespendler: die Berechnungsergebnisse zeigen für das Bundesland Tirol eine Zunahme des täglichen Pendlerverkehrs von rund 430.000 Fahrten im Jahr 2005 auf rund 475.000 - 495.00 Fahrten im Jahr 2025 (Autorenteam VPÖ2025+ 2009, S. 29)
- Verkehrsmittelwahl: in beiden Szenarien steigt der Anteil der Pkw-Lenker auf rund 50% an, der nicht-motorisierte Verkehr stagniert. Lediglich geringe Veränderungen sind den Berechnungsergebnissen zufolge beim Anteil des öffentlichen Verkehrs zu erwarten (Autorenteam VPÖ2025+ 2009, S. 34)
- Verkehrsleistung: Zunahmen werden in beiden berechneten Szenarien verzeichnet. Auffallend vor allem die deutlichen Steigerungen der Verkehrsleistung der Pkw-Lenker (Autorenteam VPÖ2025+ 2009, S. 37)
- Weglängen: der steigende Trend aus den bisherigen Untersuchungen wird nicht weiter fortgesetzt, vielmehr ist ein Rückgang der Weglängen in allen berechneten Szenarien zu verzeichnen. Begründet wird dies einerseits mit der relativen Zunahme der Nichterwerbstätigen mit PKW-Besitz (u.a. Senioren) und den tendenziell kürzeren PKW-Fahrten, andererseits die verstärkte Substitution von nicht motorisierten Wegen durch MIV-Wege aufgrund der gesteigerten Motorisierung (Autorenteam VPÖ2025+ 2009, S. 39)

Abschließend ist anzumerken, dass aufgrund der Berechnungsmethode und auch der zu Grunde liegenden Daten eine allgemein gültige Aussagekraft der österreichischen Verkehrsprognose 2025+ insbesondere für den Alpenraum kritisch zu hinterfragen ist und keinesfalls uneingeschränkt als Bewertungsgrundlage für raum- und verkehrsrelevante Entscheidungsprozesse herangezogen werden darf.

4.2.4   Wirkungen

4.2.4.1   Demographische Entwicklung

Die derzeitige demographische Entwicklung im Alpenraum lässt sich gut anhand einer exemplarischen Darstellung der Bevölkerungsentwicklung im Bundesland Tirol der letzten 20 Jahre dokumentieren.

Insbesondere in peripher gelegenen Gemeinden der Bezirke Osttirol bzw. Reutte ist eine Stagnation bzw. Rückgang der Wohnbevölkerung zu verzeichnen. Gunstlagen, die durch den Anschluss an hochrangige Verkehrswege eine Nahelage zu Orten mit zentralörtlicher Funktion (Landeshauptstadt, Bezirksstädte) aufweisen wie beispielsweise im Inntal rund um die Landeshauptstadt Innsbruck (Mieminger Plateau, Östliches Mittelgebirge, Stubaital) sowie Richtung Kufstein verzeichnen ein teilweise erhebliches Bevölkerungswachstum (beispielsweise Gemeinde Mieming +54%, Gemeinde Mieders +53%). Die Bevölkerungszahl Innsbrucks stagniert jedoch im selben Betrachtungszeitraum (+1%). Auffällig ist zudem auch die positiven Einwohnerentwicklungen in den Gemeinden des Ötztales und Zillertales (Alpine Tourismusregion), wobei gerade in den touristischen Zentren (z.B. Gemeinde St. Anton / Arlberg) in den letzten Jahren ein abnehmender Bevölkerungstrend zu verzeichnen ist.

Zusammenfassend lässt sich für die demographische Entwicklung der letzten 30 Jahre festhalten, dass Gemeinden im Nahbereich der Landeshauptstadt einen erheblichen Zuwachs an Einwohnern zu verzeichnen hatten. Gleichzeitig bestanden deutliche Abwanderungstendenzen in ländlich geprägten und peripher gelegenen Gemeinden. Tendenziell wächst somit die Bevölkerung in den bereits urbanen bzw. verdichteten Räumen, während sie in den ruralen und peripheren Gebieten rückläufig ist.

Aus den aktuellen demographischen Daten bzw. den daraus durch die Statistik Austria regelmäßig aktualisierten Bevölkerungsprognosen sind in

den letzten Jahren neue demographische Entwicklungstendenzen ableit-
bar. Basierend auf den aktuellen Werten demografischer Indikatoren werden mit Hilfe von Annahmen über die künftige Geburten- und
Sterbeentwicklung sowie Wanderungsbewegungen die künftige Bevölkerungszahl und –struktur ermittelt. Aufgrund der Unsicherheiten werden jeweils mehrere Szenarien berechnet, wobei im nachfolgenden jeweils auf
das Hauptszenario referenziert wird.

Für das Bundesland Tirol sind die aktuellen Prognosewerte in der folgenden Abbildung dargestellt:

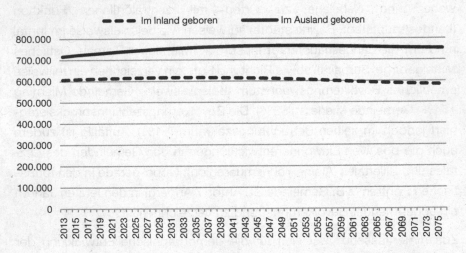

**Abbildung 4.2: Bevölkerung zum Jahresanfang nach dem Geburtsland 2013 bis 2076
für das Bundesland Tirol -Hauptszenario (Statistik Austria (Hg.) (2011): Bevölkerungs-
vorausschätzung 2011 – 2050 sowie Modellrechnung bis 2075 für Österreich (Hauptszenario). Wien)**

Die Gesamtbevölkerungsanzahl im Bundesland Tirol wird demnach bis
etwa 2040 – 2050 um rund 50.000 bis 75.000 auf etwa 780.000 Einwohner
im Jahr 2045 steigen. Die Bevölkerungszunahme basiert jedoch ausschließlich auf verstärkter Zuwanderung aus dem Ausland, insbesondere

aus den Nachbarländern Deutschland und Italien. Im Vergleich mit anderen Bundesländern ist die Zuwanderungsrate mit 54% dennoch eine der schwächsten in Österreich (Niederösterreich: 114%).

Es ist von einer weiteren Zunahme der Zentralisierung auszugehen, sodass nunmehr vor allem die Zentren und hierbei die Landeshaupt Innsbruck ein erhöhtes Bevölkerungswachstum aufweist: nach einer Phase der Stagnation ist seit der Jahrtausendwende wieder eine verstärkte Zunahme der Bevölkerung und der Haushalte in Innsbruck insbesondere durch Zuwanderung zu verzeichnen (Stadt Innsbruck - Referat für Stadtentwicklungsplanung 2014, S. 18)

Tabelle 14: Bevölkerungsprognose Stadt Innsbruck 2025

	1981	1991	2001	2011	2013	2025
H-Bevölkerung[44]	117.287	118.112	113.457	119.617	122.458	134.374
A-Bevölkerung[45]	127.173	127.677	129.812	142.572	145.929	161.993
Haushalte	49.001	50.689	53.903	60.234	21.478	67.491

Quelle: Statistik Austria (Hg.) (2012): Vorausberechnete Bevölkerungsstruktur für Tirol 2011-2075 lt. Hauptszenario zuletzt aktualisiert am 25.01.2013

Bevölkerungsdichte

Aufgrund des beschränkt zur Verfügung stehenden Dauersiedlungsraumes sind Rückschlüsse aus der gängigen Berechnungsmethode zur Bevölkerungsdichte (Gesamtfläche / Wohnbevölkerung) in Gebirgsräumen wenig sinnvoll. So liegt die Bevölkerungsdichte beispielsweise in Südtirol ohne Berücksichtigung des Dauersiedlungsraumes bei rund 69 Einwohnern pro km², mit Berücksichtigung bei rund 450 Einwohnern pro km².

---

[44] Bevölkerung mit Hauptwohnsitz

[45] Anwesende Bevölkerung

Hinsichtlich der räumlichen Verteilung zeigt sich eine Konzentration auf die Haupttäler rund um die regionalen Zentren. Mehr als ein Fünftel der Gesamtbevölkerung Südtirols konzentriert sich in der Landeshauptstadt Bozen. (Autonome Provinz Bozen - Südtirol Landesinstitut für Statistik - ASTAT 2014, S. 16) Die Situation für das Bundesland Tirol zeigt ein ähnliches Bild: das Inntal zwischen Telfs und Kufstein weist Dichten bis zu über 3000 Einwohner pro km² Dauersiedlungsraum auf und liegt damit in einer ähnlichen Größenordnung wie außeralpine Metropolregionen.

In der folgenden Tabelle sind die zehn am dichtesten besiedelten Gemeinden Tirols mit Stand 2011 angeführt. Der in Klammer angeführte Indexwert zeigt die Veränderung der Einwohnerdichte in den letzten 60 Jahren. Auffällig ist, dass aufgrund der regen Bautätigkeit in den 1950er bis 1980er Jahren die Werte in fast allen Gemeinden deutlich angestiegen sind, seit mehr als einem Jahrzehnt jedoch auf hohem Niveau stagnieren (z.B. Matrei / Brenner, Innsbruck) bzw. deutlich langsamer ansteigen (Schwaz, Hall / Tirol, Rum).

Tabelle 15: Rangreihung der ersten 10 Gemeinden nach der Bevölkerungsdichte im Dauersiedlungsraum (Einwohner / km²) im Bundesland Tirol; Datenquelle: Land Tirol - data.tirol.gv.at

Gemeinde	Einwohner / km² (Index 2011 = 100)			
	2011	1991	1971	1951
Rattenberg	3718	4782	5927	7991
Innsbruck	2569 (100)	2537 (99)	2492 (97)	2042 (79)
Matrei / Brenner	2494 (100)	2775 (111)	3075 (123)	2258 (91)
Hall in Tirol	2325 (100)	2241 (96)	2332 (100)	1825 (78)
Rum	2152 (100)	1970 (92)	1245 (58)	410 (19)
Breitenwang	1459 (100)	1502 (103)	1226 (84)	741 (51)
Schwaz	1352 (100)	1229 (91)	1069 (79)	924 (68)
Lienz	1233 (100)	1244 (101)	1231 (100)	1058 (86)
Wattens	1210 (100)	1070 (88)	983 (81)	686 (57)
Kufstein	1187 (100)	916 (77)	877 (74)	765 (65)

Die Gemeinde Rattenberg nimmt aufgrund ihrer äußerst geringen und zur Gänze bebauten Gemeindefläche eine Sonderstellung ein, wenngleich die Abnahme der Einwohnerdichte seit 1951 dennoch beachtlich erscheint, jedoch lokal-spezifisch zu begründen ist.

Altersstruktur

Hinsichtlich der Altersstruktur zeigt sich anhand der kleinräumigen Bevölkerungsprognose für das Bundesland Tirol ein eindeutiger Trend zu einem steigenden Anteil der über 65jährigen Personen. Die Zahl der Personen im erwerbsfähigen Alter stagniert absolut bzw. sinkt im Relativvergleich (Abbildung 4.3):

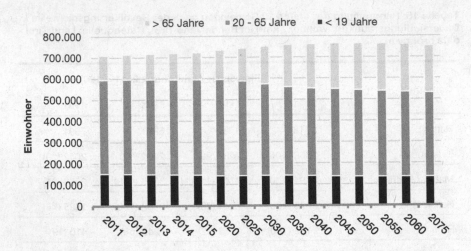

Abbildung 4.3: Bevölkerungsprognose Bundesland Tirol 2075 (Statistik Austria (Hrsg.) (2010), Tabellen zur kleinräumigen Bevölkerungsprognose für Österreich. Österreichische Raumordnungskonferenz, zuletzt aktualisiert am 05.08.2010)

Fast alle Gemeinden Südtirols weisen aufgrund der im Vergleich höheren Geburten- und Wanderungsbilanz einen Bevölkerungszuwachs auf. Das Wachstum konzentriert sich ähnlich wie in Nordtirol auf die Haupttäler bzw. die darin lokalisierten Zentren Bozen, Meran, Brixen, Bruneck bzw. deren umliegende Gemeinden. Insbesondere kleinere, peripher gelegene Dörfer (z.B. Altrei, Kuens, Prad am Stilfserjoch, Prettau, Rodeneck, St. Martin in Tirol, St. Pankra, Tirol etc.) verzeichnen aufgrund einer negativen Wanderungsbilanz einen Bevölkerungsrückgang (Autonome Provinz Bozen - Südtirol Landesinstitut für Statistik - ASTAT 2014, S. 19–20).

Haushaltsgröße

Künftig ist mit einer weiter tendenziell sinkenden Haushaltsgröße zu rechnen. Beispielsweise ist in Südtirol die durchschnittliche Haushaltsgröße von 3,6 Personen / Haushalt im Jahr 1971 auf 2,4 Personen / Haushalt fast linear zurückgegangen. Begründet wird dies u.a. durch verändertes Heiratsverhalten, höhere Trennungs- und Scheidungsraten sowie der geschlechtsspezifischen Mortalität. Kinderreiche Familien (Haushalte > 6

Mitgliedern) werden im demografischen Handbuch bereits als "definitiv der Vergangenheit" zugehörig beschrieben (Autonome Provinz Bozen - Südtirol Landesinstitut für Statistik - ASTAT 2014, S. 52–54).

Auch in Österreich bzw. Tirol kann in den letzten 30 Jahren eine stetig sinkende durchschnittliche Größe der Privathaushalte festgestellt werden. Die Haushaltsgröße liegt dabei mit 2,39 Personen / Privathaushalt im Jahr 2013 in Tirol etwas über dem Schnitt Österreichs von 2,26. In städtischen Räumen sind die Haushaltsgrößen generell noch deutlich geringer, in Wien beispielsweise leben im Durchschnitt knapp unter 2 Personen pro Haushalt (Abbildung 4.4).

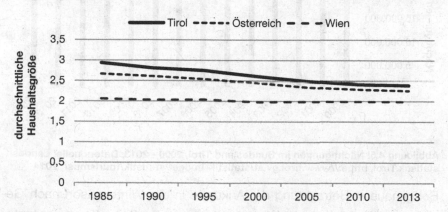

Abbildung 4.4: durchschnittliche Größe der Privathaushalte 1985 - 2013 (Statistik Austria 2014b)

In den letzten 5 Jahren ist insbesondere im städtischen Raum bei einem Wert von circa 2 Personen pro Haushalt eine Verlangsamung der Abnahme bei den durchschnittlichen Haushaltsgrößen festzustellen.

4.2.4.2 Wirtschaftsentwicklung

Die Wirtschaftsentwicklung im Alpenraum vollzog in den letzten Jahrzehnten einen drastischen Wandel. Die Dominanz des primären Sektors wurde vielerorts durch den Dienstleistungssektor (Tourismus) abgelöst, sodass die wirtschaftliche Entwicklung im Alpenraum vielerorts nicht zuletzt von der Zukunft des Tourismus abhängig ist.

Die statistischen Zahlen beispielsweise für das Bundesland Tirol zeigen dabei für den Sommertourismus nach fast 2 Jahrzehnten wieder einen ansteigenden Trend, während die Nächtigungen im Wintertourismus auf hohem Niveau stagnieren (Abbildung 4.5).

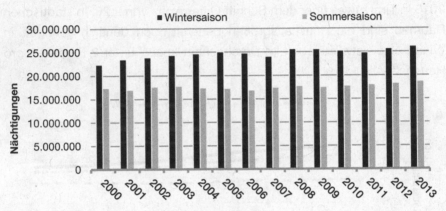

Abbildung 4.5: Nächtigungen im Bundesland Tirol, 2000 - 2013; Datenquelle: Landesstatistik Tirol, https://www.tirol.gv.at/statistik-budget/statistik/tourismus/, 2014

Bei genauerer Betrachtung der Ankünfte in der Wintersaison nach Gemeinden fällt auf, dass der Wintertourismus in den Seitentälern des Inntales (St. Anton, Ischgl, Serfaus, Sölden, Neustift / Stubaital, Hintertux, Mayerhofen) und hierbei insbesondere jeweils in den hinteren Bereichen der Täler konzentriert ist. Der Faktor Erreichbarkeit kann im Urlaubsverkehr demzufolge nur von untergeordneter Bedeutung sein, zieht man u.a. auch die Tatsache in Betracht, dass viele Gäste gleichzeitig denselben Wochentag für die An- und Abreise nutzen. Ausschlaggebend für die Wahl des Urlaubsziels ist vielmehr die Standortattraktivität – im Falle des Wintertourismus Pistenlängen, Image, Schneesicherheit und Vielfalt an Aprés-Ski-Angeboten.

4.2.5   Zusammenfassung der gegenwärtigen Trends

Die in den zuvor angeführten Kapiteln beschriebenen gegenwärtigen Trends hinsichtlich Mobilitäts- und Raumnutzungsanforderungen können hinsichtlich deren Relevanz für das theoretische Gedankenmodell wie folgt zusammengefasst werden:

Gesellschaft und Wirtschaft

- Die Bevölkerungsentwicklung im Alpenraum stagniert, in peripheren Lagen stärker als in urbanen Räumen. Ein Bevölkerungszuwachs resultiert fast ausschließlich aus Wanderungsbewegungen (Migration). Dem Wechsel des Wohnstandortes kommt damit eine besondere Bedeutung als zentraler Lebensmittelpunkt zwischen der Ausübung von Daseinsgrundfunktionen zu.

- Die Bevölkerungsstruktur zeigt zunehmende Alterungstendenzen auf. Die insbesondere im ländlichen Raum oftmals rein auf den motorisierten Individualverkehr ausgerichteten Strukturen führen damit zu eingeschränkter Mobilität bzw. erfordern ihrerseits erhöhte Mobilitätsaufwände durch Angehörige.

- Die durchschnittlichen Haushaltsgrößen nehmen weiter ab, die Anzahl der Single-Haushalte steigt auch im alpinen Raum.

- Der Konzentrationsprozess im Bereich von Nahversorgungseinrichtungen ist mittlerweile derart fortgeschritten, dass in räumlichen Lagen wie beispielsweise sub- und periurbanen Gebirgsregionen bereits wieder eine Trendumkehr feststellbar ist und Nahversorger in die Flächenversorgung zurückkehren.

- Den Sparten Freizeit und Tourismus werden auch künftig tragende Rollen im alpinen Wirtschaftraum zukommen. Allerdings sind beide Bereiche durch hohe Elastizitäten und einen gegenwärtig starken Konzentrationsprozess insbesondere im Wintertourismus gekennzeichnet.

- Die wirtschaftliche Bedeutung des primären Sektors stagniert weiterhin.

Raumstruktur und -funktionen

- Gebiete mit intensiver touristischer Nutzung insbesondere in der Wintersaison sind meist am Ende großer Seitentäler angesiedelt und damit im Winter nur aus einer Richtung zugänglich.
- Trotz eines massiven Baulandüberhanges und dem vorhandenen Bewusstsein über die negativen Auswirkungen stark wachsender Einfamilienhaussiedlungen sind ein Abflachen der weithin als „Zersiedelung" bezeichneten Siedlungsentwicklung oder gar eine Trendumkehr in zentrumsnahen Gebirgsregionen gegenwärtig nicht absehbar. Tendenzen zur verstärkten Wohnungssuche im städtischen Bereich sind zwar festzustellen, doch dürften die Ursachen eher auf eine gewisse Überhitzung des lokalen Immobilienmarktes zurückzuführen sein und daher noch keine gesicherten längerfristigen Trends erkennen lassen.
- Die Siedlungsentwicklung konzentriert sich auf wenige Haupttäler im Umkreis regionaler Zentren und erfolgt nicht radial, sondern linear. Es entstehen bandartige Verdichtungsräume mit hoher Bebauungs- und Nutzungsdichte.
- Dezentral und flächenhaft besiedelte und genutzte ländliche Räume sind entweder durch Verstädterung oder durch Abwanderung gekennzeichnet. Es entstehen zunehmend räumliche Disparitäten zwischen monofunktionalen Bereichen, die derartige Entwicklungen ihrerseits noch beschleunigen.

Mobilität und Verkehr

- Eindeutige Trends zur künftigen Verkehrsmittelwahl sind aus den vorliegenden Studien insbesondere für den ländlichen und damit inneralpinen Bereich nicht ablesbar.
- Das Mobilitätsverhalten in urbanen Räumen im Alpenraum orientiert sich an jenem außeralpin gelegener Städte. Im urbanen Bereich verliert der eigene PKW an Bedeutung. Insbesondere bei jungen, meist höher gebildeten Bevölkerungsschichten ist die ver-

mehrte Abkehr vom Autobesitz feststellbar. Der Trend zum gemeinsamen Besitz von Kraftfahrzeugen („Car-Sharing") ist im Alpenraum allerdings noch nicht derart ausgeprägt wie in außeralpinen Metropolen.

- Der Ausbau der Verkehrswegeinfrastrukturen insbesondere für den motorisierten Individualverkehr in den letzten Jahrzehnten führte dazu, dass in vielen inneralpinen Regionen die Zugänglichkeit als einflussreich(st)er Standortfaktor an Bedeutung verloren hat.

4.2.6 Schlussfolgerungen

Bedürfnisse

Die Bedürfnisse der Bewohner im Alpenraum haben sich seit den ersten Besiedelungen grundsätzlich nicht verändert. Früher wie heute bildet die Befriedigung der menschlichen Grundbedürfnisse aber auch soziale Einbettung die existentielle Voraussetzung. Da heute jedoch die Versorgung mit Nahrungsmitteln im mehr als ausreichenden Maße gewährleistet und durch die arbeitsteilige Gesellschaft die Notwendigkeit zur individuellen Nahrungsbeschaffung durch Anbau, Sammeln und Jagd nicht mehr erforderlich ist kann eine breite Mehrheit der Bevölkerung auch höhere Ebenen der Bedürfnisbefriedigung (individuelle Bedürfnisse, Selbstverwirklichung) aktiv wahrnehmen. Ebenso ist die Abwehr von bewaffneten Konflikten, der Schutz des persönlichen Lebens etc. im Alpenraum nicht mehr erforderlich.

Die Bedürfnisse der Bewohner in den an den Alpenraum angrenzenden Regionen sind ebenfalls keine signifikanten Veränderungen unterworfen gewesen. Verschoben haben sich jedoch die Prioritäten in den einzelnen Bevölkerungsgruppen: die Befriedigung individueller Bedürfnisse und das Streben nach Selbstverwirklichung waren früher einzelnen, privilegierten Schichten vorbehalten, während heute eine weitaus größerer Anteil der Bevölkerung daran teilnehmen kann. Dieser Aspekt ist nicht zuletzt für die quantitative und qualitative Ausprägung des alpenquerenden Verkehrs, aber auch des durch Freizeit- und Erholungsaktivitäten entstehenden Verkehrs im Alpenraum relevant.

Aktivitäten und Daseinsgrundfunktionen

Die Befriedigung von Bedürfnissen der höheren Ebenen resultiert in entsprechend adaptierten Aktivitäten und setzt höhere Maßstäbe an die Qualität von standörtlichen Gelegenheiten (z.B. Höhere Bildungseinrichtungen wie Universitäten zusätzlich zu Pflichtschulen etc.).

Die Lage und Ausstattung der Standorte zur Ausübung von Aktivitäten im Rahmen der Bedürfnisbefriedigung haben sich erst in den letzten Jahrzehnten mit dem Einsatz motorbetriebener Fortbewegungsmittel verändert, die Aktivitäten per se sind mit Ausnahme der durch vermehrte individuelle Bedürfnisse entstehenden Funktionen (z.B. höherrangige Bildung als Voraussetzung für qualifizierte Arbeit etc.) keine Änderungen unterworfen.

Wirkungen im Raum

Die räumlichen Wirkungen von menschlichen Aktivitäten im Raum sind geprägt durch die jeweils verfügbaren technologischen Hilfsmittel zur Raumüberwindung. Bezogen auf die Raumstruktur lässt sich mit Blick auf die geschichtliche Entwicklung alpiner Besiedlung feststellen, dass die fußläufige Erreichbarkeit seinerzeit nicht nur den Aktionsradius definierte, sondern damit indirekt beispielsweise auch die Anordnungen von Siedlungen sowie deren maximale Größe (Versorgung mit Grundnahrungsmitteln aus dem Umland). Im Gegensatz zum Flachland ist in Gebirgsräumen der zum Ackerbau, aber auch zur Viehzucht geeignete Flächenanteil aufgrund der Topografie eingeschränkt. Dieser Nachteil wurde spätestens mit dem Bau der ersten Bahnstrecken und der damit bestehenden Möglichkeit zum Import von Gütern und Personen beseitigt.

Heute sind die Raumwirkungen von Mobilität und Verkehr in erster Linie durch den Gebrauch des PKW und den dafür geschaffenen infrastrukturellen Einrichtungen geprägt. Die Entfernungen zwischen den Standorten sind zwischenzeitlich derart angewachsen, dass der inneralpine Verkehr durch Aktivitäten und die dadurch ausgelösten verkehrlichen Wirkungen außeralpiner Bewohner überlagert wird.

Der Erreichbarkeitsbegriff hat im Alpenraum seine Bedeutung in Bezug auf den Aspekt der Distanzüberwindung selbst in peripheren Lagen weitgehend verloren, muss sich jedoch zunehmend mit der Konzentration von Gelegenheiten auf einige wenige, dafür überdurchschnittlich gut ausgestatte Standorte auseinandersetzen.

Raumstruktur und -funktionen

Die Raumfunktionen sind über Jahrhunderte hinweg immer wieder Veränderungen unterworfen gewesen. Das Gebirge diente zunächst in erster Linie der Versorgung mit landwirtschaftlichen Gütern, war jedoch auch seit jeher Rohstoffquelle für außeralpine Regionen. Seit rund hundert Jahren wird der Alpenraum zunehmen durch den Tourismus und den damit verbundenen Dienstleistungen dominiert, die Landwirtschaft ist oftmals nur mehr noch Nebenerwerb.

Durch dezentral angeordnete Siedlungen und gemeinschaftliche Einrichtungen war zudem der soziale Kontakt in vielen – insbesondere den sehr peripher gelegenen - Tälern sichergestellt. Die speziellen naturräumlichen Ereignisse prägten nicht nur die Landschaft, sondern auch die Identität der Bewohner.

Mittlerweile wird durch die räumliche Konzentration auf die wenigen inneralpinen Verdichtungsräume und den damit verbundenen steigenden regionalen Disparitäten die hohe Multifunktionalität der Räume zunehmend zurückgedrängt. Gemeinden bzw. Ortsteile oder gar ganze Regionen werden im verstärkten Ausmaß von einzelnen Nutzungen dominiert (Intensivtourismus, Wohnen, Arbeiten, Gewerbe etc.) oder verbleiben künftig gänzlich ungenutzt (ehemalige Almen, Weiler etc.). Dies hat wiederum mittel- bis langfristige Auswirkungen auf die Ausübung der Daseinsgrundfunktionen, da diese nur mit einem erhöhten finanziellen wie zeitlichen Aufwand unter der Prämisse der geltenden, gesellschaftlichen Werte aufrechtzuerhalten sind.[46]

Plausibilität des Gedankenmodells

Im gesamten Teil C wurde stets auf das in Teil B erläuterte Gedankenmodell Bezug genommen. Es konnte aufgezeigt werden, dass das auf individueller Ebene zwischen Bedürfnissen, Aktivitäten und Daseinsgrundfunktionen resultierende Mobilitätsverhalten bzw. die dadurch ausgelösten verkehrlichen Wirkungen auf die Raumstruktur, aber letztlich auch gesellschaftliche Wertvorstellungen in enger, gegenseitiger Wechselbeziehung stehen.

Da die Distanzen im Zuge der Ausübung von Daseinsgrundfunktionen stetig zunehmen bedarf die Wirkungsbetrachtung durch die dadurch entstehenden Überlagerungseffekte von Verkehr jedoch vermehrt der mehrdimensionalen Sichtweise. Die aufgezeigte Komplexität des Raum- und Verkehrssystems im Gebirge erfordert ein Denken über die Grenzen des jeweils betrachteten Gebirgsraumes (in diesem Fall schwerpunktmäßig der Alpenraum) hinaus. Das Gedankenmodell muss damit auch in den an das Gebirge angrenzenden Räumen Anwendung finden.

Neben der nicht zu engen Abgrenzung des Betrachtungsraumes ist auch die inhaltliche Auslegung der im Gedankenmodell integrierten Zusammenhänge in einem breiteren Umfeld zu sehen. Technologische Veränderungen beispielsweise bedürfen keiner explizierten Ausweisung, da einerseits

---

[46] Alternativ wäre auch eine Rückkehr zur weitgehenden Selbstversorgung denkbar, allerdings erscheint eine derartige Entwicklung in einer immer stärker vernetzten, von globalen Trends beeinflussten Gesellschaft aus heutiger Sicht nicht denkbar.

die Gesellschaft durch Werte erst den Anreiz für entsprechende Forschungen und Entwicklungen ermöglicht, andererseits aber Individuen (in weiterer Folge auch Wirtschaftssubjekte) durch entsprechende Bedürfnisse (individuelle Bedürfnisse, Selbstverwirklichung) zur Ideenfindung bzw. technischen Entwicklungen angeregt werden. Auch demographische Veränderungen sind in ähnlicher Art und Weise indirekt im Gedankenmodell bereits enthalten (gesellschaftliche Werte, Raumstruktur etc.).

Wesentlich ist somit auch die Mitberücksichtigung der im Gedankenmodell beschriebenen gesellschaftlichen Werte, da die davon ausgehenden Wirkmechanismen ebenfalls raumwirksam sind und beispielsweise in herkömmlichen Simulationen und Verkehrsmodellen kaum bis gar nicht Berücksichtigung finden.

5 TEIL D - ZUKUNFTSFÄHIGE ENTWICKLUNG IM ALPENRAUM

5.1 Zum Begriff „Zukunftsfähigkeit"

Am Beginn des Kapitels steht die Klärung der Frage, was unter dem vermeintlichen Schlagwort „zukunftsfähige Entwicklung" fachlich zu verstehen ist und welche Konsequenzen sich daraus für die Entwicklung entsprechender Planungsstrategien ergeben. Dass die Auslegungen und Interpretation von Begriffen wie Nachhaltigkeit und Zukunftsfähigkeit in der Öffentlich durchaus davon abweichen, soll anhand folgender Beispiele demonstriert werden:

Wie bereits in Teil B (Kapitel 3.2) detaillierter ausgeführt, stehen Mobilität und Verkehr mit Bedürfnissen und den damit verbundenen Aktivitäten zur Ausübung von Daseinsgrundfunktionen wie z.B. Versorgung durch Einkaufen in unmittelbarem Zusammenhang. Hinter der Bezeichnung „nachhaltige Mobilität" steht somit der Anspruch, die Befriedigung von Bedürfnissen eingebettet in ein komplexes Beziehungsgeflecht von ökologischen, ökonomischen und sozialen Aspekten der Gesellschaft zu ermöglichen.

Im gegenwärtigen medialen Alltag wird beispielsweise ein neu errichteter Supermarkt am Ortsrand oftmals mit zahlreichen Elementen zur Energieeinsparung und damit (ökologischer) Nachhaltigkeit beworben.

Gleichzeitig führen jedoch die fehlende Erreichbarkeit zu Fuß bzw. oftmals auch Fahrrad oder öffentlichen Verkehrsmitteln zu einem insgesamt deutlich erhöhten Energieaufkommen wenn es darum geht, den Supermarkt auch tatsächlich zu erreichen. Personengruppen ohne Zugang zu einem Personenkraftwagen werden generell von der Teilnahme ausgeschlossen, sodass Infrastrukturen an derartigen Standorten letztlich weder ökologisch (Flächenverbrauch, Emissionen) noch sozial (Teilhabe nur für eingeschränkten Personenkreis möglich) als nachhaltig bezeichnet werden können und daher nicht als zukunftsfähig anzusehen sind.

Zusammenfassend muss daher festgehalten werden, dass ein gesellschaftspolitischer Anspruch auf weitgehende Abdeckung der mit Mobilität verbundenen Bedürfnisse aller Personengruppen unabhängig von Einkommen, Alter, Lebensstil etc. besteht. Dieser Anspruch ist unter anderem dadurch begründet, dass diese Bedürfnisse wie bereits Eingangs in den Erläuterungen zum bedürfnistheoretischen Ansatz dargelegt, unabdingbar zur Ausübung der Daseinsgrundfunktionen sind. Daher ist auch der folgenden Aussage der Europäischen Kommission in deren Weißbuch Verkehr grundsätzlich zuzustimmen, auch wenn darin der Mobilitätsbegriff sehr weit gefasst ist:

„Mobilität ist das Lebenselixier des Binnenmarkts und prägt die Lebensqualität der Bürger, die ihre Reisefreiheit genießen." (Europäische Kommission 28.03.2011, S. 3)

Nicht zuletzt muss unter dem Begriff „Zukunftsfähigkeit" insbesondere für den Alpenraum neben den Aspekten der Nachhaltigkeit auch jene der Vulnerabilität bzw. Resilienz von Regionen mitbetrachtet werden. Raumstrukturen, die meist nur für eine bestimmte Benutzergruppe oder ein bestimmtes Verkehrsmittel optimiert sind, können bei entsprechend geänderten Rahmenbedingungen (z.B. demografischer Wandel, Anstieg der Energiepreise etc.) nicht adäquat reagieren, sodass zwangsläufig Migration und damit einhergehende Entsiedelung die Konsequenzen wären.

5.1.1 Nachhaltigkeit

Der Begriff der Nachhaltigkeit ist durch seine in den letzten Jahren omnipräsente Verwendung vielfach überstrapaziert und oft nicht seiner ursprünglichen Bedeutung gerecht werdend verwendet worden. Die geschichtlichen Wurzeln des Begriffes reichen in das 18. Jahrhundert zurück, als Hans Carl von Carlowitz mit seinem Buch *„Sylvicultura oeconomica"* versuchte dem Raubbau an den Wäldern durch eine „Nachhaltige Forstwirtschaft" Einhalt zu gebieten. (Grunwald und Kopfmüller 2012, S. 18) Zur Gewährleistungen einer dauerhaften Nutzung des Waldes sollte der Umfang der Schlägerungen jenen des nachwachsenden Waldes nicht übersteigen. Anfang des 20. Jahrhunderts kamen ähnliche Überlegungen durch das Konzept des *„maximum sustainable yield"* auch in der Fischereiwirtschaft betreffend die Reproduktionsfähigkeit der Fischbestände zur Erwähnung.

In seinen Grundzügen dürfte das Konzept der Nachhaltigkeit jedoch bereits die gesamte Menschheitsgeschichte über vorhanden gewesen sein, ohne dass dafür eine einheitliche Bezeichnung existierte. Die Tatsache, dass menschliches Handeln auf das Vorhandensein von natürlichen Grundlagen angewiesen ist, geriet jedoch spätestens mit der industriellen Revolution Anfang des 19. Jahrhunderts weitgehend in Vergessenheit. Ende der 60er bzw. Anfang der 70er Jahr des 21. Jahrhunderts gelangte zunehmend die Abhängigkeit von Technik und Wirtschaft von einer hinreichend intakten Umfeld in das Bewusstsein. Ausdruck dessen war unter anderem die Publikation *„Die Grenzen des Wachstums"* des Club of Rome (Meadows et. al, 1973). (Grunwald und Kopfmüller 2012, S. 20–21)

Es folgte eine zunehmende Thematisierung der Zusammenhänge zwischen Gesellschaft, Produktion, Lebensstile und Wirtschaftswachstum auf der einen und Verfügbarkeit bzw. Endlichkeit von Ressourcen auf der anderen Seite. Unter dem Vorsitz der norwegischen Ministerpräsidentin Gro Harlem Brundtland nahm schließlich 1983 die UN-Kommission für Umwelt und Entwicklung ihre Arbeit auf. (Grunwald und Kopfmüller 2012, S. 23) Jene Kommission legte schließlich auch in ihrem 1987 veröffentlichten Bericht die bis heute gebräuchlichste Definition des Nachhaltigkeitsbegriffes vor (World Commission on Environment and Development 2010):

Sustainable development is development that meets the needs of the present without compromising the ability of future generation to meet their own needs. It contains within it two key concepts:

- *the concept of 'needs', in particular the essential needs of the world's poor, to which overriding priority should be given; and*
- *the idea of limitations imposed by the state of technology and social organization on the environment's ability to meet present and future needs*

Bezogen auf die Themenstellung der gegenständlichen Arbeit erscheint insbesondere die ausdrückliche und mehrfache Erwähnung des Begriffes „needs" (Bedürfnisse) von entscheidender Bedeutung:

The satisfaction of human needs and aspirations is the major objective of development. (World Commission on Environment and Development 2010, S. 4)

Eine nachhaltige Entwicklung ist somit nur dann als solche zu bezeichnen, wenn neben dem Bewusstsein zur beschränkten Verfügbarkeit von (natürlichen) Ressourcen auch die gegenwärtigen wie künftigen (menschlichen) Bedürfnisse für alle Bevölkerungsgruppen Berücksichtigung finden:

The satisfaction of human needs and aspirations is so obviously an objective of productive activity that it may appear redundant to assert its central role in the concept of sustainable development. (World Commission on Environment and Development 2010, S. 42)

Ausgehend von der im Brundtland-Bericht getroffenen Definition des Nachhaltigkeitsbegriffes bedarf es einer Konkretisierung des Leitbildes hinsichtlich der Zielsetzung bzw. der darauf aufbauenden Umsetzung mittels Strategien und konkreten Maßnahmen. Insbesondere der letzte Schritt - die Konkretisierung und Umsetzung - birgt aufgrund der Langfristigkeit von Maßnahmen, Unsicherheiten über gegenwärtige wie künftige Entwicklungen, Einflussnahme auf gesellschaftliche Interessen und

Positionen etc. hohe Anforderungen. (Grunwald und Kopfmüller 2012, S. 49)

Der Interpretationsspielraum des Nachhaltigkeitsbegriffes führte auch zu bis heute andauernden Kontroversen rund um die Konkretisierung der Idee nachhaltiger Entwicklung, die nicht zuletzt in verschiedenen Konzepten mündeten. Aufgrund der Relevanz zur Themenstellung sollen drei Konzepte an dieser Stelle kurz erläutert werden, um letztlich auch eine Grundlage für die Erläuterung des Begriffes „Zukunftsfähigkeit" bilden zu können.

5.1.1.1   Eindimensionale Konzeption

In der eindimensionalen Dimension wird davon ausgegangen, dass eine Befriedigung von Bedürfnissen gegenwärtiger wie künftiger Generationen nur dann möglich ist, wenn die Natur als Lebens- und Wirtschaftsgrundlage erhalten bleibt. Eine zentrale Fragestellung bezieht sich dabei auf die Grenzen der Belastbarkeit der natürlichen Umwelt. Schlüsselbegriffe sind dabei „ökologische Stabilität", „Tragfähigkeit", aber auch „Vulnerabilität" und „Resilienz". (Grunwald und Kopfmüller 2012, S. 54–55)

Die Schwierigkeit in der Praxis ergibt sich unter anderem aus dem fehlenden Wissen rund um Belastbarkeitsgrenzen. Auch werden viele Nachhaltigkeitsbereiche durch die Fokussierung auf rein ökologische Belange nicht abgedeckt (z.B. Gerechtigkeit, kulturelle Ressourcen etc.). (Grunwald und Kopfmüller 2012, S. 56)

Insbesondere im Mobilitäts- und Verkehrsbereich findet die eindimensionale Konzeption des Nachhaltigkeitsbegriffes auch gegenwärtig noch sehr weite Verbreitung. Dies zeigen nicht zuletzt die angeführten Beispiele aus den gegenwärtig aktuell in Diskussion befindlichen Nachhaltigkeits- und Maßnahmenkonzepten. So wird von politischer Seite der Ausbau von Verkehrswegen vielfach mit ökologischen Argumenten versucht zu begründen (Verlagerungseffekte auf umweltfreundlichere Verkehrsträger, weniger Emissionen in Siedlungsnähe, kürzere Wegdistanzen etc.). Auswirkungen auf die Gesellschaft und den künftigen finanziellen Handlungsspielraum von Gebietskörperschaften finden jedoch nur am Rande Erwähnung.[47]

5.1.1.2 Mehrdimensionale Konzeption

Mit der mehrdimensionalen Konzeption von Nachhaltigkeit wird der Kritik an der Priorisierung der ökologischen Belange Rechnung getragen. Eine exakte Urheberschaft dieses Mitte bis Ende der 90er Jahr Verbreitung findenden Ansatzes kann in der Literatur zwar nicht gefunden werden, jedoch bildet erneut die Definition des Nachhaltigkeitsbegriffes im Brundtland-Bericht dessen Grundlage.

Im Gegensatz zur Priorisierung der ökologischen Dimension erfolgt eine gleichrangige Berücksichtigung der Dimensionen Ökologie, Soziales und Ökonomie nachhaltiger Entwicklung. Begründet wird dies dadurch, dass die Umsetzung des Gerechtigkeitspostulats bzw. die Beantwortung der Frage nach dem Anspruch künftiger Generationen nicht rein ökologisch behandelt werden kann, sondern auch ökonomische wie gesellschaftliche Überlegungen mitberücksichtigen muss (Grunwald und Kopfmüller 2012, S. 57–59).

Umgelegt auf Mobilität und Verkehr ergibt sich durch die mehrdimensionale Betrachtung des Nachhaltigkeitsaspektes ein Spannungsfeld zwischen ökonomischen („Verkehr wirtschaftlich effizient umsetzen"), sozialen („Mobilität für alle Menschen") und ökologischen Zielsetzungen („Natürliche Ressourcen und Lebensräume schonen"). (Mailer 2013)

---

[47] vgl. Analyse der Österreichischen Nachhaltigkeitsstrategie (Mailer 2013)

Doch ebenso wie die Fokussierung auf ökologische Belange von Nachhaltigkeit bietet auch die Hinzuziehung und gleichrangige Berücksichtigung sozialer und ökonomischer Nachhaltigkeitsaspekte Anlass zur kritischen Hinterfragung.

Neben einer möglichen Überfrachtung des Nachhaltigkeitsleitbildes betrifft eine der zentralen Fragestellungen das Zusammenwirken der drei gleichberechtigten Dimensionen in der Realität. Die Beantwortung dieser Frage erscheint insbesondere komplex, als die Zielsetzungen in den einzelnen Dimensionen durchaus gegenläufig sein können. Im Konfliktfall müssten daher entweder Prioritäten festgelegt oder Kompromisse eingegangen werden. (Grunwald und Kopfmüller 2012, S. 59–60)

5.1.1.3   Integrative Konzeption

Ausgehend von den Kritiken an der ein- wie mehrdimensionalen Konzeption von Nachhaltigkeit bildet die Überlegung, dass gewisse dem Nachhaltigkeitsleitbild zu Grunde liegenden Prämissen dimensionsübergreifend auszulegen sind. (Grunwald und Kopfmüller 2012, S. 60) In der Nachhaltigkeitsstrategie Deutschlands wurden beispielsweise "Generationengerechtigkeit", "Lebensqualität", "sozialer Zusammenhalt" und "Internationale Verantwortung" als querschnitthafte Prinzipien den einzelnen Themenfeldern vorangestellt. (Deutsche Bundesregierung 2002, S. 2)

Zur Operationalisierung dienen sogenannte „Nachhaltigkeitsregeln", auf die alle heute und zukünftig lebenden Menschen einen Anspruch haben. Die Regeln sind sehr abstrakt formuliert, besitzen dadurch aber universelle Gültigkeit und dienen letztlich als Leitorientierung für künftige Entwicklungen bzw. deren Überprüfung:

Tabelle 16: Das System der substanziellen Nachhaltigkeitsregeln; eigene Darstellung nach (Grunwald und Kopfmüller 2012, S. 63–64)

Sicherung der menschlichen Existenz	Erhaltung des gesellschaftlichen Produktionspotenzials	Bewahrung der Entwicklungs- und Handlungsmöglichkeiten
Vermeidung von Gefahren und Risiken für die menschliche Gesundheit durch anthropogen bedingte Umweltbelastungen	Erneuerbare Ressourcen: Nutzungsrate muss unterhalb der Regenrationsrate bleiben bzw. darf die Leistungs- und Funktionsfähigkeit des Ökosystems nicht gefährden	Gleichwertige Chancen für alle Gesellschaftsmitglieder
Gewährleistung eines Mindestmaßes an Grundversorgung	nicht erneuerbarer Ressourcen: Erhalt der Reichweite	Teilhabe an gesellschaftlichen Entscheidungsprozessen
Existenzsicherung durch frei übernommene Tätigkeiten	Freisetzung von Stoffen muss unterhalb der Aufnahmefähigkeit von Ökosystemen bleiben	Erhalt des kulturellen Erbes und Vielfalt
Nutzung der Umwelt nach dem Prinzip der Gerechtigkeit	Vermeidung technischer Risiken	Erhalt von Kultur- und Naturlandschaften
Abbau von extremen Einkommens- und Vermögensunterschieden	Weiterentwicklung des Sach-, Human- und Wissenskapitals	Stärkung von Rechts- und Gerechtigkeitssinn, Toleranz, Solidarität und Gemeinwohlorientierung

Für die Aspekte Mobilität, Verkehr und Raumnutzung sind fast alle der oben angeführten Nachhaltigkeitsregeln von direkter bzw. indirekter Relevanz. Direkte Bezüge ergeben sich beispielsweise durch verkehrsbedingte Emissionen („Vermeidung von Gefahren und Risiken für die menschliche Gesundheit durch anthropogen bedingte Umweltbelastungen" sowie „Freisetzung von Stoffen muss unterhalb der Aufnahmefähigkeit von Ökosystemen bleiben") oder den Aus- und Neubau von Verkehrswegen (u.a. „Vermeidung technischer Risiken", „Erhalt von Kultur- und Naturlandschaften" etc.).

Indirekte Bezüge sind insbesondere durch Ansprüche an Mobilitätsdienstleistungen („Gleichwertige Chancen für alle Gesellschaftsmitglieder", „Teilhabe an gesellschaftlichen Entscheidungsprozessen" etc.) und die Raumnutzung („Gewährleistung eines Mindestmaßes an Grundversorgung" etc.) gegeben.

5.1.2 Resilienz

Der Begriff der Resilienz stammt ursprünglich aus dem lateinischen *resilire* (dt. ,zurückspringen', ,abprallen') und findet sich in Literatur verschiedenster Disziplinen wie Psychologie, Ökologie, Management und der Anthropology. Verallgemeinernd kann Resilienz als Fähigkeit zum Umgang mit Veränderungen umschrieben werden. Lange Zeit war die Verwendung des Begriffes vor allem in der Psychologie und Biologie gebräuchlich, wobei in den letzten Jahren zunehmend auch in der Raumplanung eine zunehmende Verwendung vor allem im Hinblick auf Anpassungsstrategien festzustellen ist. Der IPCC definiert Resilienz wie folgt:

The capacity of a social - ecological system to cope with a hazardous event or disturbance, responding or reorganizing in ways that maintain its essential function, identity, and structure, while also maintaining the capacity for adaptation, learning, and transformation. (Intergovernmental Panel on Climate Change 2014b, S. 3)

In der Literatur finden sich zahlreiche weitere Definitionen, von denen stellvertretend die folgende als Grundlage für die weiterführenden Überlegungen angeführt sei:

Regional Resilience is the ability of a region to anticipate, prepare for, respond and recover from a disturbance. (Foster 2007, S. 14)

Diese Definition unterscheidet somit Resilienz hinsichtlich der Vorbereitung und der Reaktion auf ein Ereignis. Für die gegenständliche Themenstellung erscheint im Zusammenspiel mit Klimawandelanpassungsstrategien vor allem die vorbereitende Resilienz von besonderer Relevanz. Es sind jedoch nicht nur Ereignisse die unmittelbar oder mittelbar in Zusammenhang mit dem Klimawandel stehen und Regionen beeinträchtigen können. Auch die Änderungen gesellschaftlicher, politischer oder wirtschaftlicher Rahmenbedingungen können durch entsprechende kurz- bis langfristige Prozesse zu Herausforderungen für Regionen werden.

Im Verkehrsbereich sei diesbezüglich beispielsweise auf die Folgen während des Ölschocks Mitte der 70er Jahre hingewiesen. Da in den letzten 30 Jahren insbesondere im ländlichen Raum die Abhängigkeit vom PKW weiter stark zugenommen hat, wären die Folgen einer ähnlich rasanten Rohölpreisentwicklung für alpine Regionen ohne alternative Mobilitätslösungen bzw. entsprechende Infrastruktureinrichtungen vor Ort drastisch.

Wie Randelhoff in seinem Artikel ausführt, wird dem Thema Resilienz als Planungsprinzip neben der Nachhaltigkeit für Regionen im alpinen Raum nicht zuletzt aufgrund der befürchteten Zunahme von Naturkatastrophen eine durchaus steigende Bedeutung zukommen. Es erscheint daher unumgänglich, bei „zukunftsfähiger Entwicklung" im Alpenraum auch das Thema Resilienz in Bezug auf Verkehr und Raum näher miteinzubeziehen. (Randelhoff 2013)

In Planungsprinzipien umgesetzt, lässt sich Resilienz als in folgende Anforderungen an Regionen formulieren:

Tabelle 17: Anforderungen an regionale Planungsprinzipien unter dem Gesichtspunkt der Resilienz

Planungsprinzip	beispielhafte Erläuterung hinsichtlich Verkehrsinfrastruktur
Unabhängigkeit & Austausch	Mobilität und Verkehr innerhalb einer Region (z.B. Talschaft) muss auch in Krisenfällen sichergestellt sein. Bei einem plötzlichen Anstieg der Treibstoffpreise ist gegenwärtig davon auszugehen, dass Mobilität für viele Einwohner in peripheren Lagen zu einem Luxus wird. Im Gegensatz zu den siebziger Jahren ist jedoch davon auszugehen, dass die gesellschaftlichen Veränderungen im Erwerbssektor zwischenzeitlich eine Selbstversorgung von Orten weitgehend verunmöglicht haben.

Redundanz & Vielfalt	Redundanz im Bereich von Mobilität und Verkehrswegeinfrastruktur ist in erster Linie als Möglichkeit zur Wahl alternativer Routen bzw. Verkehrsmittel zu sehen. Aufgrund der topografischen Verhältnisse und Rahmenbedingungen sind alternative Routen insbesondere im Bereich der Schienen- aber auch Straßenwege nicht oder nur unter hohem finanziellem Aufwand möglich. Auch die Wahl des Verkehrsmittels ist nicht zuletzt aufgrund dieser fehlenden Alternativen jedenfalls für den Bereich der motorisierten Fortbewegungsmittel eingeschränkt.
Kompaktheit & Dezentralität	Eine kompakte Siedlungsstruktur mit kurzen Wegen erhöht einerseits die (wirtschaftliche) Effizienz, ist jedoch gleichzeitig leicht verwundbar. Aus diesem Grund ist eine kleinteilige, dezentrale Verteilung kompakter Siedlungseinheiten anzustreben.
Wiederherstellung der Systemkapazität	Nach einem Ereignis gilt es, die durch zerstörte Infrastrukturen beeinträchtigten Raumfunktionen rasch zumindest für die Grundversorgung wiederherzustellen. Dazu sind neben speziellen Organisationsformen auch flexible Planungsinstrumente erforderlich.

Resilienz im Mobilitätsbereich erfordert daher in erster Linie die Reduktion von Abhängigkeiten (alternative Mobilitätsdienstleistungen, Aufwertung der nicht-motorisierten Nahmobilität und Nahversorgung). Nicht-motorisierte Verkehrsmittel sind aufgrund der auch im alpinen Gelände vielfach möglichen Alternativrouten bevorzugt zu fördern. Eine durch einen plötzlichen Felssturz blockierte Straßenverbindung zu umfahren ist in vielen Tälern mangels alternativer Straßenverbindungen nicht oder nur eingeschränkt möglich. Fußläufig bzw. in Kombination mit dem Fahrrad sind derartige Ereignisse jedoch einfacher und rascher zu kompensieren.

Ein Blick in andere Gebirgsregionen der Welt zeigt diesen Aspekt auf besonders drastische Weise: aufgrund heftiger Monsunregenfälle war das Diamir-Hochtal im Sommer 2006 inklusive mehrerer darin befindlicher Dörfer auf dem Landweg für mehrere Tage nicht mehr erreichbar. Am

schnellsten konnte der Saumpfad für Lastenträger wieder passierbar gemacht werden, etwas später auch für Lastentiere. Deutlich aufwändiger
verlief die provisorische Instandsetzung der Brückenbauwerke am Kara-
korum-Highway. Die Seitenstraße hinauf in das Diamirtal wurde aufgrund
der schweren Schäden erst Jahre später wieder mit dem Kfz passierbar.

Die Bewohner der Dörfer im Hochtal stellte diese Unterbrechung der Verkehrsverbindungen vor keine größeren Schwierigkeiten im alltäglichen Leben, da sämtliche Daseinsgrundfunktionen fußläufig in den verschiedenen
Dörfern des Tales untergebracht und damit unabhängig von der Anbindung des Hochtales in das Haupttal am Indus erreichbar waren. Im Sinne
der dargelegten Planungsprinzipien besitzt dieses Beispiel Modellcharak-
ter für eine resiliente Region.

5.1.3   Vulnerabilität

Der Begriff leitet sich vom lateinischen *vulnus* („Wunde") ab und wird seit
Anfang der 80er Jahre in der Wirtschaftsgeographie für die Verwundbar-
keit bzw. Anfälligkeit von Regionen bzw. Wirtschaftssektoren verwendet.
Wenngleich die öffentlich weitaus präsentere Verwendung des Begriffes
Nachhaltigkeit über lange Zeit auch in Fachkreisen dominierte, führten die
Debatten um Auswirkungen Klimawandel auf Regionen bzw. Schutz von
kritischen Infrastrukturen zu einem vermehrten Gebrauches des Begriffes
Vulnerabilität.

*The propensity or predisposition to be adversely affected. Vulnerability
encompasses a variety of concepts including sensitivity or susceptibility
to harm and lack of capacity to cope and adapt. (Intergovernmental Panel on Climate Change 2014b, S. 3)*

Sowohl Szenarien zum Klimawandel als auch der räumlichen Entwicklung
beschäftigen sich mit Unsicherheiten. Vulnerabilität bezeichnet in diesem
Sinne die Anfälligkeit des anthropogen geprägten Lebensraumes zum

Beispiel gegenüber den Auswirkungen des Klimawandels („Verletzlich-keit").

Im Rahmen von Strategien zur zukünftigen Raumentwicklung von alpinen Regionen muss auch eine Auseinandersetzung mit Klimaszenarien und entsprechenden Anpassungsstrategien erfolgen. Derartige Szenarien dür-fen dabei nicht im Sinne längerfristiger Wetterprognosen betrachtet wer-den, sondern müssen als Werkzeug zur Analyse unterschiedlicher Entwicklungsstrategien bzw. deren Folgen eingesetzt werden. (Stock et al. 2009, S. 97) Die Notwendigkeit hierfür wird unter anderem auch im Klimabericht der IPCC hervorgehoben:

Impacts from recent extreme climatic events, such as heat waves, droughts, floods, and wildfires, show significant vulnerability and expo-sure of some ecosystems and many human systems to climate variabil-ity (very high confidence). Impacts include the alteration of ecosystems and of food production, damage to infrastructure and settlements, mor-bidity and mortality, and consequences for mental health and human well - being. (Intergovernmental Panel on Climate Change 2014b, S. 7)

Störungen insbesondere auf verkehrliche Infrastrukturen und damit letzt-lich auch Mobilität betreffend sind in alpinen Regionen immer schon vor-handen gewesen, allerdings führten ein entsprechend angepasster Lebensstil bzw. die disperse Siedlungsstruktur zu einer über Jahrhunderte weitgehend geringen Exposition. Die heute Abhängigkeit von aufwändi-gen baulichen Infrastrukturen ist trotz der massiven Investitionen in Schutzmaßnahmen gegenüber Naturgefahrenereignissen weitaus stärker und kann fallweise auch zu erheblichen Beeinträchtigungen des alltägli-chen Lebens einer ganzen Region führen. Viele Bewohner der nördlich von Lienz gelegenen Gemeinden Osttirols konnten durch die Blockade der Felbertauernstraße im Frühjahr 2013 ihre gewohnten Wege zur Arbeit, Ausbildung etc. über mehrere Wochen hinweg nicht antreten.

Während sich zahlreiche Studien mit dem Klimawandel an sich beschäftigen, ist die Anzahl der Forschungen betreffend den Auswirkungen von Ereignissen insbesondere in exponierten Regionen wie dem Alpenraum noch überschaubar. Diese Ansicht wird auch vom jüngsten Klimabericht der IPCC unterstrichen:

Uncertainties about future vulnerability, exposure, and responses of human and natural systems can be larger than uncertainties in regional climate projections, and they are beginning to be incorporated in assessments of future risks (high confidence). Understanding future vulnerability, as well as exposure, of interlinked human and natural systems is challenging due to the number of relevant socioeconomic factors, which have been incompletely considered to date. (Intergovernmental Panel on Climate Change 2014b, S. 15)

5.1.4   Schlussfolgerungen

5.1.4.1   Zukunftsfähige Entwicklung

Die Definition des Begriffes „zukunftsfähig" erscheint auf den ersten Blick angesichts der ständigen öffentlichen Diskurse und zahlreichen Publikationen trivial, erfordert jedoch bei genauerer Betrachtung aufgrund der dargelegten vielfältigen Auslegungen und Konzepte eine sorgfältig vorgenommene Abgrenzung. Bezug nehmend auf die spezifischen Anforderungen des Alpenraumes sind unter zukunftsfähiger Entwicklung auch die durch den Klimawandel bedingten Anforderungen zu berücksichtigen, sodass eine integrative Betrachtung auf Aspekte der ökologischen, ökonomischen und sozialen Nachhaltigkeit im Sinne des mehrdimensionalen Ansatzes erfolgt.

Die im Rahmen der gegenständlichen Arbeit vorgenommene Definition der zukunftsfähigen Entwicklung des Alpenraumes geht in ihrem Leitbild von folgenden Prämissen aus: die verkehrliche und räumliche Entwicklung hat 1. sozial ausgewogen, 2. ökonomisch leistbar und 3. ökologisch verträglich zu erfolgen. Es erfolgt keine Wertung zwischen diesen Zielen.

Eine zukunftsfähige Entwicklung des Alpenraumes erfordert demnach eine den menschlichen Bedürfnissen gerecht werdende, den Naturraum schützende sowie dem Klimawandel angepasste Raumstruktur, um negative wirtschaftliche, soziale und ökologische Wirkungen gegenwärtig und vor allem zukünftig hintanzuhalten.

Die Zukunftsfähigkeit von räumlichen und verkehrlichen Entwicklungen in alpinen Regionen wird daher im weiteren Verlauf der Arbeit an den folgenden Aspekten gemessen:

- Ökologie   Ressourcen und Emissionen
- Gesellschaft   Chancengleichheit, Gesundheit, Wohlbefinden
- Wirtschaft   private und öffentliche Haushaltsbudgets
- Vulnerabilität   Verletzlichkeit von Regionen
- Resilienz   Fähigkeit zur Wiederherstellung und Selbstorganisation

5.1.4.2   Nachhaltige Mobilität

Unter Zugrundelegung der vorhin dargelegten Prämisse einer zukunftsfähigen Entwicklung sind – nicht zuletzt unter Berücksichtigung der im Modell sichtbaren wechselseitigen Wirkungen und Abhängigkeiten - auch die Anforderungen an eine nachhaltige Mobilität in alpinen Regionen durch die Bedürfnisse menschlicher Individuen innerhalb und außerhalb des betrachteten Gebirgsraumes, den ökologischen Zielsetzungen (Erhalt der natürlichen Lebensgrundlagen) sowie den Klimawandel determiniert. Dies erfordert jedoch aufgrund der in mehreren räumlichen Ebenen ausgeübten Mobilität und den damit verbundenen verkehrlichen Wirkungen auch die Miteinbeziehung der mit dem Gebirgsraum in Beziehung stehenden außeralpinen Räume (Transitverkehr, Quell- und Zielverkehr).

Die räumliche Verteilung der von Menschen ausgeübten Daseinsgrund-funktionen muss derart erfolgen, dass die dazu erforderlichen örtlichen Veränderungen zwischen den Standorten von Gelegenheiten für regelmä-ßig ausgeführte Aktivitäten unabhängig von der Wahl des Verkehrsmittels ausgeführt werden können. Neben dieser insbesondere die Nahmobilität betreffenden Anforderung muss nachhaltige Mobilität jedoch auch die je nach gesellschaftlichen Wertvorstellungen unterschiedlich stark ausge-prägten oberen Ebenen der Bedürfnisbefriedigung und den daraus resul-tierenden Aktivitäten beachten.

Nahezu alltäglich ausgeübte Daseinsgrundfunktionen wie Arbeiten, (Grund)Ausbildung, Versorgen, Freizeit, Freunde treffen sollten dabei im Nahbereich des Wohnumfeldes durch aktive Mobilitätsformen ausgeübt werden können. Die Überwindung größerer Distanzen zwischen qualitativ höherwertigen Gelegenheiten muss leistbar, ökologisch verträglich und ohne Barrieren auch weiterhin allen Menschen zur Verfügung stehen.

Um die dafür notwendigen Voraussetzungen schaffen zu können soll das Gedankenmodell zur Entwicklung eines Leitbildes bzw. der Ableitung ent-sprechender Handlungsfelder herangezogen werden.

5.2   Methodische Vorgehensweise

5.2.1   Bearbeitungsablauf

Im vorigen Kapitel erfolgte die auf den ersten Blick abstrakt und wenig konkret wirkende Definition von „zukunftsfähiger Entwicklung" und „nach-haltiger Entwicklung". In diesem Kapitel werden basierend auf den im Ge-dankenmodell erläuterten Wirkungszusammenhängen die künftigen verkehrlichen und räumlichen Entwicklungen im Alpenraum erarbeitet und zu den in den Definitionen beinhalteten Anforderungen in Beziehung ge-setzt.

Im Rahmen der gegenständlichen Arbeit liegt der Fokus dabei weniger auf der Thematisierung der Raumentwicklung. Vielmehr ist die Zielsetzung, anhand des Gedankenmodells die künftige Raum- und Verkehrsentwicklung anhand der Gebirgsregion der Alpen hinsichtlich der Ziele zukunftsfähiger Entwicklung und dabei vor allem betreffend nachhaltige Mobilität zu analysieren, um letztlich Handlungsfelder für Maßnahmen abzuleiten.

5.2.2   Systemabgrenzung

5.2.2.1   Räumliche Systemabgrenzung

Der Betrachtungsraum umfasst einerseits den anhand geographischer Parameter abzugrenzenden Gebirgsraum, aber auch außerhalb des Gebirges gelegene Regionen. Durch die globale Vernetzung und Reisemöglichkeiten sind Aktivitäten von menschlichen Individuen mit Bezug zum betrachteten Gebirgsraum insbesondere im Tourismus praktisch überall auf der Erde anzutreffen (beispielsweise Trekkingtourismus im Himalaya, Winterurlaub russischer Gäste in den Alpen etc.). Für den Alpenraum und hier insbesondere bezogen auf die räumlichen und verkehrlichen Wirkungen im österreichischen Bundesland Tirol ist der unmittelbar wirksame Raum jedoch durch die Länder Mitteleuropas einzuschränken, da Quell-, Ziel- und Transitverkehre damit zum überwiegenden Teil erfasst sind.

5.2.2.2   Zeitliche Systemabgrenzung

Die zeitliche Systemabgrenzung umfasst einen Betrachtungszeitraum von ungefähr 20 Jahren. Noch weiter in die Zukunft reichende Prognosen würden eine umfassendere Auseinandersetzung mit möglichen neuen, die räumliche Entwicklung beeinflussenden Faktoren erfordern und wäre dennoch aufgrund der seriös nicht abschätzbaren Eintretenswahrscheinlichkeiten mit großen Unsicherheiten behaftet.

5.2.2.3   Inhaltliche Systemabgrenzung

Die inhaltliche Systemabgrenzung ist im Wesentlichen durch die in Kapitel 3.2 detailliert beschriebenen Elemente des Gedankenmodells vorgegeben. Ähnlich wie bei einer mathematischen Formel setzt sich die Betrachtung von erwartbaren Entwicklungen und deren Beurteilung dabei aus bekannten und gegebenen (z.B. Klimawandel) sowie unbekannten und gesuchten Elementen (z.B. verkehrliche Wirkungen, Maßnahmen) zusammen.

Bedürfnisse

Es ist davon auszugehen, dass auch zukünftig die Prioritäten menschlicher Bedürfnisse generell und auch in alpinen Regionen überwiegend in den oberen Ebenen angesiedelt sein werden. Daraus folgt, dass Aktivitäten zur Befriedigung grundlegender physiologischer Bedürfnisse notwendigerweise zwar weiter ausgeführt werden müssen, diese jedoch nicht den alltäglichen Ablauf von Individuen dominieren. Auch in bislang wirtschaftlich noch weniger entwickelten Gebirgsregionen wie beispielsweise dem Himalaya, Karakorum oder den Anden verlagern sich die Prioritäten insbesondere der jungen Bevölkerung zunehmend auf die oberen Bedürfnisebenen (Streben nach Bildung, beruflichem Aufstieg, Selbstverwirklichung).

Raumstruktur und Raumnutzung

Die Frage nach der künftigen Entwicklung alpiner Raumstrukturen und -nutzungen ist aufgrund der Vielzahl an Einflussfaktoren äußerst komplex und nicht generalisiert in der gebotenen wissenschaftlichen Seriosität behandelbar. Wie bereits ausführlich in dieser Arbeit dargelegt, ist jedoch die in der Raumstruktur beinhaltete räumliche und qualitative Verteilung von Gelegenheiten Grundlage für die Ausübung von Aktivitäten und daher auch die Notwendigkeit zur Überwindung von räumlichen Distanzen, sodass dieser Aspekt einer gesonderten Betrachtung bedarf. Um die sich gegenseitig vermeintlich konkurrierenden Anforderungen aus erforderlicher Generalisierung und wissenschaftlicher Seriosität in der Behandlung dieses Aspektes zu integrieren wurde im Folgenden methodisch auf die Betrachtung von Szenarien zurückgegriffen.

Natürliche Einflussfaktoren

Die Einflüsse des Klimawandels wurden bereits in den vorangegangenen Kapiteln mehrmals thematisiert. Eine direkte und vor allem kurzfristige Einflussnahme zugunsten einer Verlangsamung der durch den Klimawandel induzierten negativen Veränderungen erscheint utopisch, sodass bei der Betrachtung zukunftsfähiger Entwicklung die in internationalen Studien mehrfach aufgezeigten Folgen für den Gebirgsraum als weitgehend gegeben angenommen werden müssen.

Gesellschaft

Gesellschaftliche Fähigkeiten zeigen sich unter anderem in technologischen Entwicklungen, die es wiederum ermöglichen größere räumliche Entfernungen bei gleichbleibender Reisezeit zurückzulegen oder geringe Reisezeiten für bestehende Distanzen zu erzielen.

Die Bedeutung von gesellschaftlichen Werten und daraus folgende Normen wird weiter zunehmen. Politische und gesetzliche Rahmenbedingungen werden laufend umfangreicher, umfassender und damit auch maßgebend für die wirtschaftliche Entwicklung (siehe beispielsweise Alpenkonvention, Wegekostenrichtlinie etc.).

5.3   Szenarienentwicklung

Szenarien beruhen auf der Annahme, dass die Zukunft ungewiss ist und daher von heute an unterschiedliche Entwicklungsmöglichkeiten bestehen. Sie sind fiktional (nicht überprüfbar aber plausibel nachvollziehbar), deskriptiv (Zustände, Aktionen, Konsequenzen beschreibend) und dienen als definierter Rahmen zur Organisation von Informationen. Im Unterschied zu Prognosen liegen Szenarien Annahmen zu Grunde ("Was passiert wenn...") (Perlik et al. 2008, S. 25). Aufgabe der folgenden Szenarien ist es daher, Problemstellung und Wirkungszusammenhänge in Bezug auf eine zukunftsfähige raumstrukturelle und verkehrliche Entwicklung des Alpenraumes ausfindig zu machen und daraus planerische Herausforderungen abzuleiten.

Um die für die Analyse der künftigen Raum- und Verkehrsentwicklung im Alpenraum erforderlichen möglichen Entwicklungen der alpinen Raumstruktur und –funktionen abschätzen zu können wird – wie im Rahmen der inhaltlichen Systemabgrenzung bereits angeführt – auf die Definition von Szenarien zurückgegriffen.

Die im Folgenden näher erläuterten Szenarien zur alpinen Raumentwicklung beziehen sich in erster Linie auf eine Betrachtung der inneralpinen Raumstruktur und –funktionen, berücksichtigen dabei aber auch den aus außeralpinen Regionen in den Alpenraum wirkenden Einfluss (beispielsweise Tourismus, Transitverkehr). Die Szenarien bleiben somit in erster Linie auf den Gebirgsraum konzentriert und beziehen nur jene außeralpinen Aspekte mit ein, die direkt auf den Alpenraum wirken.

Bätzing beschreibt in seinem Buch „Die Alpen" unter dem Titel „Stadt und Wildnis oder Land ohne Städte" zwei Szenarien zur räumlichen Entwicklung des Alpenraumes (Bätzing 2003, S. 328–329). Wenngleich von ihm selbst als „Extremszenarien" bezeichnet, sollen diese als Grundlage für die nachfolgende Szenarienentwicklung an dieser Stelle kurz angeführt werden da gewisse Entwicklungstendenzen – wenngleich überzeichnet – durch die in Teil B dieser Arbeit empirisch belegte Fakten bereits abgesichert werden können:

- Szenario #1 („Stadt und Wildnis"): Ausgangspunkt der Überlegungen ist die Frage nach dem Nutzen des Alpenraumes für den Menschen. Als Wirtschaftsraum eignet sich das Flachland aufgrund der größeren Flächenreserven und verkehrlichen Anbindungen deutlich besser, der inneralpin gelegene Siedlungsraum ist unter anderem durch lange Pendlerwege, hohe Grundstückspreise sowie Naturgefahrenpotenziale charakterisiert. Die Alpen als Freizeitraum werden immer mehr durch künstlich gebaute Infrastrukturen in unmittelbarer Nähe zu den Großstädten kompensierbar. Fernverkehr unterquert die Gebirge in Basistunneln, verbleibt einzig die Nutzung zur Energie- und Trinkwasserversorgung. Die Siedlungstätigkeit kommt bis auf einzelne, extrem intensiv genutzte Lagen vollständig zum Stillstand und verlagert sich in die am Alpenrand gelegenen Metropolen. Zurück bliebe ein weitgehend entsiedelter, der Natur überlassener Raum.

- Szenario #2 („Land ohne Städte"): Die radikale Gegenposition zum Szenario #1 beruht auf einer Rückkehr zur dezentralen Subsistenzwirtschaft ohne jeglichen räumlichen Warenaustausch. Die Notwendigkeit von Städten als räumliche Organisationsform wäre damit obsolet, der Alpenraum wäre als Lebens- und Wirtschaftsraum weitgehend autark.

Mit der zuvor im Kapitel 5.1.4.2 angeführten Definition von nachhaltiger Mobilität erscheint insbesondere das Szenario 1 mit einer zunehmenden Konzentration von Gelegenheiten auf einigen wenigen Standorten gut vereinbar. Szenario 2 kann nur unter der Voraussetzung eines radikalen Lebenswandels aller Bewohner die Zielsetzungen der nachhaltigen Mobilität ermöglichen (Abkehr von der Funktionsgesellschaft, Rückkehr zur Selbstversorgung).

Doch weder Szenario 1 als auch Szenario 2 sind mit einer realen Eintretenswahrscheinlichkeit behaftet. Eine gänzliche Entsiedelung der Alpen erscheint mit Blick auf die prognostizierten Wachstumszahlen für den Großraum Innsbruck bzw. weitere Städte im Alpenraum zumindest innerhalb der kommenden Jahrzehnte ausgeschlossen. Ebenso vermag die

Vorstellung einer Rückkehr zur dezentralen Subsistenzwirtschaft durchaus romantisch und Anhängern alternativer, sich dem Konsumzwang entziehender Lebensstile allgemein erstrebenswert erscheinen. Eine Umsetzung ist jedoch ebenfalls in den nächsten Jahrzehnten unter den heutigen wirtschaftlichen und gesellschaftspolitischen Rahmenbedingungen nicht zu erwarten.

Die beiden Extremszenarien sollen dennoch Ausgangspunkt für die folgenden drei Entwicklungsoptionen für den alpinen Raum sein:

- Szenario „Monozentrisch": Konzentration auf eine Zentralregion
- Szenario „Polyzentrisch": Konzentration auf mehrere unterschiedlich große Zentren je Region
- Szenario „Dispers": Entwicklung in die Fläche, tendenzielles Auflösen von Zentren

Umgelegt auf diese drei Szenarien zeigt die aktuelle räumliche Entwicklung eine Tendenz zu einer monozentrischen Raumstruktur (siehe hierzu auch Kapitel 4.2). Die Konzentration von standörtlichen Gelegenheiten in den durch hochrangige Verkehrswege erschlossenen Verdichtungsräumen wie dem Tiroler Inntal zwischen Innsbruck und Wörgl nimmt stetig zu. Aber auch in dem für den Alpenraum wirtschaftlich bedeutenden Tourismussektor finden Konzentrationsprozesse statt.

5.3.1   Szenario „monozentrische Raumstruktur"

Wesentliches Merkmal ist die Konzentration der Siedlungsentwicklung auf eine Zentralregion. Bewusst wurde hierbei nicht der Begriff „Zentrum" gewählt, da die Konzentrationsprozosse weniger punktuell als flächenhaft zu betrachten sind.

Diese zunehmende räumliche Konzentration von Nutzungen und Gelegenheiten auf einige wenige Standorte in Gunstlagen führt dabei zu einer (wirtschaftlichen) Benachteiligung vieler (lt. Bätzing wären es "alle", diese

Aussage erscheint jedoch überzogen) weiterer Nutzungsformen und Standorte. Umgelegt auf das Bundesland Tirol würde dies bedeuten, dass im Extremfall mit Ausnahme des Tiroler Zentralraumes (Innsbruck bzw. östlich anschließende Inntalfurche bis inkl. Wörgl) keine weiteren Siedlungen und auch kleinere Zentren langfristig erhalten blieben und somit eine Migration aus den übrigen Landesteilen zunehmend zu einer Entsiedelung vieler Täler führen würde. Intensiv vom Tourismus geprägte Gemeinden würde diese Entwicklung ebenso betreffen, da die erforderliche saisonale Tätigkeit bereits heute tendenziell immer seltener von ortsansässigen Arbeitskräften ausgeübt wird und entsprechende Abwanderungen insbesondere der jungen Bevölkerungsgruppen feststellbar sind.

Legt man dieses Szenario dem Gedankenmodell zu Grunde so zeigt sich, dass die hohe Dichte an standörtlichen Gelegenheiten, aber auch das Vorhandensein hochrangiger Verkehrsnetze zur überörtlichen Anbindung die Ausübung der Daseinsgrundfunktionen entsprechend den Zielsetzung nachhaltiger Mobilität grundsätzlich ermöglichen würde.

Umgekehrt ist zu bedenken, dass durch den weiteren Ausbau der Verkehrsinfrastruktur die Geschwindigkeiten im Verkehrssystem weiter zunehmen werden. Die Gefahr besteht darin, dass hochrangige Straßen- und Bahnverbindungen zwischen den großen Zentren entstehen, die dazwischenliegenden Haltepunkte und Anschlüsse jedoch weiter reduziert bzw. gänzlich entfernt werden.

Es entsteht ein im Talboden bandartig ausgebildeter Verdichtungsraum, innerhalb dessen jedoch aufgrund immer öfter auftretender Nutzungskonflikte eine stärkere Entflechtung von Nutzungsarten erfolgt, wodurch erneut (Nah)Verkehr generiert werden würde. Für die übrigen Raumtypen bedeutet dies, dass mit Ausnahme der Alpinen Tourismuszentren und den im Nahbereich des Zentralraumes liegenden Gemeinden kaum Entwicklungsperspektiven geboten werden können. In letzter Konsequenz ist davon auszugehen, dass durch eine monozentrische Struktur erstmals in der

Siedlungsgeschichte der Alpen der Mensch den Rückzug aus der Fläche antritt. (Bätzing 2003, S. 316)

5.3.2   Szenario „polyzentrische Raumstruktur"

Das Konzept einer polyzentrischen Raumstruktur wurde erstmals im Europäischen Raumentwicklungskonzept 1999 als eines von drei Leitbildern angeführt (European Commission, S. 19–20). Grundlage hierfür bildete die Annahme, dass ein polyzentrisches Städtesystem unter der Prämisse einer nachhaltigen Raumentwicklung weitaus erfolgreicher agieren könne als die Konzentration auf einige wenige Zentren oder gar eine gänzlich disperse Raumstruktur.

Mit dem gegenständlichen Szenario einer polyzentrischen Raumstruktur im Alpenraum ist dieses Leitbild jedoch nur bedingt in Verbindung zu bringen, da im Europäischen Raumentwicklungskonzept konkretere Angaben zur Definition von „Polyzentralität" unterbleiben. Es kann jedoch angenommen werden, dass aufgrund der bereits mehrfach in dieser Arbeit angesprochenen unterschiedlichen räumlichen Bezugsebenen eine polyzentrische Entwicklung für den gesamten EU-Raum in erster Linie ein Netzwerk aus mehreren Millionenstädten umfasst und damit nur die oberste räumliche Ebene betrifft[48]. Da diese im gesamten Alpenraum nicht vorhanden sind, ist das Konzept des polyzentrischen Städtesystems aus dem europäischen Raumentwicklungskonzept 1999 nicht ohne Adaptierungen auf den Alpenraum umzulegen.

Das Szenario einer „polyzentrischen Raumstruktur" für den Alpenraum geht davon aus, dass sich - im Gegensatz zum vorherigen Szenario „monozentrische Raumstruktur" - die Siedlungsentwicklung an mehreren, lokalen bzw. regionalen Zentren orientiert und infrastrukturelle

---

[48] Aus Sicht der darunter liegenden Ebenen wäre dieses Szenario als „monozentrisch" zu bezeichnen.

Einrichtungen weiterhin in diesen konzentriert werden. Für das Bundesland Tirol wären dies neben Innsbruck beispielsweise die Bezirkshauptstädte sowie Wörgl, St. Johann und Hall / Tirol, in Südtirol Bruneck, Brixen, Meran und Bozen. Diese Zentren fungieren dabei regional als „infrastrukturelle Hubs" für die umliegenden Gemeinden und ermöglichen damit die weitgehende Befriedigung von grundlegenden physischen, aber auch sozialen und individuellen Bedürfnissen in der Region.

Die verkehrliche Infrastruktur ist dabei insbesondere im Bereich der lokalen und regionalen Erschließung zu optimieren, wobei Aspekte der Barrierefreiheit bzw. Alternativen zur Abhängigkeit vom motorisierten Individualverkehr geschaffen werden müssen, um Mobilität allen physisch mobilen Bevölkerungsgruppen zu ermöglichen und Nachhaltigkeit im Sinne von Gerechtigkeit und Chancengleichheit zu gewährleisten. Dies entspricht zwar bereits so mancher verkehrspolitischer Zielsetzung, die Umsetzung in der Realität erfolgt durch raumplanerische Fehlentscheidungen (z.B. Verlegung des Supermarktes an den Ortsrand, Verlegung von Seilbahnstation an den Ortsrand etc.) hingegen oft kontraproduktiv.

5.3.3   Szenario „disperse Raumstruktur"

Eine „disperse Raumstruktur" wird in der Fachwelt meist mit dem unkontrollierten Ausufern der Städte in das umgebende Umland und damit erhöhten Ressourcenverbrauch und gestiegenem Verkehrsaufkommen in Verbindung gebracht. (Friedwagner et al. 2005, S. 386) Die Abstammung des Begriffes vom lateinischen *dispergere* lässt sich jedoch auch dahingehend interpretieren, dass die früher im Alpenraum weit verstreuten Gehöfte und Weiler zerstreute Siedlungspunkte und damit eine disperse Raumstruktur bildeten. Wie bereits in Teil B dargelegt, war insbesondere im Alpenraum diese Raumstruktur das Resultat der erforderlichen Anpassungen an die nur beschränkt zur Verfügung stehenden Transportmöglichkeiten bzw. nutzbare Fläche.

Zwar wäre eine disperse Raumentwicklung grundsätzlich auch zukünftig vorstellbar und ist teilweise in anderen Gebirgsregionen der Welt noch heute Realität, erfordert jedoch eine aus heutiger Sicht unrealistisch erscheinende Rückkehr zu einer der Subsistenzwirtschaft ähnelnden Wirtschaftsform. Gravierender wären jedoch die damit verbundenen Verschiebungen der Wertigkeiten zwischen den Bedürfnisebenen. Aktivitäten und Daseinsgrundfunktionen in Ausübung individueller Bedürfnisse und Selbstverwirklichung müssten zurückgestuft werden.

Lediglich unter der Annahme einer erheblichen Änderung entsprechender gesellschaftspolitischer, wirtschaftlicher bzw. raumordnungspolitischer Rahmenbedingungen wäre eine derartige Entwicklung aus heutiger Sicht denkbar.

5.4   Einschätzung der Zielerreichung

Nachfolgend erfolgt eine Beurteilung der im vorigen Kapitel angeführten Szenarien im Hinblick auf eine zukunftsfähige räumliche wie verkehrliche Entwicklung alpiner Regionen[49]. Dabei werden die Szenarien – ähnlich wie in einer realen Versuchsanordnung - in das Gedankenmodell implementiert und die daraus folgenden Veränderungen beurteilt. Ausgangspunkt der Beurteilung bilden die gegenwärtige räumliche wie verkehrliche Bestandsaufnahme (siehe Teil B) sowie die im Zuge der Systemabgrenzung beschriebenen Annahmen (Kapitel Systemabgrenzung5.2.2).

Obwohl bereits durch eine Vielzahl an Studien und Untersuchungen einzelner Aspekte die „Nicht-Nachhaltigkeit" der momentanen Entwicklungen nachgewiesen wurde wird – auch im Sinne einer methodisch

---

[49] Bewusst wurde der Begriff „Nachhaltigkeitsbeurteilung" vermieden, da die vorgenommene Beurteilung lediglich die im Rahmen der Themenstellung der gegenständlichen Arbeit relevanten Aspekte Mobilität, Verkehr und Raum in den zuvor angeführten Planungsstrategien und –programmen analysiert. Eine umfassende Nachhaltigkeitsbeurteilung würde den inhaltlichen Rahmen der Untersuchungen bei weitem verlassen und bedarf einer gesonderten Analyse.

geforderten Vergleichbarkeit – auch der Status Quo als „Planungsnullfall" behandelt. Anschließend erfolgt die Analyse zur Zukunftsfähigkeit für die drei dargelegten Entwicklungsszenarien.

5.4.1 Beurteilungsmethodik

Als grundsätzlich für eine derartige Beurteilung geeignetes Verfahren ist die Wirkungsanalyse anzusehen, da mittels einer qualitativen Beurteilung von Wirkungen rasch ein Überblick über die Zielerreichungen erfolgen kann. Im Gegensatz zu Verfahren mit formalisierter Wertsynthese (z.B. Kosten-Wirksamkeitsanalyse) werden im Zuge der gegenständlichen Beurteilung keine Wertungen zwischen den Zielen bzw. die Miteinbeziehung monetärer Kriterien benötigt.

In den österreichischen „Richtlinien und Vorschriften für das Straßenwesen" wird in der entsprechenden Ausgabe 02.01.22 die Wirkungsanalyse wie folgt beschrieben (Richtlinien und Vorschriften für den Straßenbau 02.01.22, S. 4):

In der Wirkungsanalyse erfolgen eine systematische Darstellung sämtlicher erfassbarer qualitativer und quantitativer Auswirkungen und deren weitgehend verbale Beurteilung, also ohne Wertsynthese. Unter (formalisierter) Wertsynthese versteht man die Aggregation unterschiedlicher Wirkungsdimensionen zu einer entscheidungsrelevanten Maßzahl, dem Entscheidungskalkül. Bei der Wirkungsanalyse führt der Bearbeiter die Wertsynthese intuitiv pragmatisch durch.

Die Wirkungsanalyse dient der umfassenden Darstellung aller gemäß Zielsystem für wesentlich erachteten Wirkungen.

Die Durchführung einer Wirkungsanalyse setzt voraus, dass eingangs die inhaltlichen, räumlichen und zeitlichen Systemabgrenzungen definiert werden. Im gegenständlichen Fall werden dabei die bereits im Kapitel

5.2.2 beschriebenen zeitlichen und inhaltlichen Abgrenzung übernommen. Hinsichtlich des Betrachtungsraumes wird die Beurteilung aus der Sicht des Alpenraumes (gem. Alpenkonvention), wenngleich Ursachen für Wirkungen auch außerhalb lokalisiert sein können.

Die drei Szenarien zur Entwicklung der alpinen Raumstruktur und -funktionen werden zunächst anhand von Kriterien zur Beurteilung der Nachhaltigkeit beurteilt. Zusätzlich erfolgt eine Einschätzung, in wieweit die insbesondere für den Alpenraum relevanten Aspekte von Vulnerabilität und Resilienz mit den jeweiligen Szenarien in Verbindung gebracht werden können.

Für das letztlich ausgewählte Szenario werden Handlungsfelder festgelegt, um darauf aufbauend ein strategisches Leitbild zur Überführung der gegenwärtigen Situation konzipieren zu können.

5.4.2　Zielsetzung

Ziel der fachlichen Beurteilung ist die Erörterung folgender Fragestellung:

1. Wie gut sind die Szenarien mit den Zielsetzungen einer zukunftsfähigen Raumentwicklung in alpinen Regionen in Einklang zu bringen?

2. Welche Auslegung von „nachhaltiger Mobilität" ist dabei zu Grunde zu legen und mit welchen verkehrlichen Konsequenzen ist zu rechnen?

Die fachliche Beurteilung der Frage erfolgt direkt durch die Anwendung des nachfolgend näher erläuterten Kriterienkataloges. Die dabei erzielten Ergebnisse dienen unter anderem auch als Grundlage für die Beantwortung der Frage 2.

5.4.3   Kriterien

Kriterien sollen Ziele operationalisierbar und Wirkungen vergleichbar machen. Erst durch die Definition von Kriterien wird die Beurteilung der Szenarien hinsichtlich der Zielerreichung möglich. Ausgangspunkt bilden die im Kapitel 5.1.4 definierten Ziele von zukunftsfähiger Entwicklung und nachhaltiger Mobilität und die darin inkludierten Aspekte (Abbildung 5.1).

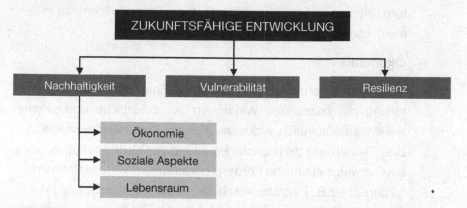

Abbildung 5.1: Aspekte einer zukunftsfähigen Entwicklung der alpinen Raumstruktur und -funktionen

Da eine fachlich umfassende Beurteilung der Zukunftsfähigkeit von räumlichen Szenarien nicht der Schwerpunktsetzung dieser Arbeit entspricht, wurden lediglich Kriterien mit direktem bzw. indirekten Bezug zu den Anforderungen nachhaltiger Mobilität und damit auch dem zentralen Gedankenmodell formuliert.

- **Lebensraum**

    Der Aspekt Lebensraum beinhaltet die Sicherung sowohl des natürlichen wie auch des anthropogenen Lebensraumes. Die Beurteilung der Zielerreichung erfolgt über die insbesondere in alpinen Räumen bedeutenden Kriterien Ressourcenverbrauch (u.a. Flächenverbrauch im Dauersiedlungsraum) und die durch Verkehr induzierten Emissionen bzw. Immissionen.

- ## Soziale Aspekte

Die fachliche Beurteilung sozialer Aspekte erfolgt unter dem Gesichtspunkt einer barrierefreien Ausübung von Daseinsgrundfunktionen. Relevant hierfür sind vor allem die räumliche Verteilung von Gelegenheiten und die dafür erforderliche Raumüberwindung (insbesondere Distanzen, Verkehrsmittel, Zugangsbarrieren). Weitere Kriterien zu gesellschaftlichen Wirkungen wie Identität, in Gemeinschaft leben etc. sind ebenfalls anzuführen.

- ## Ökonomie

Die wirtschaftlichen Aspekte umfassen Einschätzungen zur Beurteilung der finanziellen Wirkungen auf öffentliche und private Haushalte. Öffentlich wirksame Kosten sind beispielsweise der Bau, Betrieb und die bauliche Erhaltung von Verkehrswegen, aber auch etwaige staatliche Förderprogramme im Verkehrsinfrastrukturbereich (z.B. Pendlerpauschalen, Zeitkarten etc.). Für private Haushalte sind die Kosten von Mobilität in die Beurteilung miteinzubeziehen (z.B. Kauf und Unterhalt von Fahrbetriebsmitteln wie PKW, Kauf von Zeitkarten etc.).

Die folgende Tabelle 18 gibt einen zusammenfassenden Überblick über die erläuterten Aspekte, Kriterien und Zielsetzungen:

Tabelle 18: Aspekte und Kriterien zur Beurteilung von Szenarien zur Entwicklung der alpinen Raumstruktur und -funktionen unter dem Gesichtspunkt der Zukunftsfähigkeit

Aspekt	Kriterium	Zielsetzung[50]
LEBENSRAUM	Ressourcenverbrauch	Verbrauch natürlicher Ressourcen innerhalb der natürlichen Reproduktionsfähigkeit bzw. unter Berücksichtigung der Tragfähigkeit von

---

[50] Die Zielsetzungen sind schwerpunktmäßig auf die im Gedankenmodell behandelten Themen bezogen.

		Ökosystemen; sparsamer Umgang mit Flächen des Dauersiedlungsraumes
SOZIALE ASPEKTE	Emissionen und Immissionen	keine Überforderung der Tragfähigkeit der betroffenen Umweltmedien, Vermeidung von Beeinträchtigungen der Gesundheit, des Wohlbefindens, ökologischer Strukturen und natürlicher Stoffkreisläufe
	Erreichbarkeit von Gelegenheiten	Ausreichenden Grundversorgung durch umweltschonende, energie- und raumsparende sowie effiziente Erreichbarkeit von Gelegenheiten zur Ausübung von Daseinsgrundfunktionen
	Identität, in Gemeinschaft leben	Regionale Identitäten bewahren und gemeinschaftliche Aktivitätsformen fördern
ÖKONOMIE	Öffentliche Haushaltsbudgets	Internalisierung externer Kosten; Erhöhung der Eigenwirtschaftlichkeit des Verkehrs
	Private Haushaltsbudgets	Leistbarkeit von Mobilität zur Ausübung der Daseinsgrundfunktionen
VULNERABILITÄT	Exposition	Abbau von Expositionen gegenüber klimabedingten Veränderungen
	Sensitivität	Geringe Empfindlichkeiten von Raumfunktionen und –nutzungen gegenüber inneren wie äußeren Einflüssen
RESILIENZ	Unabhängigkeit	Bestehende Abhängigkeiten verringern
	Redundanz & Vielfalt	Vorhandensein alternativer Routen und Verkehrsträger

Kompaktheit & Dezentralität	kompakte, gleichzeitig jedoch dezentral und angeordnete Siedlungen und Infrastrukturen
Wiederherstellung der Systemkapazität	rasche Wiederherstellung der grundlegenden Raumnutzungen zur Daseinsvorsorge

Für alle angeführten Kriterien gilt, dass eine Beurteilung im Rahmen der gegenständlichen Arbeit nur rein qualitativ erfolgen kann. Eine quantitative Beurteilung wäre einerseits nur für ausgewählte Kriterien (z.B. Emissionen, Erreichbarkeiten) denkbar, würden dazu jedoch eine hinreichend genaue Definition der jeweiligen Szenarien unter einer Vielzahl an festzulegenden Annahmen erfordern und wären selbst dann nur mit einem überaus hohem Aufwand für den gesamten Alpenraum rechnerisch ermittelbar.

5.4.4   Beurteilung und Schlussfolgerung

5.4.4.1   Fachliche Beurteilung Szenario „Monozentrisch"

Aspekt	Kriterium	Qualitative Beurteilung
LEBENSRAUM	Ressourcenverbrauch	Im Nahbereich von Zentren (inneralpine Ballungsräume mit städtischer Charakteristik) ist mit einer über der natürlichen Reproduktionsfähigkeit liegenden Inanspruchnahme von Ressourcen zu rechnen. Insbesondere der Verbrauch der Ressource Boden dürfte innerhalb des Dauersiedlungsraumes dazu führen, dass bestimmte Ökosysteme im Talboden zur Gänze verschwinden, der Nutzungsdruck auf verbleibende Freiräume weiter stetig zunimmt und damit immer öfter zu Nutzungskonflikten führt. Der Flächenverlust ist durch die Entsiedelung in den Tälern aufgrund der Verschiedenartigkeit der Raumtypen und auch der Ökosysteme nicht kompensierbar.
	Emissionen und Immissionen	Die hohe Dichte an Nutzungen in den wenigen inneralpinen Zentren ist mit entsprechend hohen Emissionen (Lärm, Luftschadstoffe, Licht etc.) verbunden. Neue Technologien im Fahrzeugbau können hier Abhilfe schaffen, sind jedoch in der breiten Einführung mit entsprechend hohen Kosten verbunden. Aufgrund des Nutzungsdruckes ist mit erheblichen Beeinträchtigungen des Naturhaushaltes bis hin zur vollständigen Zerstörung

von Ökosystemen (z.B. Flussauen) zu rechnen. Negative Auswirkungen bestehen jedoch nicht zuletzt auf die Gesundheit und das Wohlbefinden der entlang der Hauptverkehrsrouten wohnhaften Bevölkerung.

SOZIALE ASPEKTE	Erreichbarkeit von Gelegenheiten	Bei kompakter Bauweise ist in den Kernbereichen des Ballungsraumes eine Erreichbarkeit von Gelegenheiten zur Grundversorgung sichergestellt, erfordert jedoch aufgrund der Distanzen und des hohen Verkehrsaufkommens das Vorhandensein entsprechend leistungsfähiger Infrastrukturen. Der Druck auf den Ausbau der Zugänglichkeit zu inneralpinen Freizeiteinrichtungen steigt. Durch den Klimawandel, aber auch die Konzentration der Raumentwicklung auf die Haupttäler ist auch ein Konzentrationsprozess in der Freizeitinfrastruktur (beispielsweise Schigebiete) zu erwarten.
	Identität, in Gemeinschaft leben	Raumstruktur und –funktionen verlieren ihre identitätsstiftenden Merkmale. Anthropogen geprägte Räume sind austauschbar und mehr repräsentativ für die Region. Das Zusammengehörigkeitsgefühl unter den Bewohnern verliert sich in der Anonymität städtischer Dichten, Nutzungskonflikte und soziale Spannungen nehmen zu.
ÖKONOMIE	Öffentliche Haushaltsbudgets	Eine Internalisierung externe Kosten ist – selbst wenn politisch befürwortet – nicht zur Gänze möglich, da die Kosten für die Nutzung des Verkehrssystems über der Leistbarkeit liegen würden, jedoch Abhängigkeiten eine Nutzung von Alternativen praktisch ausschließt. Eine Erhöhung der Eigenwirtschaftlichkeit des Verkehrs ist in diesem Szenario praktisch ausgeschlossen. Neben hohen Investitionssummen in die Verkehrsinfrastruktur ist auch von einem stetig steigenden Mittelbedarf zur baulichen Erhaltung bzw. Betrieb auszugehen. Die Finanzierung durch Mauteinnahmen bei gleichzeitiger Begünstigung für den lokalen Verkehr wird aufgrund überregionaler Rahmenbedingungen zunehmend schwieriger.
	Private Haushaltsbudgets	Die finanzielle Belastung privater Haushaltsbudgets durch Mobilität kann – eine entsprechende Dichte an standörtlichen Gelegenheiten vorausgesetzt – abnehmen, sofern aktive Formen der Mobilität wie zu Fuß gehen oder Rad fahren zur Ausübung von Daseinsgrundfunktionen eingesetzt werden.
VULNERABILITÄT	Exposition	Expositionen bestehen bei der überwiegenden Anordnung der städtischen Zentren in den breiteren Talfurchen in erster Linie im Hochwasserbereich.
	Sensitivität	Aufgrund der zahlreichen Abhängigkeiten (insbesondere auch zwischen Stadt und Umland bzw. überregionaler Versorgung) besteht eine sehr hohe Empfindlichkeit gegenüber äußeren Störungen.
RESILIENZ	Unabhängigkeit	Es besteht überaus große Abhängigkeiten der Zentren sowohl mit dem unmittelbaren Umland als auch überregional (Versorgung mit Gütern des täglichen Bedarfs, Entsorgung etc.).

Redundanz & Vielfalt	Alternative Routen und Transportmittel finden sich lediglich im städtischen Bereich wider. Überregional stehen keine oder nur sehr wenige Alternativen zur Verfügung.
Kompaktheit & Dezentralität	Die hohen Grundstückspreise zwingen zu einer immer dichteren Bauweise. Gleichzeitig liegt diesem Szenario die höchste anzunehmende Konzentration von Gelegenheiten zu Grunde.
Wiederherstellung der Systemkapazität	Ab einer bestimmten Größenordnung ist anzunehmen, dass städtische System relativ rasch imstande sind, sich nach Katastrophen neu zu organisieren und die für die Daseinsgrundvorsorge wesentlichen Funktionen wiederherzustellen. Aufgrund der Abhängigkeiten zwischen der Stadt im Gebirge von außerhalb des Gebirges liegenden Standorten kann es jedoch je nach Art der Störung zu Verzögerungen bzw. Erschwernissen kommen.

5.4.4.2 Fachliche Beurteilung Szenario „Polyzentrisch"

Aspekt	Kriterium	Qualitative Beurteilung
LEBENSRAUM	Ressourcenverbrauch	Im Nahbereich der Zentren ist von einer über der natürlichen Reproduktionsfähigkeit liegenden Inanspruchnahme von Ressourcen auszugehen. Der hohe Verbrauch der Ressource Boden dürfte innerhalb des Dauersiedlungsraumes dazu führen, dass bestimmte Ökosysteme im Talboden nur unter rigiden Schutzbestimmungen erhalten bleiben können.
	Emissionen und Immissionen	Die hohe Dichte an Nutzungen in den Zentren ist mit entsprechend hohen Emissionen (Luftschadstoffe, Lärm) verbunden. Neue Technologien im Fahrzeugbau können hier Abhilfe schaffen, sind jedoch in der breiten Einführung mit entsprechend hohen Kosten verbunden.
SOZIALE ASPEKTE	Erreichbarkeit von Gelegenheiten	Bei kompakter Bauweise ist in den Zentren eine Erreichbarkeit bzw. eine ausreichende Grundversorgung auch durch nicht-motorisierte Verkehrsmittel sichergestellt.
	Identität, in Gemeinschaft leben	Raumstruktur und –funktionen sind abhängig von der Größe der Zentren und weiterer raumordnungsspezifischer Merkmale grundsätzlich geeignet, um identitätsstiftend zu wirken. Dadurch besteht auch eine hohe Wahrscheinlichkeit für ein aktives, gemeinschaftliches Zusammenleben („Wir-Gefühl") in der Region.
ÖKONOMIE	Öffentliche Haushaltsbudgets	Eine Erhöhung der Eigenwirtschaftlichkeit des Verkehrs ist in diesem Szenario grundsätzlich denkbar, sofern ein weiterer kapitalintensiver Ausbau unterbleibt und insbesondere Möglichkeiten zur Förderung der (nicht-motorisierten) Nahmobilität forciert werden. Unter dieser Voraussetzung wäre auch eine Internalisierung von externen Kosten denkbar.

		Die finanzielle Belastung privater Haushaltsbudgets durch Mobilität kann – eine entsprechende Dichte an standörtlichen Gelegenheiten vorausgesetzt – abnehmen, sofern aktive Formen der Mobilität wie zu Fuß gehen oder Rad fahren zur Ausübung von Daseinsgrundfunktionen eingesetzt werden.
VULNERABILITÄT	Private Haushaltsbudgets	
	Exposition	Expositionen bestehen bei der überwiegenden Anordnung der Zentren in den breiteren Talfurchen in erster Linie im Hochwasserbereich.
	Sensitivität	Aufgrund der geringeren Größe der Zentren und der Verknüpfung mit dem unmittelbar angrenzenden Umland ist aufgrund der flexibleren Reaktionsmöglichkeiten von einer geringeren Empfindlichkeit – allerdings auf hohem Niveau - auszugehen.
RESILIENZ	Unabhängigkeit	Es bestehen große Abhängigkeiten der Zentren mit dem unmittelbar angrenzenden Umland. Überregionale Angebote dienen als Ergänzung, sind jedoch nicht für die Daseinsvorsorge (Versorgung mit Gütern des täglichen Bedarfs, Entsorgung etc.) erforderlich.
	Redundanz & Vielfalt	Zwischen dem städtischen Bereich und dem Umland bestehen mehrere alternative Transportmöglichkeiten. Überregional stehen keine oder nur sehr wenige Alternativen zur Verfügung.
	Kompaktheit & Dezentralität	Die hohen Grundstückspreise in den Zentren resultieren in einer dichten Bauweise. Die Raumstruktur ist zwar ebenfalls auf die Zentren konzentriert, einzelne Funktionen (z.B. Wohnen, Freizeit, aber auch bestimmte Arbeitsmöglichkeiten) sind im Umland angesiedelt.
	Wiederherstellung der Systemkapazität	Sollte ein Zentrum von einer Störung betroffen sein, kann innerhalb der Region rasch ein entsprechender Ausgleich erfolgen.

5.4.4.3   Fachliche Beurteilung Szenario „Dispers"

Aspekt	Kriterium	Qualitative Beurteilung
LEBENSRAUM	Ressourcenverbrauch	Der gesamte Flächenverbrauch ist im Vergleich zu den übrigen Szenarien aufgrund der weniger kompakten Bauweise deutlich höher einzustufen.
	Emissionen und Immissionen	Durch die dispers verteilten Nutzungen ist eine Konzentration von Schadstoffen an einzelnen Punkten nur bei entsprechenden Witterungsbedingungen (Inversion, bestimmte Windrichtungen) zu erwarten. Lärmemissionen treten jedoch flächenmäßig deutlich zahlreicher in Erscheinung.

Der geringere Nutzungsdruck erlaubt den Schutz von Ökosystemen und natürlichen Stoffkreisläufen. Grundsätzlich ist jedoch aufgrund der Vielzahl an kleinräumigen Eingriffen mit einer in Summe
hohen Beeinträchtigung zu rechnen.

SOZIALE ASPEKTE	Erreichbar-keit von Gelegen-heiten	Die Erreichbarkeit der Grundversorgung ist nur durch erhebliche fi-nanzielle Mittel (Förderung der Nahversorgung bzw. Schaffung ei-ner entsprechenden verkehrlichen Infrastruktur) sicherzustellen.
	Identität, in Gemein-schaft le-ben	Raumstruktur und –funktionen sind grundsätzlich geeignet, um identitätsstiftende Merkmale auszubilden bzw. beizubehalten. Dadurch besteht auch hohe Wahrscheinlichkeit eines aktiven, ge-meinschaftlichen Zusammenlebens („Wir-Gefühl") in der Region.
ÖKONOMIE	Öffentliche Haushalts-budgets	Aufgrund des Erfordernisses einer flächenhaften Erschließung ist mit einem sehr hohen Bedarf an finanziellen Mitteln zu rechnen.
	Private Haushalts-budgets	Die finanzielle Belastung privater Haushaltsbudgets durch Mobilität ist sehr hoch, da einerseits langfristig von steigenden Energiekos-ten und andererseits infolge ökonomischer Effizienzkriterien sin-kender Dichte räumlicher Gelegenheiten auszugehen sein wird.
VULNERABILITÄT	Exposition	In Abhängigkeit von der Lage der Siedlungen, Infrastrukturen und Betriebe bestehen Expositionen unterschiedlichen Types.
	Sensitivität	Die Sensitivität einer Region gegenüber einer Störung ist grund-sätzlich gering, wenngleich für den Einzelnen weiterhin hoch.
RESILIENZ	Unabhän-gigkeit	Eine disperse Raumstruktur ermöglicht es, überregionale Abhän-gigkeiten durch lokale Angebote zu kompensieren bzw. auf ein Mi-nimum zu verringern.
	Redundanz & Vielfalt	Die Gefahr der Abhängigkeit von einem Transportmittelsystem ist bei einer dispersen Raumstruktur als sehr groß anzugeben.
	Kompakt-heit & De-zentralität	Geringe Unterschiede in den Grundstückspreisen führen zu einer dezentralen, aber nicht kompakten weil in die Fläche ausufernden Bauweise.
	Wiederher-stellung der Systemka-pazität	Die Wiederherstellung der Systemkapazität kann aufgrund der dis-persen Verteilung von gleichartigen Raumfunktionen äußerst rasch erfolgen.

5.4.4.4   Fachliche Beurteilung „Nullvariante"

Aspekt	Kriterium	Qualitative Beurteilung
LEBENSRAUM	Ressourcen-verbrauch	Der Flächenverbrauch im Dauersiedlungsraum ist ähnlich dem Szenario zur dispersen Raumentwicklung als äußerst hoch einzustufen.
	Emissionen und Immissionen	Luftschadstoffgrenzwerte werden insbesondere in den dicht besiedelten und genutzten Talabschnitten bei entsprechenden Windverhältnissen laufend überschritten. Das hohe Verkehrsaufkommen im städtischen Umland führt zudem zu erheblichen Lärmbelastungen. Natürliche Stoffkreisläufe bzw. Ökosysteme sind massiv von anthropogenen Einträgen gekennzeichnet.
SOZIALE ASPEKTE	Erreichbarkeit von Gelegenheiten	Die Erreichbarkeit von Funktionen zur Daseinsgrundversorgung ist mit Ausnahme des urbanen Raumtyps nur eingeschränkt möglich, da diese meist den Zugang zu einem PKW voraussetzen.
	Identität, in Gemeinschaft leben	Raumstruktur und –funktionen verlieren ihre identitätsstiftenden Merkmale. Anthropogen geprägte Räume werden zunehmend austauschbar und sind mehr repräsentativ. Das Zusammengehörigkeitsgefühl unter den Bewohnern verliert sich in der Anonymität städtischer Dichten, Nutzungskonflikte und soziale Spannungen nehmen zu.
ÖKONOMIE	Öffentliche Haushalts-budgets	Die Eigenwirtschaftlichkeit des Verkehrs ist gegenwärtig nicht gegeben. Tendenziell ist weiterhin eine gegenläufige Entwicklung festzustellen, da neben den Investitionssummen in die Verkehrsinfrastruktur künftig auch mit einem stetig steigenden Mittelbedarf zur baulichen Erhaltung bzw. Betrieb zu rechnen sein wird. Eine Internalisierung externe Kosten ist politisch nicht durchsetzbar und wäre aufgrund der bestehenden Abhängigkeiten auch ohne entsprechende vorbereitende Maßnahmen (Schaffung von Angeboten im Nahbereich etc.) praktisch ausgeschlossen. Die Notwendigkeit zu staatlichen Subventionen (Pendlerpauschalen, Zeitkarten etc.) nimmt weiter zu.
	Private Haus-haltsbudgets	Die finanzielle Belastung privater Haushaltsbudgets durch Mobilität nimmt zu, da einerseits langfristig von steigenden Energiekosten und andererseits von einer weiteren Konzentration von Gelegenheiten auszugehen ist.

VULNERABILITÄT	Exposition	Expositionen bestehen aufgrund der überwiegenden Anordnung der städtischen Zentren in den breiteren Talfurchen in erster Linie im Hochwasserbereich. Tourismusgebiete in den engen Seitentälern sind zudem durch Massenbewegungen gefährdet.
	Sensitivität	Aufgrund der zahlreichen Abhängigkeiten (insbesondere auch zwischen Stadt und Umland bzw. überregionaler Versorgung) besteht eine sehr hohe Empfindlichkeit gegenüber äußeren Störungen.
RESILIENZ	Unabhängigkeit	Es besteht eine große Abhängigkeit der städtischen wie touristischen Zentren sowohl mit dem unmittelbaren Umland als auch überregional (Versorgung mit Gütern des täglichen Bedarfs, Entsorgung etc.).
	Redundanz & Vielfalt	Alternative Routen und Transportmittel finden sich lediglich im städtischen Bereich wider. Überregional stehen keine oder nur sehr wenige Alternativen zur Verfügung.
	Kompaktheit & Dezentralität	Die hohen Grundstückspreise zwingen zu einer immer dichteren Bauweise. Gegenwärtig erfolgt eine Konzentration auf die Zentren.
	Wiederherstellung der Systemkapazität	Störungen können gegenwärtig noch rasch in der Region behoben bzw. ausgeglichen werden. Insbesondere in touristischen Zentren in den engen Seitentälern erscheint jedoch die Wiederherstellung der Systemkapazität bei einem plötzlich eintretenden Ereignis fraglich.

5.4.4.5   Schlussfolgerung

Gegenwärtige Entwicklung nicht zukunftsfähig

Die gegenwärtige räumliche Situation („Nullvariante") im Alpenraum entspricht weder den Anforderungen nachhaltiger Mobilität noch einer zukunftsfähigen Raumentwicklung. Sie ist vielmehr ein Zwischenstadion auf dem Weg von einer bislang dispersen Raumstruktur hin zu einer Verdichtung und Konzentration von räumlichen Gelegenheiten, Nutzungen und Raumfunktionen im Gebirge. Es ist zu erwarten, dass ohne Änderung der Rahmenbedingungen (Element „Gesellschaft") der gegenwärtige Konzentrationsprozess alpinen Raumstrukturen und -funktionen fortgesetzt wird.

Daraus ergeben sich in Anlehnung an das Gedankenmodell folgende Konsequenzen für den Alpenraum:

- Bandartige Zentren in den Haupttälern weisen zunehmend städtische Dichten auf. Doch auch innerhalb dieser inneralpinen Stadtregionen sind Gelegenheiten an wenigen Standorten konzentriert (Einkaufszentren, Bildungszentren, Gesundheitszentren, Gewerbeparks, Industriecluster, Wohngebiete, Freizeitparks etc.) und erfordern im Alltag entsprechende verkehrliche Aufwendungen bei der Ausübung zentraler Daseinsgrundfunktionen.

- Die linienhafte Konzentration und Überlagerung von sich oftmals gegenseitig ausschließenden Nutzungen entlang hochrangiger verkehrlicher Infrastruktur führt unweigerlich zunehmend zu Nutzungskonflikten, aber auch hoher Verwundbarkeit. Beide Aspekte sind besonders für den Gebirgsraum charakteristisch und erfordern spezifische Planungsstrategien und Maßnahmen.

- Eine insbesondere für den motorisierten Individualverkehr verbesserte Zugänglichkeit von inneralpinen Regionen schafft Abhängigkeiten, die letztlich in verstärkter Abwanderung resultieren und hohe Investitionen in bauliche Infrastrukturen volkswirtschaftlich unrentabel erscheinen lassen.

Polyzentrismus als zukunftsfähiges, alpines Raumentwicklungsszenario ?

Die Ergebnisse der durchgeführten Beurteilung der Entwicklungsszenarien lassen die Schlussfolgerung zu, dass für eine zukunftsfähige Entwicklung im Alpenraum eine in unterschiedlichen Ebenen gegliederte polyzentrische Raumstruktur am geeignetsten erscheint die geforderten Zielsetzungen umzusetzen. Auch die äußerst umfangreiche und wissenschaftlich fundierte Analyse von Szenarien für die nachhaltige Siedlungs- und Infrastrukturentwicklung in der Schweiz empfiehlt ein System flacher

Hierarchien mit polyzentrischen Raumstrukturen zur künftigen Raumentwicklung (Perlik et al. 2008, S. 265).

Polyzentralität beruht dabei sowohl auf einem Netz von Metropolregionen
als auch auf regionaler und lokaler Ebene. Zwar wäre eine Kombination
mit einer dispersen Raumstruktur insbesondere in peripheren Lagen
durchaus anzustreben, es darf jedoch bezweifelt werden, dass eine solche Entwicklung unter den gegebenen globalen gesellschaftspolitischen
und wirtschaftlichen Rahmenbedingungen realistisch erscheint.

Eine polyzentrische Raumstruktur kann aus folgenden Gründen mit den
Aspekten einer nachhaltigen und damit bedürfnisgerechten Mobilität am
besten in Einklang gebracht werden:

- Nahmobilität bildet den Schwerpunkt verkehrsplanerischer Konzepte
- Überschaubare finanzielle Mittelaufwendungen für verkehrliche
  Infrastruktureinrichtungen
- ökologische Wirkungen von (motorisiertem) Verkehr werden mini-
  miert
- kein radikaler Wechsel des Lebensstiles erforderlich

Essentiell hierbei ist das Verständnis von Polyzentralität betreffend die in
mehreren Ebenen strukturierten raumrelevanten und verkehrlichen Prozesse. In Anlehnung an das Subsidiaritätsprinzip gilt es dabei, die räumlichen Ebenen der Bedürfnisbefriedigung für alle Bevölkerungsgruppen
nach der Hierarchie zu staffeln. Ökonomische wie ökologische Kriterien
erfordern hierbei jedoch spezifische Verlagerungen auf die jeweils nächst
höheren räumlichen Ebenen[51].

---

[51] Eine ärztliche Grundversorgung ist grundsätzlich für jede Gemeinde wünschenswert, ein
eigenes Krankenhaus wäre jedoch unfinanzierbar und daher nur in der Region volkswirtschaftlich vertretbar.

5.5   Räumliches Leitbild

Nachdem aufgezeigt wurde, dass die Anforderungen nachhaltiger Mobilität und zukunftsfähiger Raumentwicklung am besten durch eine polyzentrische Raumstruktur umzusetzen sind soll in diesem Kapitel eine Konkretisierung des Leitbildes insbesondere für den Alpenraum erfolgen.

Was bedeutet Polyzentrismus für die inneralpine Raumstruktur, welche Konsequenzen ergeben sich daraus für künftige Planungsstrategien und welchen Beitrag müssen die umliegenden, außeralpinen Regionen leisten?

5.5.1   Räumliches Leitbild und verkehrliche Prämissen

Aus verkehrlicher Sicht ergeben sich aus den Anforderungen nachhaltiger Mobilität und zukunftsfähiger Raumentwicklung folgende strategischen Ziele:

1. **Nahmobilität forcieren**

   Ausgangspunkt sind die durch den nicht-motorisierten Verkehr (zu Fuß gehen, Rad fahren) festgelegten Aktionsradien und die darin erreichbaren Gelegenheiten und Aktivitätsstandorte. Physiologische Grundbedürfnisse aber auch soziale Aktivitäten sollen möglichst vor Ort und idealerweise zu Fuß oder mit dem Rad befriedigt bzw. durchgeführt werden können. Für Personen mit eingeschränkter Mobilität sind entsprechende Services bereitzustellen.

2. **Abhängigkeiten reduzieren**

   Es wäre unrealistisch davon auszugehen, dass kurz- und mittelfristig die für einen Haushalt täglich relevanten Standorte wie Bildungseinrichtungen und Arbeitsstätten innerhalb von Gehdistanzen angesiedelt werden können. Daraus folgt, dass auch weiterhin Mobilität zwischen den Zentren bzw. dem Umland ermöglicht werden muss, um soziale und vor allem individuelle Aktivitäten (z.B. höherwertige Bildung, Arbeit) ausüben zu können. Um Abhängigkeiten von einem Verkehrsträger bzw. einer Infrastruktureinrichtung zu reduzieren ist hierbei jedoch verstärkt die Multimodalität von Mobilitätsservices bzw. Verkehrsdienstleistungen zu forcieren. Die Anbindung an überregionale Netze muss auch weiterhin erfolgen, da ein Austausch von Gütern, Dienstleistungen und auch Wissen für die Wettbewerbsfähigkeit der Wirtschaft und damit Einkommenssicherung unabdinglich ist. Eine völlige Abschottung des Alpenraumes bzw. einzelner Regionen oder Talschaften würde eine langfristige Rückkehr zur Subsistenzwirtschaft erfordern.

3. Negative Wirkungen minimieren

Motorisierte Verkehrsmittel werden auch weiterhin insbesondere entlang der inneralpinen Hauptrouten Emissionen verursachen. Neben der Verlagerung zu weniger emittierenden Verkehrsmitteln sind auch die Eingriffsintensitäten zu reduzieren (alternative Routenführungen, weniger Emissionen etc.).

Aus diesen genannten verkehrsstrategischen Zielsetzungen werden die für die Umsetzung relevanten und in weiterer Folge näher beschriebenen Handlungsfelder definiert. Die Zielsetzungen der Raumordnung im Gebirge sind auf die Schaffung der für nachhaltige Mobilität notwendigen raumstrukturellen und –funktionellen Voraussetzungen konzentriert:

- Standörtliche Gelegenheiten zur Ausübung der Daseinsgrundfunktionen in allen regionalen Zentren (in städtischen Verdichtungsräumen Stadtteilzentren)
- Innere Verdichtung vor Erweiterung nach außen
- Neuausweisung von Bauland in Abstimmung mit Verkehrswegeinfrastrukturen

- Schaffung von Gelegenheiten in peripheren ländlichen Regionen

Planerische Herausforderungen ergeben sich durch geänderte bzw. sich künftig ändernde Rahmenbedingungen:

- Die Lebensstile im ländlichen Raum unterscheiden sich durch den wirtschaftlichen Strukturwandel oftmals kaum mehr von jenen des urbanen Raumes.

- Die Bevölkerungsentwicklung insbesondere außerhalb städtischer Einzugsbereiche stagniert, das Durchschnittsalter steigt.

- Durch den Klimawandel ist mit einer Häufung von Extremereignissen zu rechnen, die Schadenssummen steigen aufgrund der zunehmenden Bebauung von Extremlagen.

- Die Kosten für die Erhaltung und den Betrieb von baulichen Infrastrukturen in schwach besiedelten Regionen erfordern einen Diskussionsprozess zur Priorisierung der verschiedenen gesellschaftlichen und wirtschaftlichen Bedürfnisse. In letzter Konsequenz sind eine gesellschaftspolitische Diskussion und entsprechender politischer Wille zum geordneten Rückzug aus der Fläche unausweichlich.

- Nur durch eine Reduktion der Abhängigkeiten alpiner Regionen (z.B. von einzelnen Ressourcen wie fossilen Brennstoffen, Verkehrsmitteln wie PKW und Verkehrswegen) ist eine zukunftsfähige Entwicklung möglich.

5.6 Handlungsfelder und Maßnahmen

Um die gegenwärtige raumstrukturelle wie verkehrliche Situation in das zuvor skizzierte räumliche Leitbild einer zukunftsfähigen Raumentwicklung unter Berücksichtigung nachhaltiger Mobilitätsanforderungen zu überführen, sind Maßnahmen in unterschiedlichen Handlungsfeldern erforderlich. Doch wo im Gedankenmodell bestehen Möglichkeiten, in die Wirkungszusammenhänge einzugreifen?

Ein derart komplexes System wie jenes der Raumstruktur erfordert eine ganzheitliche Betrachtungsweise, wenn möglichst gezielt in den Entwicklungsprozess eingegriffen werden soll[52]. Auch wenn die im Gedankenmodell dargestellten Zusammenhängen nur eine notwendigerweise simplifizierte Abbildung der Realität darstellen so ist festzuhalten, dass viele Maßnahmen ihren Ursprung in den gesellschaftlichen Werten besitzen (müssen). Daraus ergeben sich teils indirekte Einflüsse über die Bewusstseinsbildung auf die Bedeutung individueller Bedürfnisebenen als auch insbesondere durch die Politik beeinflussbare Handlungsrahmen zur Ausübung von Daseinsgrundfunktionen. Über Investitionen und rechtliche Vorgaben kommt der Politik auch bei der Ausgestaltung der Raumstruktur und –funktionen eine Schlüsselposition zu.

Auch die verkehrlichen wie räumlichen Wirkungen des Mobilitätsverhaltens bzw. Verkehr sind direkt steuerbar (z.B. durch finanzielle Anreize wie Förderungen, rechtliche Bestimmungen zur Luftreinhaltung etc.), ebenso die Nutzung von Gelegenheiten (z.B. Fahrverbote an bestimmten Tagen, Investitionen in die Verkehrsinfrastruktur etc.).

Zusammenfassend sind bei Zugrundelegung des Gedankenmodells folgende Handlungsfelder identifizierbar, die eine direkte bzw. indirekte Beeinflussung der verkehrlichen wie räumlichen Entwicklung ermöglichen:

---

[52] Siehe hierzu beispielsweise: Vester 2000, S. 265–298

Tabelle 19: Handlungsfelder sowie zugehörige Problemstellung (Leitfrage) und Lösungsfindung

Handlungs-feld	Problemstellung	Lösungsfindung
Bewusstsein schaffen, Folgen abschätzen	Welche Aktivitäten zur Bedürfnisbefriedigung (z.B. Verkehrsmittelwahl, Wohnstandortwahl etc.) werden gewählt?	Studien und Analysen zur Folgenabschätzung über die gegenwärtigen Entwicklungen und deren Folgen, Information zur Bewusstseinsbildung über die Rolle des einzelnen Individuums und seinen Beitrag im Rahmen der Bedürfnisbefriedigung
Steuerung des Handlungsrahmens	Wie groß ist der zur Verfügung stehende Handlungsspielraum für Individuen bzw. Wirtschaftssubjekte?	Steuerung bzw. Erweiterung des Handlungsrahmens einzelner Individuen (bzw. in weiterer Folge auch Wirtschaftssubjekte) bei Ausübung von Daseinsgrundfunktionen durch Entwicklung und Einsatz neuer Technologien, finanzielle Rahmenbedingungen (z.B. Pendlerpauschale, Absetzbarkeit von verkehrlichen Aufwänden etc.), sozial- und arbeitsrechtliche Bestimmungen (z.B. gestaffelte Urlaubsregelungen, flexible Arbeitszeiten etc.), Wohnbauförderung etc.
Raumstruktur und –funktionen	Durch welche Maßnahmen kann standörtliches Potential geschaffen werden?	Erhalt und Ausbau verkehrlicher Infrastruktur, Angebote im öffentlichen Verkehr, räumliche Verteilung von Gelegenheiten, Schutz vor Naturgefahren etc.
	Wie lässt sich das standörtliche Potential nutzen?	konsequente Umsetzung und laufende Anpassung von Raumordnungskonzepten, Einführung neuer Instrumente im Bereich der Raumordnung
	Wie können Wirkungen aus der Ausübung von Aktivitäten im Rahmen der Daseinsgrundvorsorge derart beeinflusst werden, dass sie den Zielsetzungen zumindest nicht widersprechen?	Qualitative (z.B. Emissionen) und quantitative (Verkehrsmenge, Verkehrsaufwand) Reduktion von negativen bzw. Förderung positiver Wirkungen etc.

Alle angeführten Handlungsfelder wurden bislang in der Entwicklung von Maßnahmen meist separat voneinander betrachtet. Um etwaige Zielkonflikte zu vermeiden (Maßnahmen, di in einem Handlungsfeld zwar die gewünschte Lenkung erzielen, aber in einem weiteren Handlungsfeld zu gegenteiligen Entwicklungen führen) ist eine gesamtheitliche und damit interdisziplinäre Betrachtungsweise unumgänglich.

5.6.1   Handlungsfeld #1: Bewusstseinsbildung und Folgenabschätzung

Die Bezeichnung „Bewusstseinsbildung" suggeriert zunächst die Notwendigkeit der Schaffung eines ausreichenden Problembewusstseins innerhalb der Bevölkerung, um damit entsprechende Verhaltensänderungen im Alltag herbeizuführen. In den Sozialwissenschaften wurde jedoch bereits in den neunziger Jahren ein deutlicher Unterschied zwischen dem Bewusstsein über die Existenz eines Problems und dem aktiven Handeln zu dessen Lösung festgestellt.

Solange keine direkten Auswirkungen bzw. Beeinträchtigungen des persönlichen Lebensstiles bemerkbar sind, sind menschliche Individuen nicht bereit ihren Lebensstil bzw. ihre Gewohnheiten zu ändern. Bezogen auf die Änderung des Mobilitätsverhaltens wäre dies unter den gegebenen raumstrukturellen Bedingungen auch kaum vorstellbar.[53] Das Handlungsfeld „Bewusstseinsbildung" ist somit unter zweierlei Gesichtspunkten zu betrachten: einerseits die Vermittlung von Wissen um die Probleme und Zusammenhänge an sich und andererseits das Aufzeigen von möglichen Handlungsalternativen.

---

[53] Nach Kuckartz fehlt bis heute ein fundiertes Erklärungsmodell, warum der Einzelne trotz Wissen über die Problematik seines Handelns und den dadurch ausgelösten negativen Wirkungen in der Umwelt und die Notwendigkeit zu Veränderungen in seinem Alltag keine entsprechenden Aktivitäten setzt (Kuckartz 2010, S. 144).

Für Knoflacher wiederum ist das gegenwärtige Handeln durch die Evolutionstheorie in Zusammenspiel mit dem Weber-Fechner'schen Empfindungsgesetz erklärbar. Was nicht kurzfristig erkannt wurde, benötige die Erfahrung von Generationen. Die derart rasant fortschreitende Entwicklung der letzten Jahrzehnte ist durch den Einzelnen nicht mehr erkennbar (Knoflacher 2011, S. 115 ff.).

Bezogen auf Mobilität sind die negativen Wirkungen des motorisierten Verkehrs insbesondere den Bewohnern des Alpenraumes als allgemein bekannt vorauszusetzen. Der Fokus sollte daher künftig auf zwei Punkte gelegt werden:

- Aufzeigen von Alternativen: welche Schritte können ausgehend von den täglichen Bedürfnissen und persönlichen Rahmenbedingungen gesetzt werden, um den Aufwand für die Mobilität im Alltag zu reduzieren? Welche Alternativen stehen mir einerseits als Ziele und andererseits betreffend die Transportmöglichkeiten dorthin zur Verfügung?

- Bezugnahme auf persönlichen Alltag bzw. Lebensumstände: Zeit- und Kostenbedarf der Alltagsmobilität („Was könnte ich mit der eingesparten Reisezeit sonst alles tun?"), Gesundheit („Wie viele Kalorien verbrauche ich, wenn ich statt dem Auto mit dem Fahrrad fahre oder zum Bus gehe?")

Zwangsmaßnahmen wie höhere Steuern und Gebühren sind als Lenkungsmaßnahme in letzter Konsequenz zwar als durchaus wirksam zu betrachten, die Nachhaltigkeit ist jedoch zu hinterfragen, da sowohl die Aspekte der Gerechtigkeit als auch der Bedürfnisse damit konterkariert werden.

5.6.2   Handlungsfeld #2: Steuerung des Handlungsspielraumes für Individuen

Das Handlungsfeld #2 beinhaltet die Steuerung – vielerorts Erweiterung - des Handlungsrahmens einzelner Individuen bei Ausübung von Daseinsgrundfunktionen durch technische Entwicklungen, finanzielle Maßnahmen oder Regelungen in sozialen bzw. rechtlichen Bereichen.

Ziel ist die Ausübung von Daseinsgrundfunktionen im Sinne der vorgenommenen Definition von „nachhaltiger Mobilität" bedürfnisgerecht und ohne Benachteiligungen für bestimmte Nutzergruppen sicherzustellen. Dazu ist es erforderlich, den Zugang zu Gelegenheiten auch im Gebirgsraum unabhängig von der Fortbewegungsart zu verbessern. Einige Beispiele mit Berücksichtigung von Anforderungen des alpinen Raumes sind im Folgenden angeführt:

- Technische Entwicklungen

  Im Bereich der technischen Entwicklung ist eine Vielzahl an Maßnahmen denkbar, von denen an dieser Stelle nur einige auszugsweise angeführt werden können:

  o Unterstützung bei der Überwindung von Distanzen in vertikaler Richtung, insbesondere bei aktiven Mobilitätsformen wie zu Fuß gehen bzw. Rad fahren

  o Innovative Maßnahmen im Bereich des Verkehrs- und Mobilitätsmanagements (z.B. interaktive Möglichkeiten zur Anschlusssicherung, Routeninformationen etc.). Diese Maßnahmen dienen unter anderem auch dazu, Verkehr aus den außeralpinen Regionen in die Alpen gezielt zu steuern.

  o Verbesserung der Fahrplan- und Tarifauskunftssysteme durch Erweiterung um zusätzliche Informationen zu Gelegenheiten im Nahbereich von Haltestellen (beispielsweise Öffnungszeiten von Geschäften, Ordinationszeiten, Notdiensten etc.), Verfügbarkeit auch für Personen ohne mobile Endgeräte („Smartphones")

  o Herstellung der Barrierefreiheit bei öffentlichen Verkehrsinfrastrukturen (rollendes Material, bauliche Anlagen etc.)

- Finanzielle Rahmenbedingungen

  o Die Absetzbarkeit von verkehrlichen Aufwänden ist beispielsweise in Österreich zu reformieren, um die steuerliche Begünstigung des Pendelns mit dem eigenen PKW ersatzlos abzuschaffen. Für Arbeitgeber könnte indes eine steuerliche Begünstigung wenn nicht gar Verpflichtung geschaffen werden, in Zusammenarbeit mit den jeweiligen Verkehrsverbünden stark vergünstigte Zeitkarten anzubieten. Langfristig muss es jedoch das Ziel sein, die räumliche Distanz zwischen Wohn- und Arbeitsstandort durch finanzielle Anreize zu reduzieren.

o Die Tarifgestaltung im öffentlichen Verkehrswesen befindet sich vielerorts bereits in Diskussion bzw. in Umstellung. Berücksichtigt werden dürfen dabei nicht nur gezielt einzelne Bevölkerungsgruppen (zumeist Senioren und Jugendliche), sondern gleichberechtigt alle mobilen Personen. Auf Zonen aufbauende Tarifsysteme sind insbesondere im inneralpinen Raum aufgrund der heterogenen Siedlungsdichte und nicht vermaschten Liniennetz wenig geeignet um den Mobilitätsansprüchen zu genügen. Sozial gerecht erscheinen progressive, entfernungsabhängige Tarifsysteme. Hohe Akzeptanz und geringe administrative Aufwände sprechen für Pauschale Angebote in großräumigen Verkehrsverbünden.

o In das System der Wohnbauförderung ist die Lage und verkehrliche Zugänglichkeit von Standorten zu integrieren, um damit Wohnstandortentscheidungen direkt zugunsten zentraler Lagen beeinflussen.

o Die Ermöglichung und Sicherstellung von nachhaltiger Mobilität für alle Bevölkerungsgruppen erfordert vielfach neue Überlegungen zu Betriebsformen und Finanzierung. Während die sozialen und ökologischen Vorteile eines vermehrten Umstieges auf den öffentlichen Verkehr außer Streit stehen, scheiterte eine breite Umsetzung in erster Linie an der Finanzierbarkeit. Ausgehend von den gegenwärtig nach wie vor in der Praxis angewandten traditionellen Betriebsformen erscheint ein weiterer Ausbau von Leistungen insbesondere in ländlichen Räumen mit schwacher Nachfrage und starken zeitlichen Nachfrageschwankungen betriebs- und letztlich auch volkswirtschaftlich kaum finanzierbar. Querfinanzierungen wie beispielsweise durch die bestehenden Pendlerförderungen sind jedenfalls weder nach ökonomischen, sozialen wie ökologischen Gesichtspunkten nachhaltig.

- Maßnahmen im sozialen und rechtlichen Bereich
  - o Entwicklung neuer Dienstleistungen und Mobilitätsservices, sodass insbesondere auch periphere Standorte mit geringer Nachfrage möglichst effizient an das öffentliche Verkehrsnetz angeschlossen sind und Abhängigkeiten von motorisierten Verkehrsmitteln reduziert werden.
  - o gestaffelte Urlaubsregelungen, flexible Arbeits- und Schulzeiten können dazu beitragen, Spitzenbelastungen im Verkehrsnetz abzufedern und damit teure und ökonomisch nicht effiziente Investitionen zur Vorhaltung entsprechender Kapazitäten zu reduzieren.
  - o Die als „Chancengleichheit" bzw. „Teilhabe am gesellschaftlichen Leben" unter „soziale Aspekte" formulierten Zielsetzungen einer zukunftsfähigen Raumentwicklung erfordern eine kritische Überprüfung bzw. Abbau von Zugangsbarrieren. Zwar wurden in den letzten Jahren und Jahrzehnten bereits vermehrt Anstrengungen unternommen, um bestehende bauliche Anlagen auch physisch eingeschränkten Personen zugänglich zu machen (z.B. durch den Einbau von Aufzügen, Niederflurgarnituren etc.). Unberücksichtigt blieben jedoch viele weitere Barrieren, die oftmals erst in den letzten Jahren durch entsprechende   Rationalisierungsmaßnahmen   der

Verkehrsdienstleister entstanden (z.B. kein persönlicher Fahrkartenverkauf, Auslagerung von Services auf den Kunden durch Bereitstellung von Applikation für Smartphones etc.).

o Während die sozialen und ökologischen Vorteile eines vermehrten Umstieges auf den öffentlichen Verkehr außer Streit stehen, scheiterte eine breite Umsetzung in erster Linie an der Finanzierbarkeit. Ausgehend von den gegenwärtig nach wie vor in der Praxis angewandten traditionellen Betriebsformen erscheint ein weiterer Ausbau von Leistungen insbesondere in ländlichen Räumen mit schwacher Nachfrage und starken zeitlichen Nachfrageschwankungen betriebs- und letztlich auch volkswirtschaftlich kaum finanzierbar. Die Ermöglichung und Sicherstellung von nachhaltiger Mobilität für alle Bevölkerungsgruppen erfordert daher vielfach neue Überlegungen zu Betriebsformen und Finanzierung. Querfinanzierungen wie beispielsweise durch die bestehenden Pendlerförderungen sind jedenfalls weder nach ökonomischen, sozialen wie ökologischen Gesichtspunkten nachhaltig.

Eine weitere Zielsetzung – die ebenfalls diesem Handlungsfeld zuzuordnen ist - betrifft die Steuerung des Handlungsspielraumes für Wirtschaftssubjekte. Ähnlich wie bei den oben angeführten Maßnahmen für menschliche Individuen Maßnahmen sind auch die für das Handeln von wirtschaftlichen Subjekten erforderlichen technischen und finanzielle bzw. sozialen und rechtlichen Rahmenbedingungen zu steuern, um letztlich Gelegenheiten und damit die Raumstruktur zu beeinflussen. In peripheren Räumen wie dem Gebirge ist die Zielsetzung insbesondere die Schaffung der Voraussetzung zur Rückkehr infrastruktureller Einrichtungen zur Daseinsvorsorge (insbesondere Gelegenheiten zum Einkauf von Grundnahrungsmitteln, medizinischer Erstversorgung, Apotheken, Post etc.).

5.6.3 Handlungsfeld #3: Steuerung der Raumstruktur und -funktionen

Die bestehende Raumstruktur ist zum heutigen Zeitpunkt auch im Gebirgsraum fast ausschließlich auf den motorisierten Individualverkehr ausgerichtet. Die dafür erforderliche infrastrukturelle Erschließung ist bis in die Randlagen der Siedlungsbereiche bzw. oftmals auch darüber hinaus vorhanden, sodass die Ausübung von Daseinsgrundfunktionen fast ausschließlich auf das Vorhandensein eines PKW angewiesen ist. Während Maßnahmen im Handlungsfeld #2 darauf abzielen, diese Abhängigkeit für einzelne Individuen durch Erweiterung des Handlungsspielraumes bzw. Wahlmöglichkeiten zu verringern (Kapitel 5.6.2) bedarf es jedoch auch einer längerfristigen Adaptierung der Raumstruktur und –funktionen um die räumliche Verteilung von Gelegenheiten entsprechend zu adaptieren.

Handelnde Akteure der Raumstruktur und –funktionen sind neben den nicht direkt beeinflussbaren naturräumlichen Prozessen einerseits Individuen bzw. individuelle wirtschaftliche Einheiten wie Betriebe oder Unternehmen, andererseits die Gesellschaft und hier insbesondere Politik und Wirtschaft.

Infrastrukturnetz

Eine enge Vermaschung des inneralpinen Verkehrswegenetzes ermöglicht – ähnlich wie in außeralpinen Regionen – alternative Routen und reduziert Abhängigkeiten. Insbesondere für Gebirgsräume kann durch eine flächenhaftere Netzstruktur die Vulnerabilität von einzelnen Regionen (Talschaften) reduziert werden.

Ein flächenhaftes und nicht nur auf die Täler beschränktes Wegenetz für das zu Fuß gehen bzw. unter Zuhilfenahme von Saumtieren war im Alpenraum eine Voraussetzung für die Besiedelung (bzw. ist es teilweise noch heute in außereuropäischen Gebirgen). Für den motorisierten Verkehr ist eine engere, flächenhafte Vermaschung nur durch aufwändigere Kunstbauten (Tunnel als Verbindung von Gebirgstälern) zu realisieren und erfordert dementsprechend hohe Investitionen.

Datenverkehr

Alternativ zum Ausbau der inneralpinen Verkehrswege für den motorisierten Verkehr wird der Personenverkehr in peripheren Lagen vermehrt durch Datenverkehr ersetzt. Waren werden nicht mehr einzeln in Geschäften gekauft sondern nach Bestellung durch entsprechende Logistik gruppiert zugestellt, Einzelfahrten von Personen und Gütern werden zu Gruppenfahrten. Auch wenn es aus heutiger Sicht noch utopisch erscheint, aber mit der fortschreitenden Entwicklung von 3D-Druckern und ähnlichen Geräten wird es zukünftig häufiger möglich sein, bestimmte Produkte direkt oder in räumlicher Nähe zum Bestimmungsort herzustellen. Dadurch sind nur die Anlieferung des Ausgangsmaterials sowie die Übermittlung der Informationen zur Herstellung erforderlich.

Paradigmenwechsel

Nicht nur der Ausbau von verkehrlicher Infrastruktur für den motorisierten Individualverkehr wirkt fördernd auf eine fortschreitende Zersiedelung. Auch Ausbauten im öffentlichen Verkehr sind hinsichtlich der räumstrukturellen Wirkungen kritisch zu hinterfragen. Eine rein nachfrageorientierte Verkehrsplanung verstärkt ungünstige Trends, sodass auch angebotsseitig insbesondere betreffend aktive Formen der Mobilität (zu Fuß gehen, Rad fahren) Maßnahmen gesetzt werden müssen.

Derartige Maßnahmen dürfen dabei nicht auf die vorwiegende Nutzung im Freizeit- und Erholungsverkehr ausgelegt sein, sondern müssen in erster Linie die Erfordernisse der Alltagsmobilität der Bewohner berücksichtigen

(Zielnetz, Routenplanung, bauliche Anlagen, begleitende Infrastruktur etc.).

Richtlinienwesen

Das derzeit gültige Normen- und Richtlinienwesen sieht hinsichtlich des Geltungsbereiches grundsätzlich keine Unterscheidungen zwischen au-ßer- und inneralpinen Räumen vor. Dieser Umstand ist angesichts der in dieser Arbeit bereits ausführlicher erläuterten unterschiedlichen Rahmen-bedingungen je nach Themenbereich zu hinterfragen (z.B. straßenbau-technische Richtlinien, jederzeit verfügbare Straßenanbindung etc.).

Wirkungen

Wesentliches Ziel ist Reduktion der Beeinträchtigungen von Schutzgütern – Schutzgut Mensch, Schutzgut Tiere & Pflanzen und deren Lebensräume, Schutzgut Wasser, Schutzgut Luft, Schutzgut Landschafts- und Ortsbild, Schutzgut Sach- und Kulturgüter).

Reduktion von emissionsbedingten Belastungen: Bei Maßnahmen zur Re-duktion von durch Verkehr hervorgerufenen, emissionsbedingten Belas-tungen ist grundsätzlich zwischen Vermeidungs- und Verminderungsmaßnahmen zu unterscheiden. Vermeidungsmaßnahmen reduzieren Emissionen (beispielsweise Schadstoffausstoß von Motoren), Verminderungsmaßnahmen die durch Emissionen entstehenden Wirkun-gen (z.B. Lärmschutzwände).

Raum- und Umweltverträglichkeit von verkehrlichen Infrastrukturmaßnah-men: Ein besonderer Stellenwert ist dabei der Raum- und Umweltverträg-lichkeitsprüfung von Projekten und Programmen zuzumessen. Zwar ist die Umweltverträglichkeitsprüfung von Projekten und zwischenzeitlich auch Programmen wie beispielsweise von örtlichen Entwicklungskonzepten bzw. überörtlichen Sachprogrammen (regionales Verkehrskonzept etc.) in

Europa und damit dem Alpenraum flächendeckend Standard, eine Prüfung der Raumverträglichkeit und damit der räumlichen Wirkungen von Projekten unterbleibt bislang jedoch vielfach.

Multifunktionale Raumnutzung

Das in der Raumplanung nach wie vor propagierte „Trennprinzip" der Nutzungen übersieht, dass räumliche Aktivität durch räumliche Vielfalt generiert wird. (Perlik et al. 2008, S. 264) Monofunktionale Nutzungskonzepte (z.B. Siedlungsgebiete zum Wohnen, Gewerbegebiete zum Arbeiten, Einkaufszentren zur Versorgung) sind künftig zu vermeiden, miteinander verträgliche multifunktionale Nutzungsformen zu forcieren.

Wohnbauland, aber auch Standorte von Unternehmen und Gewerbe müssen als Grundlage für Widmungsänderungen bzw. Baugenehmigungen eine entsprechende Erreichbarkeit mit öffentlichen Verkehrsmitteln sowie Maßnahmenkonzepte zur Förderung der umweltfreundlichen Mobilität ihrer Mitarbeiter vorweisen („Mobilitätsausweis").

Planungsrechtliche Voraussetzungen

Durch die gezielte Anwendung raumplanerischer Instrumentarien auf örtlicher und insbesondere überörtlicher Ebene kann eine Steuerung der Raumstruktur und –funktionen erfolgen. Da der Rahmen dieser Arbeit begrenzt ist, erfolgt an dieser Stelle lediglich eine beispielhafte Bezugnahme zu möglichen Ansatzpunkten:

- Bebauungsbestimmungen: detailliertere Vorgaben zum Weg vom Stellplatz zur Wohnung bzw. den Eingang zu Gelegenheiten (beispielsweise im Sinne des Äquidistanz-Prinzips minimale Weglängen etc.); Dichte in Abhängigkeit von bestimmten Nutzungsarten etc.; Vorgaben zur Erschließung des Grundstückes mit unterschiedlichen Verkehrsmitteln (z.B. maximale Entfernung zur nächstgelegenen Haltestelle, Radroute);

- Stellplatzverordnung: Die Stellplatzverordnungen verpflichten Bauherrn zur Schaffung einer gewissen Anzahl von Stellplätzen und sind im Bundesland Tirol im Wirkungsbereich der Gemeinden angesiedelt. Je nach Gemeinde wird dabei eine üblicherweise nach Größe der Wohnung gestaffelte Anzahl an Stellplätzen für Bewohner und oftmals auch Besucher vorgeschrieben. Ein Stellplatz ist jedenfalls zu errichten, ab meist 60-80m² ist ein weiterer und oftmals ab 100-120m² Wohnfläche ein weiterer Stellplatz für Besucher vorzusehen. Durch eine Novellierung und Erlassung der Verordnung auf Landesebene zugunsten einer Stellplatzanzahl von unter 1 / Wohneinheit bestünde die Chance, einerseits die Wohnungspreise im Neubau zu senken und andererseits auch alternative Formen der Mobilität zu fördern.

- Raumverträglichkeitsprüfung von örtlichen Entwicklungskonzepten und Umwidmungen: die Fortschreibung bzw. Neuerlassung örtlicher Entwicklungskonzepte, aber auch einzelne Umwidmungsverfahren ist hinsichtlich der Raumverträglichkeit unter der Prämisse der Zukunftsfähigkeit durch die Aufsichtsbehörde verpflichtend zu prüfen und ggf. anzupassen.

- Um eine Zugänglichkeit von Gelegenheiten zur Daseinsgrundvorsorge auch mit aktiven Mobilitätsformen zu fördern sind Standorte des Einzelhandels anhand ihres fußläufig erreichbaren Einzugsgebietes zu beurteilen und letztlich zu genehmigen.

5.7   bestehende Programme und Konzepte

Im Zuge der Bearbeitung wurde auch eine Analyse bestehender Konzepte und Programme im Alpenraum und speziell im Bundesland Tirol durchgeführt, um die Übereinstimmung mit den definierten Zielsetzungen zukunftsfähiger Entwicklung und nachhaltiger Mobilität zu überprüfen. Die Ergebnisse lassen sich wie folgt zusammenfassen:

- Vielfach fehlen konkrete Maßnahmen bzw. für die Umsetzung geeignete Handlungsstrategien
- Einzelne Dokumente wiederum listen derart umfangreiche Ziele und Handlungsstrategien auf, dass eine Umsetzung unweigerlich zu offensichtlichen Zielkonflikten zwischen den Themenbereichen führen wird.
- Auf Europäischer Ebene liegt dem Weißbuch Verkehr der Leitgedanke des in dieser Arbeit bereits erwähnten polyzentrischen Städtesystems zu Grunde. Der dazwischen liegende Raum verliert seine Funktion als Siedlungsraum und dient einzig der Versorgung der städtischen Verdichtungsräume. Dementsprechend erfolgt auch die verkehrliche Zielsetzung: Verkehr muss schnell, sicher und umweltfreundlich (in erster Linie unter dem Gesichtspunkt der dadurch verursachten Emissionen) abgewickelt werden.
- Auf nationaler Ebene sind die beispielsweise in der „Österreichischen Strategie zur nachhaltigen Entwicklung" bereits 2002 angeführten Zielsetzungen durch kompatibel mit den in dieser Arbeit aufgezeigten Erfordernissen einer zukunftsfähigen Verkehrs- und Raumplanung in den Alpen. Konkrete Maßnahmen bleibt das Dokument zwar schuldig, allerdings war dies auch die zu Grunde liegende primäre Zielsetzung.
- Zwar wurden im Land Tirol und einzelnen Gemeinden in den letzten Jahren zahlreiche Planungs- und Diskussionsprozesse rund um das Thema Nachhaltigkeit gestartet, konkrete Maßnahmen und vor allem Umsetzungen bleiben jedoch – vor allem unter Bezugnahme auf die Erfordernisse einer bedürfnisgerechten und zukunftsfähigen Mobilität – abgesehen von den im nächsten Kapitel angeführten Einzelbeispielen bis heute kaum sichtbar.
- Mobilität und Verkehr werden in den betrachteten, veröffentlichten Strategien und Programme nach wie vor in der eindimensionalen, ökologischen Betrachtungsweise thematisiert.
- Gerade auf lokaler und regionaler Ebene wäre es jedoch erforderlich, durch geeignete planerische wie rechtliche Instrumente (z.B.

verpflichtende Regionalplanung) die Voraussetzung und auch fundamentalen Grundsteine einer zukunftsfähigen Raum- und Verkehrsplanung zu schaffen.

Allgemein ist die Tendenz festzustellen, dass in den bislang veröffentlichten Strategien und Programmen zwar gesamthaft betrachtet einige Ansatzpunkte zur zukunftsfähigen Entwicklung des alpinen Raumes unter Miteinbeziehung der aus nachhaltiger Mobilität resultierenden Anforderungen enthalten sind. Insgesamt ist die Betrachtungsweise der Themen Mobilität und Verkehr jedoch weiterhin vor allem den ökologischen Aspekten und damit einer eindimensionalen Sichtweise zugewandt.

Auf die insbesondere in alpinen Regionen bedeutsamen Aspekte Vulnerabilität und Resilienz wird bislang explizit nicht Bezug genommen.

6 ZUSAMMENFASSUNG UND SCHLUSSFOLGERUNG

Die Alpen sind aufgrund ihrer Topografie und den dadurch bedingten natürlichen wie anthropogenen Raumstrukturen ein einzigartiger europäischer Natur- und Kulturraum. Wie zu Beginn der Arbeit anschaulich dargestellt, beschränken sich Assoziation zu den Begriffen Mobilität und Verkehr jedoch weitgehend auf die in den Medien transportierten Stereotypen: Mobilität ist „sanft", „umweltfreundlich" und „macht Menschen glücklich", Verkehr ist „schmutzig", „ungesund" und vor allem quantitativ „viel" und „immer mehr".

Obwohl die gegenseitigen Wechselwirkungen zwischen Mobilität, Verkehr und der Raumnutzung medial ständig präsent sind und jeden Menschen betreffen, ist die Anzahl der sich mit der Thematik im Alpenraum - aber auch anderen Gebirgsräumen dieser Welt – in seiner Gesamtheit befassenden wissenschaftlichen Studien und Analysen überschaubar. Ziel der durchgeführten Analyse war es daher, anhand von forschungsleitenden Fragen das Zusammenspiel von Mobilität, Verkehr und Raumnutzung vor dem Hintergrund der topografischen Gegebenheiten in Gebirgsräumen zu analysieren und Ansätze zu identifizieren die geeignet sind, die Entwicklung des Alpenraumes aus verkehrlicher wie räumlicher Sicht zukunftsfähig zu gestalten (Kapitel 1.2).

6.1 Ausgangslage

Welche Theorien und Methoden werden gegenwärtig zur Erklärung und Abbildung wechselseitiger Zusammenhänge zwischen Mobilität menschlicher Individuen, Verkehr und der Nutzung des Raumes herangezogen?

In der Literatur finden sich verschiedene Ansätze zur Darstellung der Wechselwirkungen zwischen Verkehr und Raumstruktur. Gemeinsam ist fast allen von ihnen, dass aufgrund der aus der Physik entlehnten Gesetzmäßigkeiten je nach Betrachtungsweise oftmals nur Teilaspekte näherungsweise abgebildet werden können. Sie ermöglichen eine grobe Abschätzung primär aus wirtschaftlicher Sicht bedeutsam erscheinender Wirkungsaspekte zu einem bestimmten, in nicht allzu ferner Zukunft liegenden Zeitpunkt.

Schwierigkeiten bei mathematischen Modellen treten meist dann auf, wenn Systeme nicht ganzheitlich erfassbar und einzelne Parameter aufgrund sich ändernder Rahmenbedingungen und Gesetzmäßigkeiten unbekannt sind. Im Gebirgsraum sind dies zusätzlich zu Veränderungen der Gesellschaft, Politik und Wirtschaft auch ein verstärkter Einfluss des Klimawandels und die rechnerische Implementierung von Besonderheiten der vertikalen Erschließung. Die Frage nach dem „Warum" und „Wohin" von räumlichen Bewegungen ist daher mit den gängigen Theorien und Modellen insbesondere bei Hinzuziehen eines längeren Betrachtungszeitraumes („Ex-Ante" Analysen) durchaus kritisch zu hinterfragen.

6.2   Das Gedankenmodell

Wie könnte ein möglichst umfassendes, multidisziplinäres Gedankenmodell formuliert sein, mit dem unabhängig von fachspezifischen Fokussierungen die Zusammenhänge zwischen Verkehr und Raumstruktur darstellbar sind?

Mobilität - und damit auch Verkehr – ist in ihrem Ursprung auf die Bedürfnisse von menschlichen Individuen zurückzuführen und bildet damit Grundlage für menschliches Handeln und zugleich Basis für die Struktur und Funktion von Räumen. Die Befriedigung der Bedürfnisse erfolgt durch Aktivitäten im Rahmen der Ausübung von Daseinsfunktionen (Wohnen,

Arbeiten, Versorgen, Entsorgen, Bildung, Freizeit & Erholung, soziale Kontakte) an unterschiedlichen Standorten. Dies setzt allerdings folgende Bedingungen voraus:

a) Die Standorte verfügen über entsprechendes Nutzungspotential (Gelegenheiten)
b) Bei der Erreichbarkeit der Gelegenheiten muss der subjektive
Nutzen den Transportaufwand überwiegen
c) Es stehen Möglichkeiten zur Durchführung von Ortsveränderung bzw. Distanzüberwindung zur Verfügung

Treffen alle Bedingungen zu, wird die räumliche Mobilität in Form eines
Standortwechsels realisiert, es entsteht Verkehr. In der einfachsten und
seit jeher bestehenden Form erfolgt dies beim Menschen durch das zu
Fuß gehen, seit rund 150-200 Jahren oft zusätzlich durch Inanspruchnahme maschineller Fortbewegungsmittel.

Ausgehend vom jeweiligen Wohnstandort werden zunächst jene Gelegenheiten aufgesucht, die der Ausübung der auf den grundlegenden physiologischen Bedürfnissen basierenden Daseinsgrundfunktionen dienen, es
folgen Aktivitäten zur Befriedigung sozialer und individueller Bedürfnisse
und schlussendlich der Selbstverwirklichung. Die Erreichbarkeit der Gelegenheiten orientiert sich dabei an den zur Verfügung stehenden Transportmitteln, aber auch den durch die jeweilige Nutzung entstehenden
Aufwänden zur Distanzüberwindung.

Der durch die Bedürfnisbefriedigung entstehende Verkehr ist in seinen
Wirkungen für die Umwelt wahrnehmbar. Er beeinflusst aber auch die
Funktionen und Strukturen des Raumes.

Aufgrund persönlicher Wertvorstellungen und Lebensstile handelt es sich
bei der Entscheidungsfindung zur Auswahl von Gelegenheiten bzw. des
Verkehrsmittels nicht um eine starre Grenze, sondern einen Grenzbereich.
Übersteigen die Kosten der Distanzüberwindung den persönlichen Nutzen

der dadurch erreichbaren Gelegenheit, bestehen grundsätzlich drei Handlungsmöglichkeiten: a.) Wechsel des Verkehrsmittels b.) Aufsuchen alternativer, näher am Wohn- oder Standort liegender Gelegenheiten bzw. c.) Verlegung des (Wohn)Standortes (Migration)

Diese drei Handlungsmöglichkeiten treffen dabei grundsätzlich sowohl auf einzelne menschliche Individuen als auch rational handelnde Betriebe zu. In beiden Fällen ist die Verlegung von Standorten mit weiteren raumwirksamen Prozessen verbunden.

6.3   Gegenwärtige Entwicklungen

Wie lässt sich Raum und Verkehr im Gebirge charakterisieren, welche Unterschiede bestehen zu außeralpinen Räumen?

Die aus dem Gedankenmodell abgeleiteten Ergebnisse lassen unter Berücksichtigung der historischen wie gegenwärtigen Entwicklungen und Trends folgende Rückschlüsse auf das Verständnis von Mobilität, Verkehr und Raumnutzung zu:

- Mobilität ist kein menschliches Bedürfnis, sondern notwendige Voraussetzung zur Befriedigung von Bedürfnissen durch das Setzen von Aktivitäten.
- Die räumliche Verteilung von Gelegenheiten und damit Aktivitäten begründet und charakterisiert sowohl Verkehr als auch die Struktur des Raumes
- Die anthropogen geprägte Raumstruktur steht in ständiger Wechselwirkung von den im Raum verteilten Gelegenheiten und dem erforderlichen Aufwand zur Distanzüberwindung zwischen diesen Standorten.

Gebirgsräume unterliegen aufgrund ihrer Topografie und den sich dadurch für Mobilität und Verkehr, aber auch die Raumnutzung ergebenden Rahmenbedingungen eine gesonderte Sichtweise. Gerade der historische Rückblick zeigt, dass die Barrierewirkung von Bergen bzw. Gebirgskämmen immer aus dem Blickwinkel des benutzten bzw. zur Verfügung stehenden Transportmodus zu sehen ist. Aussagen wie *„Dennoch sind in den Alpen Interaktion und Austausch zwischen benachbarten lokalen Gemeinden und Regionen, die nicht durch eine ausreichend gute Transportinfrastruktur miteinander verbunden sind, die eine funktionale Interaktion ermöglicht, eher begrenzt. (Gemeinsames Technisches Sekretariat Europäische Territoriale Zusammenarbeit Alpenraumprogramm 2013, S. 31)"* sind daher insbesondere in Verwendung als Argumentation für raum- und verkehrspolitische Entscheidungen kritisch zu hinterfragen.

6.4   Entwicklung des Alpenraumes

Wie kann eine zukunftsfähige Raum- und Verkehrsentwicklung im Alpenraum unter Anwendung des Gedankenmodells aussehen?

Die Ergebnisse der Arbeit sollen jedoch auch aufzeigen, dass Investitionen in den Neu- und Ausbau von Verkehrswegen unter dem Blickpunkt der Zukunftsfähigkeit zu bewerten sind. Um dafür ein gemeinsames Begriffsverständnis zu schaffen wurde der Begriff „zukunftsfähig" ausgehend von den im Gedankenmodell dargestellten Wechselwirkungen näher definiert. Eine zukunftsfähige Entwicklung des Alpenraumes erfordert eine den menschlichen Bedürfnissen gerecht werdende, den Naturraum schützende sowie dem Klimawandel angepasste Raumstruktur, um negative wirtschaftliche, soziale und ökologische Wirkungen gegenwärtig und vor allem zukünftig hintanzuhalten.

Mit dieser Definition und anschließenden Beurteilung von vier Szenarien zur künftigen Entwicklung des Alpenraumes sollen die erwartbaren Entwicklungen unter dem Gesichtspunkt der Zukunftsfähigkeit näher beleuchtet werden.

Aus den Ergebnissen lässt sich ableiten, dass die gegenwärtige räumliche Situation („Nullvariante") weder den Anforderungen nachhaltiger Mobilität noch einer zukunftsfähigen Raumentwicklung entspricht. Sie ist vielmehr ein Zwischenstadium auf dem Weg von der dispersen Raumstruktur hin zu einer Verdichtung und Konzentration der Nutzungen und Raumfunktionen. Eine in unterschiedliche Ebenen gegliederte polyzentrische Struktur des Raumes ist am besten dazu geeignet, den Zielsetzungen der Zukunftsfähigkeit unter dem Gesichtspunkt nachhaltiger Mobilität zu entsprechen. Zwar wäre eine Kombination mit einer dispersen Raumstruktur insbesondere in peripheren Lagen durchaus anzustreben, es darf jedoch bezweifelt werden, dass eine solche Entwicklung unter den gegebenen globalen gesellschaftspolitischen und wirtschaftlichen Rahmenbedingungen realistisch erscheint.

Um die gegenwärtige raumstrukturelle wie verkehrliche Situation in das polyzentrische Leitbild zu überführen, sind Maßnahmen in unterschiedlichen Handlungsfeldern erforderlich.

Eine „zukunftsfähige" Verkehrs- und Raumordnungspolitik muss neben den derzeit vor allem aus ökologischer Sicht betrachteten Wirkungen im Sinne eines mehrdimensionalen Betrachtungsansatzes auch den ökonomischen wie sozialen Aspekt von bedürfnisgerechter - und damit nachhaltiger - Mobilität aller Bevölkerungsgruppen berücksichtigen. Speziell in alpinen Regionen ist dabei künftig auch eine Berücksichtigung von Aspekten der Vulnerabilität und Resilienz unerlässlich.

Konkret ergibt sich daraus unter Bezugnahme auf das im Rahmen dieser Arbeit formulierte Gedankenmodell das Erfordernis einer Rückgewinnung der Nähe, ohne dabei in die Zeit der Subsistenzwirtschaft zurückzukehren:

- Physiologische und soziale Bedürfnisse wie beispielsweise die Versorgung mit Gütern des täglichen Bedarfs sowie die Einbettung in das soziale Umfeld, Grundausbildung sowie tägliche Freizeitaktivitäten etc. müssen in erster Linie durch aktive Formen des

Verkehrs (zu Fuß gehen, Rad fahren) ausgeübt werden können. Motorisierte Fortbewegungsmittel sind überall dort erforderlich, wo höherrangige Bedürfnisse speziell ausgestattete Standorte erfordern.

- Die Förderung von Maßnahmen im Verkehrsinfrastrukturwesen ist unter den Gesichtspunkten der Zukunftsfähigkeit und nachhaltiger Mobilität den einzelnen Raumtypen entsprechend anzupassen. Auch im öffentlichen Verkehr ist beispielsweise ein Linienbetrieb in der herkömmlichen Betriebsform bis in den hintersten Talwinkel weder ökonomisch noch ökologisch vertretbar und auf Dauer leistbar.

- Die Förderung aktiver Verkehrsformen im Rahmen der Alltagsmobilität erfordert massive Anstrengungen in der Verkehrsinfrastrukturplanung und –bau. Oberste Priorität ist hierbei den aus der Alltagsmobilität abgeleiteten Anforderungen beizumessen.

- Mittel zum baulichen Erhalt und auch dem verkehrssicheren Ausbau des alpinen Straßennetzes wird es auf absehbare Zeit weiterhin in leicht steigendem Ausmaß benötigen, allerdings ohne das Geschwindigkeits- und Kapazitätsniveau anzuheben.

- Zwangsmaßnahmen wie höhere Besteuerung, Vignetten, Verbote etc. sind gesellschaftspolitisch nicht dauerhaft durchsetzbar, ohne Lenkungseffekt und wirken keinesfalls bewusstseinsbildend.

6.5 Ausblick

Im Zuge der Erstellung der Arbeit wurden mehrfach Potentiale und Notwendigkeiten für vertiefende wissenschaftliche Untersuchungen zu einzelnen Aspekten inneralpiner Mobilität und Verkehr identifiziert und angeführt. Zusammenfassend sind folgende Themenbereiche von besonderem Interesse:

- Analyse und Darstellung von verkehrlichen Überlagerungseffekte sowie dessen Auswirkungen (z.B. An- und Abreise im Urlaubsverkehr mit Alltagsverkehr, Transitverkehr mit Pendler- und Freizeitverkehr etc.)
- Analyse und Darstellung des Transitaufkommens im Personenverkehr
- Geschichtliche Entwicklung der Mobilitätskennzahlen im Gebirge
- Anwendung der heute gängigen Verkehrsmodelle auf frühere geschichtliche Epochen im Alpenraum und Vergleich der ermittelten Verkehrsmengen mit Daten aus historischen Aufzeichnungen
- Vergleichende Darstellung von Kennzahlen für Mobilität und Verkehr zwischen verschiedenen Gebirgsräumen unter Bezugnahme zur Raumstruktur
- Umsetzungsmöglichkeiten und Integration des Gedankenmodells in bestehende Simulationsprogramme
- Möglichkeiten des Einsatzes von Instrumenten im Mobilitäts- und Verkehrsmanagement im Gebirge

6.6   Zum Schluss ...

... bleibt die Erkenntnis, dass Mobilität, Verkehr und Raumnutzung aufgrund der Komplexität der wechselseitigen Wirkungen nach heutigem Ermessen nicht rechnerisch planbar, sondern beeinflussbar und damit – begrenzt – steuerbar sind. Oder um es mit den Worten des Schweizer Publizisten Robert Nef auszudrücken:

„Planung ist die Ersetzung des Zufalls durch den Irrtum. Dem Zufall sind wir aber schutzlos ausgeliefert, während wir als Planende die Möglichkeit haben, vom größeren zum kleineren Irrtum fortzuschreiten."

7 QUELLEN

Abegg, Bruno (2011): Tourismus im Klimawandel. Hintergrundbericht der CIPRA. Hg. v. CIPRA International. Schaan (Compact, 01/2011), zuletzt geprüft am 27.04.2014.

Ahrend, Christine; Schwedes, Oliver; Daubitz, Stephan; Böhme, Uwe; Herget, Melanie (2013): Kleiner Begriffskanon der Mobilitätsforschung. IVP-Discussion Paper. Hg. v. Fachgebiet Integrierte Verkehrsplanung. Technische Universität Berlin. Berlin. Online verfügbar unter http://www.ivp.tu-berlin.de/fileadmin/fg93/Dokumente/Discussion_Paper/DP1_Ahrend_et_al.pdf, zuletzt geprüft am 31.12.2014.

Ahrens, Gerd-Axel (2011): Zukunft von Mobilität und Verkehr. Auswertungen wissenschaftlicher Grunddaten, Erwartungen und abgeleiteter Perspektiven des Verkehrswesen in Deutschland; Forschungsbericht FE-Nr.: 96.0957/2010. Unter Mitarbeit von Ute Kabitzke. Dresden: Techn. Univ., Fak. Verkehrswissenschaften "Friedrich List" (Forschungsbericht FE-Nr.: 96.0957/2010).

Alpenkonvention (09.11.2000a): Protokoll zur Durchführung der Alpenkonvention von 1991 im Bereich Raumplanung und nachhaltige Entwicklung. Protokoll "Raumplanung und nachhaltige Entwicklung". Online verfügbar unter http://www.alpconv.org/de/convention/framework/Documents/Protokoll_d_Raumplanung.pdf, zuletzt geprüft am 29.04.2013.

Alpenkonvention (09.11.2000b): Protokoll zur Durchführung der Alpenkonvention von 1991 im Bereich Verkehr. Protokoll Verkehr. Online verfügbar unter http://www.alpconv.org/de/convention/framework/Documents/protokoll_d_verkehr.pdf, zuletzt geprüft am 29.04.2013.

Alpenkonvention (07.02.2007): Deklaration zum Klimawandel. Online verfügbar unter http://www.alpconv.org/de/convention/protocols/Documents/AC_IX_07_declarationclimatechange_de_fin.pdf, zuletzt geprüft am 29.04.2013.

Alpenkonvention (2007): Alpenzustandsbericht. Verkehr und Mobilität in den Alpen. Alpensignale - Sonderserie 1. Hg. v. Ständiges Sekretariat der Alpenkonvention. Innsbruck (Alpenzustandsbericht, 1). Online verfügbar unter http://www.alpconv.org/de/publications/alpine/Documents/rsa1_de.pdf, zuletzt geprüft am 31.03.2013.

alps GmbH, Umweltbundesamt GmbH, Universität Innsbruck (2014): Klimastrategie Tirol. Klimaschutz- und Klimawandelanpassungsstrategie Tirol 2013 - 2020. Roadmap 2020 - 2030. Hg. v. Amt der Tiroler Landesregierung. Innsbruck.

Ammoser, Hendrik; Hoppe, Mirko (2006): Glossar Verkehrswesen und Verkehrswissen-
    schaften. Definitionen und Erläuterungen zu Begriffen des Transport- und Nachrichten-
    wesens. Hg. v. Technische Universität Dresden,. Dresden: Technische Universität
    Dresden (Diskussionsbeiträge aus dem Institut für Wirtschaft und Verkehr, 2/2006). On-
    line verfügbar unter http://tu-dresden.de/die_tu_dresden/fakultaeten/vkw/iwv/dis-
    kuss/2006_2_diskusbtr_iwv.pdf, zuletzt geprüft am 09.07.2013.

Amt der Tiroler Landesregierung - Sachgebiet Landesstatistik und tiris (Hg.) (2014): Die Ti-
    roler Bevölkerung - Ergebnisse der Registerzählung 2011. Unter Mitarbeit von Christian
    Dobler und Manfred Kaiser. Innsbruck.

Amt der Tiroler Landesregierung - Daten-Verarbeitung-Tirol GmbH (Hg.) (2014): Tiroler
    Rauminformationssystem tiris. Innsbruck. Online verfügbar unter https://www.ti-
    rol.gv.at/statistik-budget/tiris/

Amt der Tiroler Landesregierung - Sachgebiet Verkehrsplanung (2014): Verkehrsstatistik,
    Innsbruck. Online verfügbar unter https://apps.tirol.gv.at/verkehr/vde/index.php

ASFINAG Service GmbH (2013): Dauerzählstellen. Wien. Online verfügbar unter
    http://www.asfi-
    nag.at/documents/10180/44535/Jahr13_ASFINAG_Verkehrsstatistik_BW.xls.

Autonome Provinz Bozen - Südtirol Landesinstitut für Statistik - ASTAT (Hg.) (2014): Demo-
    grafisches Handbuch für Südtirol 2013. Bozen, zuletzt geprüft am 01.06.2014.

Autorenteam VPÖ2025+ (2009): Verkehrsprognose Österreich 2025+. Teil 4 Personenver-
    kehr / Ergebnisse. Endbericht. Hg. v. Bundesministerium für Verkehr, Innovation und
    Technologie, Abteilung V / INFRA 5. Wien. Online verfügbar unter
    https://www.bmvit.gv.at/verkehr/gesamtverkehr/verkehrsprognose_2025/down-
    load/vpoe25_kap4.pdf, zuletzt geprüft am 16.04.2014.

Bätzing, Werner (2003): Die Alpen. Geschichte und Zukunft einer europäischen Kulturland-
    schaft ; [mit 13 Tabellen]. 2. Aufl. München: Beck.

Becker, Udo (2003): Was ist nachhaltige Mobilität? Technische Universität Dresden,. 2003.
    Online verfügbar unter http://material.htl-
    wien10.at/UZSB/Zusatzmaterial/Nachhalt_Mobil.pdf, zuletzt aktualisiert am
    27.10.2003, zuletzt geprüft am 20.06.2013.

Bleisch, Andreas (2005): Die Erreichbarkeit von Regionen. Ein Benchmarking-Modell. Dis-
    sertation. Universität Basel, Basel. Wirtschaftswissenschaftliche Fakultät. Online ver-
    fügbar unter http://edoc.unibas.ch/277/1/DissB_7206.pdf, zuletzt geprüft am
    23.04.2013.

Blöchliger, Hansjörg (2005): Baustelle Föderalismus. [Metropolitanregionen versus Kantone: Untersuchungen und Vorschläge für eine Revitalisierung der Schweiz]. Zürich: Verl. Neue Zürcher Zeitung.

Bökemann, Dieter (1999): Theorie der Raumplanung. Regionalwissenschaftliche Grundlagen für die Stadt-, Regional- und Landesplanung. 2. Aufl., zugleich unveränderter Nachdruck der 1. Aufl. München, Wien: Oldenbourg.

Borsdorf, Axel: Land-Stadt Entwicklung in den Alpen. Dorf oder Metropolis? In: alpine space - man & environment (Vol. 1), S. 83–92. Online verfügbar unter http://www.uibk.ac.at/alpinerraum/publications/vol1/08_borsdorf.pdf, zuletzt geprüft am 05.08.2014.

Bundesamt für Raumentwicklung (ARE), Eidgenössisches Departement für Umwelt Verkehr Energie und Kommunikation (UVEK) (Hg.) (2007): Räumliche Auswirkungen der Verkehrsinfrastrukturen. Lernen aus der Vergangenheit... für die Zukunft. Synthesebericht, zuletzt aktualisiert am 22.02.2007, zuletzt geprüft am 01.08.2013.

Bundesamt für Raumentwicklung ARE (Hg.) (2005): Im Rahmen des Monitorings ländlicher Raum verwendete Raumtypologien. Bern (Monitoring Ländlicher Raum). Online verfügbar unter http://www.are.admin.ch/themen/laendlich/00792/index.html?lang=de&download=NHzLpZeg7t,lnp6I0NTU042I2Z6ln1acy4Zn4Z2qZpnO2Yuq2Z6gpJCDd4J,fGym162epYbg2c_JjKbNoKSn6A--, zuletzt geprüft am 26.11.2013.

Bundesamt für Raumentwicklung ARE (Hg.) (2008): Mobilität im ländlichen Raum. Unter Mitarbeit von Davide Marconi und Melanie Käser. Bern, zuletzt geprüft am 09.04.2013.

Bundesamt für Raumentwicklung ARE; Eidg. Departement für Umwelt, Verkehr Energie und Kommunikation (UVEK) (Hg.) (2005): Raumentwicklungsbericht 2005, zuletzt aktualisiert am 10.03.2005, zuletzt geprüft am 29.03.2013.

Bundesamt für Statistik (BFS) (Hg.) (2012): Mobilität in der Schweiz. Ergebnisse des Mikrozensus Mobilität und Verkehr 2010. Neuchâtel (Statistik der Schweiz), zuletzt geprüft am 01.06.2014.

Bundesministerium für Land- und Forstwirtschaft, Umwelt und Wasserwirtschaft (Hg.) (2002): Die österreichische Strategie zur Nachhaltigen Entwicklung (NStrat). Österreichs Zukunft Nachhaltig Gestalten. Wien, zuletzt geprüft am 02.05.2014.

Bundesministerium für Land- und Forstwirtschaft, Umwelt und Wasserwirtschaft (Hg.) (2010): Österreichische Strategie Nachhaltige Entwicklung (ÖSTRAT). Ein Handlungsrahmen für Bund und Länder. Österreichische Bundesregierung. Wien. Online verfügbar unter https://www.tirol.gv.at/fileadmin/themen/landesentwicklung/raumordnung/Nachhaltig-keit/Homepage_neu/OESTRAT_2010.pdf, zuletzt geprüft am 31.05.2014.

Bundesministerium für Verkehr, Innovation u. Technologie (Hg.) (2011): Erhebung Alpen-querender Güterverkehr 2009 - Österreich. Wien (Forschungsarbeiten aus dem Ver-kehrswesen, 215).

Cerwenka, Peter (2000): Kompendium der Verkehrssystemplanung. Wien: Österr. Kunst-und Kulturverl.

Deutsche Bundesregierung (2002): Perspektiven für Deutschland. Unsere Strategie für eine nachhaltige Entwicklung. Berlin. Online verfügbar unter http://www.bundesregie-rung.de/Content/DE/_Anlagen/Nachhaltigkeit-wiederhergestellt/perspektiven-fuer-deutschland-langfassung.pdf?__blob=publicationFile&v=2, zuletzt geprüft am 23.05.2014.

Dicken, Peter; Lloyd, Peter (1999): Standort und Raum. Theoretische Perspektiven in der Wirtschaftsgeographie ; 36 Tabellen. Stuttgart (Hohenheim): Ulmer.

Europäische Kommission (28.03.2011a): Fahrplan zu einem einheitlichen europäischen Verkehrsraum – Hin zu einem wettbewerbsorientierten und ressourcenschonenden Verkehrssystem. Weißbuch Verkehr, vom KOM(2011) 144 endgültig. Online verfügbar unter http://eur-lex.europa.eu/LexUriServ/LexUri-Serv.do?uri=COM:2011:0144:FIN:DE:PDF, zuletzt geprüft am 30.04.2013.

Europäische Kommission (28.03.2011b): Transport 2050: Commission outlines ambitious plan to increase mobility and reduce emissions. Brüssel, zuletzt geprüft am 30.04.2013.

Europäische Kommission (2011): Weißbuch Verkehr. Fahrplan zu einem einheitlichen euro-päischen Verkehrsraum – Hin zu einem wettbewerbsorientierten und ressourcenscho-nenden Verkehrssystem. Brüssel. Online verfügbar unter http://eur-lex.europa.eu/LexUriServ/LexUriServ.do?uri=COM:2011:0144:FIN:DE:PDF, zuletzt ge-prüft am 22.04.2013.

European Commission: European Spatial Development Perspective. Towards Balanced and Sustainable Development of the Territory of the European Union. Potsam: Office for Official Publications of the European Communities,. Online verfügbar unter http://ec.europa.eu/regional_policy/sources/docoffic/official/reports/pdf/sum_en.pdf, zuletzt geprüft am 26.05.2014.

Foster, Kathryn (2007): A Case Study Approach to Understanding Regional Resilience. Uni-versity of California - Institute of Urban and Regional Development. Berkeley (IURD Working Paper Series).

Friedwagner, Andreas; Heintel, Martin; Hintermann, Christiane; Langthaler, Thomas; Weixlbaumer, Norbert (2005): Verkehrsreduktion durch kompakte Raumstrukturen. In: SWS-Rundschau (45), S. 386–403. Online verfügbar unter http://www.ssoar.info/ssoar/bitstream/handle/document/16469/ssoar-2005-3-friedwagner_et_al-verkehrsreduktion_durch_kompakte_raumstrukturen.pdf?sequence=1.

Fritzer, Heinrich (2009): Verkehrsuntersuchung Großraum A12 Anschlussstelle Wiesing / Zillertal. Fügen, 11.12.2009.

Gemeinsames Technisches Sekretariat Europäische Territoriale Zusammenarbeit Alpenraumprogramm (Hg.) (2013): Strategieentwicklung für den Alpenraum. Abschlussbericht. München, zuletzt geprüft am 27.05.2014.

Gerike, Regine (2005): Wie kann das Leitbild nachhaltiger Verkehrsentwicklung konkretisiert werden? Ableitung grundlegender Aufgabenbereiche. Dissertation. Technische Universität Dresden,, Dresden. Fakultät für Verkehrswissenschaften. Online verfügbar unter http://webdoc.sub.gwdg.de/ebook/dissts/Dresden/Gerike2005.pdf, zuletzt geprüft am 20.06.2013.

Geurs, K.T; Ritsema van Eck, Jan (2001): Accessibility measures: review and applications. Evaluation of accessibility impacts of land-use transport scenarios, and related social and economic impacts. Bilthoven: Rijksinstituut voor Volksgezondheid en Milieu.Geurs, Karst T.; van Wee, Bert (2004): Accessibility evaluation of land-use and transport strategies: review and research directions. In: Journal of Transport Geography 12 (2), S. 127–140. DOI: 10.1016/j.jtrangeo.2003.10.005.

Götz, Konrad (2009): Freizeitmotive der Freizeitmobilität, in: Dick, Michael (Hsrg.): Mobilität als Tätigkeit - individuelle Expansion - alltägliche Logistik - kulturelle Kapazität, Papst Science Publishers, Berlin, S. 257

Götz, Konrad (2011): Nachhaltige Mobilität. In: Matthias Groß (Hg.): Handbuch Umweltsoziologie. 1. Aufl. Wiesbaden: VS Verlag für Sozialwissenschaften, S. 325–347. Online verfügbar unter http://link.springer.com/content/pdf/10.1007%2F978-3-531-93097-8_16.pdf, zuletzt geprüft am 20.06.2013.

Grunwald, Armin; Kopfmüller, Jürgen (2012): Nachhaltigkeit. Eine Einführung. 2. Aufl. Frankfurt am Main [u.a.]: Campus-Verl.

Hägerstraand, Torsten (1970): What about people in regional science? In: Papers in Regional Science 24 (1), S. 7–24. DOI: 10.1111/j.1435-5597.1970.tb01464.x.

Harrer Atilla Faerber, Gabriele (2009): Attraktivität Region Ennstal. Sensitivitätsanalyse -
Gesamtpräsetnation. malik management zentrum st. gallen. Amt der Steirischen Landesregierung. Liezen, 17.04.2009. Online verfügbar unter http://www.verkehr.steier-
mark.at/cms/dokumente/10553958_11163140/6afdd65b/Ennstal_studie_malik.pdf,
zuletzt geprüft am 15.01.2015.

Heineberg, H. (2003): Einführung in die Anthropogeographie, Humangeographie. Paderborn - München - Wien - Zürich: Ferdinand Schöningh. Online verfügbar unter
http://books.google.de/books?id=dGovj1-cS-sC.

Heineberg, Heinz (2007): Einführung in die Anthropogeographie/Humangeographie. 3.,
überarbeitete und aktualisierte Aufl. Paderborn: Schöningh (UTB, 2445).

Held, Gerd (2005): Territorium und Großstadt. Die räumliche Differenzierung der Moderne.
1. Aufl. Wiesbaden: VS Verlag für Sozialwissenschaften.

Hermann, Michael (2006): Werte, Wandel und Raum. Theoretische Grundlagen und empirische Evidenzen zum Wandel regionaler Mentalitäten in der Schweiz. Dissertation. Universität Zürich, Zürich. Mathematisch-Naturwissenschaftliche Fakultät. Online
verfügbar unter http://www.geo.uzh.ch/fileadmin/files/content/abteilungen/gis/rese-
arch/phd_theses/thesis_MichaelHermann_2006.pdf, zuletzt geprüft am 07.08.2013.

Herry, Max; Sedlacek, Norbert (2012): Verkehr in Zahlen. Ausgabe 2011. Hg. v. Bundesministerium für Verkehr, Innovation und Technologie, Abteilung II / Infra 5. Wien. Online
verfügbar unter http://www.bmvit.gv.at/verkehr/gesamtverkehr/statistik/down-
loads/viz_2011_gesamtbericht_270613.pdf, zuletzt geprüft am 17.02.2014.

Huff, David Lynch; Blue, Larry (1966): A programmed solution for estimating retail sales po-
tentials. Lawrence: Center for Regional Studies, University of Kansas.

Innsbrucker Verkehrsbetriebe und Stubaitalbahn GmbH (Hg.) (2013): IVB Geschäftsbericht
2012. Innsbruck.

Institut für angewandte Sozialwissenschaft GmbH (infas), Deutsches Zentrum für Luft- und
Raumfahrt e.V. (DLR): Mobilität in Deutschland 2008. Struktur - Aufkommen - Emissionen - Trends. Ergebnisbericht. Bundesministerium für Verkehr, Bau und Stadtentwick-
lung, zuletzt geprüft am 12.04.2014.

Institut für Mobilitätsforschung (Hg.) (2010): Zukunft der Mobilität. Szenarien für das Jahr
2030. 1. Auflage. München.

Intergovernmental Panel on Climate Change (Hg.) (2014a): Climate Change 2014: Impacts,
Adaptation, and Vulnerability. Chapter 23 - Europe. Unter Mitarbeit von Sari Kovats
und Riccardo Valentini. Cambridge, United Kingdom and New York, NY, USA: Cambridge University Press. Online verfügbar unter http://ipcc-

wg2.gov/AR5/images/uploads/WGIIAR5-Chap23_FGDall.pdf, zuletzt geprüft am 02.06.2014.

Intergovernmental Panel on Climate Change (Hg.) (2014b): Climate Change 2014: Impacts, Adaptation, and Vulnerability. Technical Summary. Contribution of Working Group II to the Fifth Assessment Report of the Intergovernmental Panel on Climate Change. Unter Mitarbeit von Christopher Field, Vicente Barros, Katharine Mach und Michael Mastrandrea. Cambridge, United Kingdom and New York, NY, USA: Cambridge University Press. Online verfügbar unter http://ipcc-wg2.gov/AR5/images/uploads/WGIIAR5-TS_FGDall.pdf, zuletzt geprüft am 31.05.2014.

Kammer der gewerblichen Wirtschaft (Hg.) (1973): Das äußere Silltal. Landschaft, Siedlung, Bevölkerung und Wirtschaft der Gemeinden Igls, Vill, Patsch, Natters, Mutters und Kreith. Unter Mitarbeit von Maria Schmeiß-Kubat. Innsbruck: Universitätsverl. Wagner (Tiroler Wirtschaftsstudien, 28).

Knoflacher, Hermann (2011): Grundlagen der Verkehrs- und Siedlungsplanung. Wien: Böhlau (Grundlagen der Verkehrs- und Siedlungsplanung, [2]).

Knoflacher, Hermann (2013): Zurück zur Mobilität! Anstöße zum Umdenken. 1. Aufl. s.l: Verlag Carl Ueberreuter. Online verfügbar unter http://ebooks.ciando.com/book/index.cfm/bok_id/776441.

Kölbl, Johann (2000): A bio-physical Model of Trip generation / Trip Distribution. PhD-Thesis. University of Southampton. Southampton.

Köll, Helmut; Bader, Michael (2011): Auswertung Mobilitätserhebung Tirol 2011. Wegebezogene Kenngrößen. Hg. v. Amt der Tiroler Landesregierung - Abteilung Verkehrsplanung. Ingenieurbüro Dipl.-Ing. Dr. Helmut Köll ZT KG. Reith bei Seefeld, zuletzt geprüft am 17.04.2013.

Köll, Helmut; Bader, Michael; Hafele, Raimund (2005): Die Entwicklung des alpenquerenden Straßengüterverkehrs. Schlussbericht. Landesagentur für Umwelt der Autonomen Provinz Bozen-Südtirol. Reith bei Seefeld. Online verfügbar unter https://www.tirol.gv.at/fileadmin/themen/verkehr/service/publikationen/downloads/MONITRAF_Verkehrsfl_sse_K_II_Endbericht.de.pdf, zuletzt geprüft am 23.10.2014.

Kuckartz, Udo (2010): Nicht hier, nicht jetzt, nicht ich. Über die symbolische Bearbeitung eines ernsten Problems. In: Harald Welzer, Hans-Georg Soeffner und Dana Giesecke (Hg.): KlimaKulturen. Soziale Wirklichkeiten im Klimawandel. Frankfurt am Main, New York: Campus, S. 144–160. Online verfügbar unter http://www.klimabewusstsein.de/dateien/Kuckartz_2010_Nicht%20hier%20nicht%20jetzt.pdf, zuletzt geprüft am 29.05.2014.

Laimberger, Raoul; Marti, Peter (2007): Räumliche Auswirkungen der Verkehrsinfrastrukturen. Materielle Evaluation der Fallstudien. Schlussbericht. Hg. v. Eidgenössisches Departement für Umwelt Verkehr Energie und Kommunikation (UVEK) Bundesamt für Raumentwicklung (ARE). Bern, zuletzt geprüft am 26.04.2013.

Läpple, Dieter (1991): Essay über den Raum. Für ein gesellschaftswissenschaftliches Raumkonzept. In: Hartmut Häussermann (Hg.): Stadt und Raum. Soziologische Analysen. Pfaffenweiler: Centaurus-Verlagsgesellschaft (Stadt, Raum und Gesellschaft, Bd. 1), S. 157–207, zuletzt geprüft am 20.01.2014.

Lill, Eduard (1891): Das Reisegesetz und seine Anwendung auf den Eisenbahnverkehr. Mit versch. a.d. Betriebsergebnisse d. Js. 1889 bezugnehmenden statist. Beil. in Tab. u. bildl. Form. Wien: Spielhagen & Schurich in Komm.

Lorenzi, Reto; Schild, Peter (2009): Strategie Freizeitverkehr. Bericht des Bundesrates zur Strategie für einen nachhaltigen Freizeitverkehr in Erfüllung des Postulats 02.3733. Hg. v. Bundesamt für Raumentwicklung ARE. Schweizerischer Bundesrat (2009). Bern, zuletzt geprüft am 27.04.2014.

Mailer, Markus (2001): Wie mobil ist die Gesellschaft? In: Wissenschaft & Umwelt (3), Wien. S. 69–78.

Mailer, Markus (2002): Zur Beurteilung von Verkehrsanlagen mit einem multimodalen Ansatz. Die Beurteilung von Anlagen des überregionalen Verkehrs hinsichtlich der Erfüllung ihrer verkehrlichen Funktion. Dissertation. Technische Universität Wien. Wien.

Mailer, Markus (2013): Verkehr im Spannungsfeld sozial - ökonomisch - ökologisch. BrennerCongress 2013. Bozen, 21.02.2013. Online verfügbar unter http://www.brennercongress.com/.

Mair, Friedrich (Hg.) (2010): Handbuch Raumordnung Salzburg. Unter Mitarbeit von Christoph Braumann. Salzburg: Amt der Salzburger Landesregierung - Abteilung 7 Raumplanung. Online verfügbar unter https://service.salzburg.gv.at/WebRoot/LandSalzburgDB/Shops/Landversand/4C7C/C087/0B4E/EA12/2610/0A01/047B/C475/10_und_11_Ausgabe_HARO_klein.pdf, zuletzt geprüft am 12.04.2013.

Maslow, Abraham (1943): A Theory of Human Motivation. In: Psychological Review (50), S. 370–396. Online verfügbar unter http://psychclassics.yorku.ca/Maslow/motivation.htm, zuletzt geprüft am 23.07.2013.

Meadows, Donella H.; Meadows, Dennis L.; Randers, Jorgen (2004): Limits to growth. The 30-year update. White River Junction, Vt.: Chelsea Green Publ.

Meusburger Peter (2006): Schulsystem und Bildungsverhalten in alpinen Bergregionen. Aktuelle und zukünftige Probleme. In: Rainer Loose (Hg.): Von der Via Claudia Augusta zum Oberen Weg. Leben an Etsch und Inn; Westtirol und angrenzende Räume von der Vorzeit bis heute; Vorträge der Landeskundlichen Tagung veranstaltet vom Verein Via Claudia Augusta Tirol, Landeck und dem Südtiroler Kulturinstitut, Bozen, Landeck, 16. bis 18. Juni 2005. Innsbruck: Wagner, S. 277–301.

Nicolaus Cusanus, Henricus Martellus Germanus (1470 / 1490): Descriptio Germaniae Modernae. Online verfügbar unter http://www.tirisdienste.at/scripts/esrimap.dll?Name=anich&Cmd=Start.

Nuhn, H.; Heße, M. (2006): Verkehrsgeographie: Schöningh. Online verfügbar unter http://books.google.de/books?id=G8S01VCkn-UC.

Opaschwoski, Horst (2015): Zehn Gebote für das 21. Jahrhundert. In: Zeit Online. Geschichte. Online verfügbar unter http://www.zeit.de/reden/gesellschaft/200113_opaschowski, zuletzt geprüft am 26.01.2015.

Perlik, Manfred; Wissen, Ulrike; Schuler, Martin et. al. (2008): Szenarien für die nachhaltige Siedlungs- und Infrastrukturentwicklung in der Schweiz (2005-2030). Wissenschaftlicher Abschlussbericht. Nationales Forschungsprogramm NFP 54. Zürich. Online verfügbar unter http://www.nfp54.ch/files/nxt_projects_80/22_07_2010_09_10_39-Szenarien.pdf, zuletzt geprüft am 02.06.2014.

Pripfl, Jürgen; Aigner-Breuss, Eva; Fürdös, Alexander; Wiesauer, Leonhard (2010): Verkehrsmittelwahl und Verkehrsinformationen. Emotionale und Kognitive Mobilitätsbarrieren und deren Beseitigung mittels multimodalen Verkehrsinformationssystemen. Hg. v. Kuratorium für Verkehrssicherheit. Wien, zuletzt geprüft am 30.07.2014.

Richtlinien und Vorschriften für den Straßenbau 02.01.22, 01.10.2010: Nutzen-Kosten-Untersuchungen im Verkehrswesen.

Randelhoff, Martin (2013): Resiliente Infrastrukturen und Städte: Kritikalität und Interdependenzen. Zukunft Mobilität. Online verfügbar unter http://www.zukunft-mobilitaet.net/40882/analyse/resilienz-infrastruktur-stadt-wirtschaft-zukunft-resiliente-infrastrukturen/, zuletzt geprüft am 23.05.2014.

Scherer, Roland; Zumbusch, Kristina; Schwanke, Katja; Walser, Manfred (2011): Die raumwirtschaftliche Bedeutung des Pendelns in der Schweiz. Kurzgutachten im Auftrag des BAV zum aktuellen Stand der Forschung. Universität St. Gallen - Institut für Öffentliche Dienstleistungen und Tourismus. St. Gallen, zuletzt geprüft am 25.03.2013.

Schopf, Michael (2001): Mobilität & Verkehr - Begriffe im Wandel. In: Wissenschaft & Umwelt (3), Wien. S. 3–11.

Stadt Innsbruck - Referat für Stadtentwicklungsplanung (2014): Stadt Innsbruck - Fortschreibung Örtliches Raumordnungskonzept ÖROKO'25. Amt für Stadtplanung, Stadt-
entwicklung und Integration. Innsbruck, 12.06.2014.

Stadt Innsbruck - Referat für Stadtplanung (Hg.) (2002): Örtliches Raumordnungskonzept
2002. Einführung. Innsbruck.

Statistik Austria (Hg.) (2014a): Motorisierungsgrad 2013 nach politischen Bezirken. Online
verfügbar unter http://www.statistik.at/web_de/interaktive_karten/075250.html.

Statistik Austria (Hg.) (2014b): Privathaushalte 1985 - 2013. Online verfügbar unter
http://www.statistik.at/web_de/statistiken/bevoelkerung/haushalte_familien_lebensfor-
men/haushalte/index.html.

Statistik Austria (Hg.) (2014c): Tourismusstatistik. Ankünfte und Nächtigungen im Touris-
mus-Kalenderjahr (2003 bis 2013). Wien. Online verfügbar unter http://www.statis-
tik.at/web_de/statistiken/tourismus/beherbergung/ankuenfte_naechtigungen

Statistik Austria (Hg.) (2014d): Pendlerstatistik. Census 2011 - Tirol - Ergebnisse zur Bevölkerung. Wien. Online verfügbar unter http://www.statistik.at/web_de/dynamic/statisti-
ken/
bevoelkerung/volkszaehlungen_registerzaehlungen_abgestimmte_erwerbsstatistik/
pendlerinnen_und_pendler/publdetail?id=38&listid=38&detail=669

Stock, Manfred; Kropp Jürgen; Walkenhorst, Oliver (2009): Risiken, Vulnerabilität und An-
passungserfordernisse für klimaverletzliche Regionen. In: Raumforschung und Raumordnung (67), S. 97–113. Online verfügbar unter
http://download.springer.com/sta-
tic/pdf/347/art%253A10.1007%252FBF03185699.pdf?auth66=1399204763_60816405
cfed9483c75e223c8bb65608&ext=.pdf, zuletzt geprüft am 02.05.2014.

Stolz, Otto: Zur Verkehrsgeschichte des Inntales im 13. und 14. Jahrhundert. In: Veröffentli-
chungen des Tiroler Landesmuseums Ferdinandeum 1932 (012), S. 69–109.

Tappeiner, Ulrike (2008): Alpenatlas. Atlas des Alpes = Atlante delle Alpi = Atlas Alp = Map-
ping the Alps : society, economy, environment. Heidelberg: Spektrum Akademischer
Verlag.

Tiroler Landesregierung (2013): Leben mit Zukunft. Tirol nachhaltig positionieren. Hg. v.
Amt der Tiroler Landesregierung - Abteilung Landesentwicklung und Zukunftsstrategie.
Innsbruck. Online verfügbar unter http://www.tirol.gv.at/fileadmin/www.ti-
rol.gv.at/raumordnung/Nachhaltigkeit/Nachhaltigkeitsstrategie/310113_Leben_mit_Zu-
kunft.pdf, zuletzt geprüft am 10.06.2013.

Tischler, Stephan (2002): Proyecto Río Loco 2002. Endbericht. Unter Mitarbeit von Evelyn
    Eder, Marianne Grossauer, Sebastian Heinzel, Silvia Holzer, Lopeu de Vicuña Klug,
    Georg Niessner et al. Technische Universität Wien - Institut für Finanzwissenschaft und
    Infrastrukturpolitik. Wien. Online verfügbar unter http://www.ifip.tu-
    wien.ac.at/p3peru/peru2002/files/ 0207_ste_p3endbericht.pdf, zuletzt geprüft am
    13.01.2015.

Tischler, Stephan (04.09.2014): Raum- und Verkehrsentwicklung in Passu / Hunza Tal. In-
    terview mit Naseer Uddin. Hunza Embassy Hotel, Karimabad, Pakistan.

Tomedi, Gerhard (2006): Der mittelbronzezeitliche Schatzfund vom Piller und seine überre-
    gionalen Bezüge. In: Rainer Loose (Hg.): Von der Via Claudia Augusta zum Oberen
    Weg. Leben an Etsch und Inn; Westtirol und angrenzende Räume von der Vorzeit bis
    heute ; Vorträge der Landeskundlichen Tagung veranstaltet vom Verein Via Claudia Au-
    gusta Tirol, Landeck und dem Südtiroler Kulturinstitut, Bozen, Landeck, 16. bis 18. Juni
    2005. Innsbruck: Wagner, S. 31–46.

Tschopp, Martin; Beige, Sigrun; Axhausen, Kay W. (2011): Verkehrssystem, Touristenver-
    halten und Raumstruktur in alpinen Landschaften. Zürich: vdf Hochschulverlag an der
    ETH Zürich (Forschungsbericht NFP 48).

Verfassungsgerichtshof, vom 23.06.1954, Aktenzeichen VfSlg 2674/1954.

Verkehrsstatistik <Verkehrsstatistik@asfinag.at> (2013): Verkehrszahlen. Innsbruck,
    17.05.2013. E-Mail an Stephan Tischler.

Vester, Frederic (2000): Die Kunst vernetzt zu denken. Ideen und Werkzeuge für einen
    neuen Umgang mit Komplexität. 6., durchges. und überarb. Aufl. Stuttgart: Dt. Verl.-
    Anst.

Voll, Frieder (2012): Die Bedeutung des Faktors „Erreichbarkeit" für den Alpenraum. Erar-
    beitung eines alpenweiten Modells der Erreichbarkeit von Metropolen und Regional-
    zentren vor dem Hintergrund aktueller Diskussionen um Regionsentwicklung in
    Abhängigkeit von räumlicher Lage. Dissertation. Friedrich-Alexander-Universität Erlan-
    gen-Nürnberg, Erlangen-Nürnberg, zuletzt geprüft am 19.04.2013.

Walde, Elisabeth (2006): Neues Leben entlang der neuen Straße. In: Rainer Loose (Hg.):
    Von der Via Claudia Augusta zum Oberen Weg. Leben an Etsch und Inn; Westtirol und
    angrenzende Räume von der Vorzeit bis heute ; Vorträge der Landeskundlichen Ta-
    gung veranstaltet vom Verein Via Claudia Augusta Tirol, Landeck und dem Südtiroler
    Kulturinstitut, Bozen, Landeck, 16. bis 18. Juni 2005. Innsbruck: Wagner, S. 47–50.

Weichhart, Peter (2009): Multilokalität. Konzepte, Theoriebezüge und Forschungsfragen. In:
    Informationen zur Raumentwicklung 2009 (1/2), S. 1–14. Online verfügbar unter

http://homepage.univie.ac.at/peter.weichhart/Multilokalitaet%20IzRWeichhart.pdf, zuletzt geprüft am 11.07.2013.

Werlen, Benno (2000): Sozialgeographie. Eine Einführung. Bern [u.a.]: Haupt (UTB für Wissenschaft Uni-Taschenbücher, 1911).

Winckler, Katharina (2010): Mensch und Gebirge im Frühmittelalter: Die Alpen im Vergleich. Dissertation. Universität Wien, Wien. Online verfügbar unter http://othes.univie.ac.at/8645/1/2010-01-27_9226730.pdf, zuletzt geprüft am 11.04.2013.

World Commission on Environment and Development (2010): Our Common Future, Chapter 2: Towards Sustainable Development - A/42/427 Annex, Chapter 2 - UN Documents: Gathering a body of global agreements. Online verfügbar unter http://www.un-documents.net/ocf-02.htm, zuletzt aktualisiert am 24.11.2010, zuletzt geprüft am 09.08.2013.

Zech, Sibylla; Dangschat, Jens; Dillinger, Andreas; Feilmayr, Wolfgang; Hauger, Georg; Kogler, Raphaela; Vlk, Tamara (2013): Tourismusmobilität 2030. Hg. v. Bundesministerium für Wirtschaft, Familie und Jugend. Wien. Online verfügbar unter https://www.bmwfw.gv.at/Tourismus/TourismusstudienUndPublikationen/Documents/HP_Tourismusmobilit%C3%A4t2030_Langfassung_25.11.pdf, zuletzt geprüft am 23.10.2014.

Zöllig, Christof; Axhausen, Kay W. (2011): Konzeptstudie Flächennutzungsmodellierung. Grundlagenbericht. Unter Mitarbeit von Raffael Hilber. Hg. v. Eidgenössisches Departement für Umwelt Verkehr Energie und Kommunikation (UVEK) Bundesamt für Raumentwicklung (ARE). IVT, ETH Zürich. Zürich, zuletzt geprüft am 21.08.2013.

Zwanowetz, Georg (1986): Das Straßenwesen Tirols seit der Eröffnung der Eisenbahn Innsbruck-Kufstein (1858). Dargestellt unter Berücksichtigung der regionalen Bahnbaugeschichte. Innsbruck: Wagner

Printed in the United States
By Bookmasters